hanser**blau**

JOE ROMAN

EAT POOP DIE

WIE TIERE UNSERE WELT VERÄNDERN

Aus dem Englischen von
Nikolaus de Palézieux

hanserblau

Die englische Originalausgabe erschien 2023 unter dem Titel
Eat, Poop, Die: How Animals Make Our World bei Little, Brown Spark in New York.

1. Auflage 2024

ISBN 978-3-446-28139-4

Umschlag: FAVORITBUERO, München
Motive: Shutterstock © Kotomiti Okuma; © WildMedia; © Animalgraphy;
© nasidastudio; © Qudrat Aha; © Master1305
Illustrationen: Alex Boersma
Satz: Greiner & Reichel, Köln
Druck und Bindung: Friedrich Pustet, Regensburg
Printed in Germany

FSC
www.fsc.org
MIX
Papier | Fördert
gute Waldnutzung
FSC® C014889

Für meinen Vater José Roman,
meinen Onkel Joe Sweeney und meinen
Freund und Kollegen Jim McCarthy –
deren Atome jetzt Teil neuer Konstellationen sind

INHALT

1

ANFÄNGE

Am 14. November 1963, kurz vor Sonnenaufgang, hatte die *Ísleifur 2* eine Grund-Langleine vor der Südostküste Islands ausgelegt. Die meisten Besatzungsmitglieder befanden sich unter Deck, um sich auszuruhen, bevor sie die Leine einholten und den Kabeljau von den Haken lösten, doch über ihnen bemerkte der Maschinist, der gerade seinen Kaffee trank, einen starken Schwefelgeruch. Er untersuchte das Kielwasser des Schiffes. Es gab keine Anzeichen von Schmutz – kein Grund zur Beunruhigung –, also ging er zu den anderen Männern unter Deck.

Eine halbe Stunde später bemerkte der wachhabende Koch, dass das Schiff zu schwanken begann, als wäre es in einem Strudel gefangen. Dunkler Rauch stieg über der türkisfarbenen Oberfläche des Meeres auf. Er schrie zum Kapitän hinunter. Als alle Mann wach waren, hielten sie Ausschau, ob sich in der Nähe ein Schiff in Not befand. Aber sie sahen nur die Rauchfahne.

120 Meter unter der Oberfläche bebte der Meeresboden. Dann schoss der vulkanische Auswurf, die Tephra, aus dem Meer empor – Asche, Schlacke und Lapilli (Gesteinsfragmente in der Größe von Kaninchenlosung) behinderten das Fischerboot. Der Rauch der Explosion stieg 150 Meter über der Meeresoberfläche auf und war hier blau, dort grünlich braun gefärbt. Als die Tephra-Säule eine Höhe

von mehr als drei Kilometern erreichte, wurde es offensichtlich: Die Besatzung fischte gerade in der Nähe einer Vulkanspalte.

Als sie die Leine schließlich aus dem kochenden Meer einholten, hatte kein Fisch angebissen.

Am nächsten Morgen hatte sich eine neue Insel zehn Meter über der Oberfläche des Nordatlantiks erhoben. Die Insel stieg in einem Ausbruch von Magma, Schlacke und Asche weiterhin etwa 60 Meter pro Tag an, und innerhalb einer Woche reichte die Eruptionssäule, die tagsüber weiß und nachts rosa war, fast zehn Kilometer in die Luft. Blitze durchzuckten den Himmel.

Die Bewohner von Heimaey, der einzigen Stadt auf den Vestmannaeyjar, den Westmännerinseln Islands, berichteten, sie hätten glühende Asche am Horizont gesehen, als Meerwasser in den neuen Krater eindrang. Sechs große Erdbeben erschütterten die Stadt. Am 6. Dezember fuhren drei französische Journalisten mit einem Schnellboot von Heimaey zur neuen Insel und blieben etwa 15 Minuten lang, bevor sie von einem weiteren Ausbruch vertrieben wurden.

In den Medien im In- und Ausland, die das Geschehen aufmerksam verfolgten, wurde die Frage aufgeworfen, welchen Namen die neue Landform bekommen sollte. Für einen Moment schien es, als würde der erste Mensch, der die Insel zu Gesicht bekommen hatte, der Koch Olafur Westmann, dadurch geehrt werden, dass sie nach ihm benannt würde: Olafsey (Olafs Insel). Andere in Heimaey bevorzugten dagegen die Bezeichnung Vesturey (Westinsel).

Die Isländer nehmen ihre Namen sehr ernst – die Regierung hat immer noch das letzte Wort darüber, welche Babynamen im Land akzeptabel sind; es gibt zum Beispiel keine Luzifers, keine Ariels –, deshalb berief die isländische Regierung das Ortsnamenkomitee Örnef-nanefnd ein, um über die Benennung der neuen Insel zu entscheiden. Das Ergebnis wurde im Radio verkündet, und kurz darauf fand einer von Olafurs Schiffskameraden den Koch in der Kombüse beim Aufräumen, mit einem Geschirrtuch in der Hand und den Tränen nahe. »Sie haben ihm einen schrecklichen Namen gegeben«, murmelte er. »Surtsey.«

Das Komitee hatte sich der nordischen Mythologie zugewandt: Während Ragnarök, des prophezeiten Endes der Welt, bringt der Riese Surtur Feuer, um den Gott Freyr zu bekämpfen. Surtur entfacht einen tödlichen Lavaschlot, um den herum das Wasser brodelt, deshalb nannte das Komitee die neue Landform »Surturs Insel« – Surtsey.

Die Bewohner der Westmännerinseln waren verärgert darüber, dass sie nicht konsultiert worden waren, segelten zur Küste von Surtsey und stellten ein Schild mit dem Namen VESTUREY auf. Surtur reagierte, indem er die Inselbewohner mit Bimsstein und Schlamm bewarf. Es kamen keine Menschen ums Leben. Surtsey verfestigte sich.

In seinem ersten Jahr wuchs Surtsey mit 23 Kubikmetern pro Sekunde an und fügte sich selbst jeden Tag eine Fläche hinzu, die fast so groß war wie die Große Pyramide von Gizeh. Die Lavaebene war ein glitzerndes Schwarz, durch das sich Stränge noch frischer, heißer Lava zogen, die zum Meer hin ausliefen.

Sigurdur Thórarinsson, Professor an der University of Iceland, war der erste Vulkanologe, der etwa drei Monate nach dem ersten Ausbruch auf Surtsey landete. Er und ein paar Wissenschaftlerkollegen sammelten gerade geologische Proben entlang der Küste, als sie Wasserspeier im Ozean bemerkten. Lavabomben stürzten herab und fielen um sie herum nieder. Die Bomben hatten jeweils einen Durchmesser von bis zu einem Meter und landeten mit lautem Knall am Strand, woraufhin der feuchte Vulkansand unter der glühenden Lava aufkochte. »Unter solchen Umständen kann man eigentlich nur eines tun«, erinnerte sich Thórarinsson. »Man sollte den Drang unterdrücken zu fliehen, und versuchen, ruhig zu bleiben, in die Luft zu starren und den Bomben nicht auszuweichen, bis zu genau dem Moment, in dem sie kurz davor sind, auf Ihrem Kopf zu landen. Stehen bleiben und nach oben schauen – aber nicht zu lange, sonst fangen die Sohlen Ihrer Stiefel an zu glimmen.« Thorarinsson bemerkte, dass sich das Forschungsschiff vor der Küste bewegte, weg von der Gefahr.

Die Vulkanologen waren bald von »warmen und gemütlichen« Wolken aus Bimsstein eingehüllt, von Gesteinskörnern, die so leicht waren, dass sie in der Luft schwebten. Das Atmen war mühsam, und die Sicht war auf null gesunken, aber zumindest fielen keine größeren Bomben mehr. Während der Wind die Bimssteinwolke davontrug, wateten Thórarinsson und seine Kollegen zurück zu ihren Beibooten und ruderten zum Schiff.

Niemand kehrte nach Surtsey zurück, bis am Ausbruchskanal keine Explosionen mehr stattfanden.

***

Als die Lavabomben nachließen, bot Surtsey den Biologen die seltene Gelegenheit, das auf der Insel entstehende Leben von den ersten Tagen an zu untersuchen. Laut Charlie Crisafulli, der den Mount Saint Helens in Washington seit seinem Ausbruch im Jahr 1980 untersuchte, war ein solches Szenario »die Traumwelt eines jeden Ökologen«. Doch anders als beim Ausbruch in Washington, der Wälder und Grasland bedeckt hatte, sodass unter der Asche noch etwas Leben übrig geblieben war, hatte sich Surtsey mitten im Ozean erhoben. Anfangs war es noch unzugänglich, es gab weder Tiere noch Pflanzen, alles war lebensfeindlich. Sobald Crisafulli aus dem Hubschrauber stieg, wurde ihm genau deshalb klar, dass Surtsey der perfekte Ort war, um zu untersuchen, wie sich ökologische Gemeinschaften zusammensetzten.

»Die Materialien, die bei Vulkanausbrüchen entstehen, können giftig sein und Schwefel-, Chlor- und Fluoridverbindungen enthalten«, erzählte mir Crisafulli, einige Jahre nachdem er Surtsey besucht hatte, am Telefon. »Das ist ein großes Problem für Tiere und Pflanzen.« Es gab zu viele schädliche Stoffe (Toxine) und zu wenig gute (Nährstoffe), als dass irgendetwas auf Surtsey überleben konnte. Den Gasen, Lava und der Tephra, die Vulkane ausstoßen, fehlen viele der Grundbausteine von Ökosystemen wie Kohlenstoff und Stickstoff, aber das Gestein ist dafür reich an Phosphor. »Was in einer alten Landschaft wie der passiert ist, in der Sie gerade sitzen, den Green Mountains, den White Mountains, den Adirondacks« – ich sprach mit ihm von meinem Zuhause in Vermont aus – »ist, dass der Phosphor in diesen Felsen schon lange verwittert ist«, sagte Crisafulli. »Aber Vulkanlandschaften liefern eine neue, frische Ladung Phosphor, die oft recht einfach abgebaut werden kann.« Phosphor gab es auf Surtsey also reichlich, Stickstoff hingegen, zumindest in der für Tiere und Pflanzen verwertbaren Form, war recht selten. Beide Elemente sind lebenswichtig, bilden die Grundbausteine der DNA und des Proteins und tragen dazu bei, die Mitochondrien, die Arbeitspferde der Zellen, mit Energie zu versorgen.

Während des ersten Jahrzehnts von Surtsey gab es im Vulkansand und in der Lava kaum Vegetation. Wenn es regnete, sickerte das Wasser durch die poröse Lava und erreichte schließlich den Ozean; wenn es nicht regnete, glich Surtsey einer Wüste oder dem isländischen Hochland, das so unfruchtbar ist, dass die NASA es einst benutzte, um Astronauten für die Mondlandung auszubilden. Alle Pflanzen, die auf Surtsey auftauchten, waren dem Stickstoffmangel im Boden ausgesetzt.

Noch wusste es niemand, aber die Antwort auf das Nährstoffproblem war schon zu erkennen gewesen, als der Schlot noch ausbrach. Ein paar Dreizehenmöwen, gelbschnäbelige Seevögel, die auf dem Festland häufig vorkommen, ließen sich an den schroffen, vinylschwarzen Ufern nieder. Diese Vögel und die nachfolgenden Möwen und Eissturmvögel lieferten den ersten konzentrierten Stickstoff in Form von Harnsäure und einer unablässigen Folge von teigigem Kot.

Das erste Leben in dieser neuen Landschaft kam über das Meer oder fiel vom Himmel. Winzige Samen windverwehter Pflanzen – Weiden, Orchideen und Farne – regneten sanft über die Insel. Um in der Luft zu bleiben, reisen diese Samen mit leichtem Gepäck und führen kaum Nahrung oder Nährstoffe mit sich. Sie tauchten an den unwirtlichen Küsten von Surtsey auf, und mit ihren begrenzten Ressourcen sprossten sie entweder nie oder verdorrten bald und verschwanden wieder.

Große, schwimmfähige Samen wurden von den Meeresströmungen an Land geschwemmt. »Wenn Sie auf dem Seeweg reisen«, sagte mir Borgthór Magnússon*, einer der langjährigen Naturforscher der Insel, »dann können Sie es sich leisten, Nährstoffe für Ihre Ansiedelung einzupacken.« Die erste dokumentierte Art auf der neuen Insel war der Meersenf, eine Sukkulente, die an den sandigen Rand von Surtsey gespült wurde und sich dort festsetzte. Sein Samen hat eine korkartige Hülle, die ihm das Schwimmen erleichtert und ihn vor Salzwasser schützt. Aber immer noch floss Lava ins Meer, wo es zu einem dramatischen Gemisch aus Magma, grauem Ozean, brandenden Wellen und Dampf kam. Tephra, Asche und Schlacke aus einem nahe gelegenen Ausbruchskanal begruben die jungen Pflanzen.

Anfangs waren Pioniere wie der Meersenf dem aktiven Vulkan nicht gewachsen, doch sie kamen immer wieder, und die Insel kühlte langsam ab. Bald darauf wurden Samen von der Salzmiere und der Austernpflanze vom Meerwasser an die kargen Ränder der Küste von Surtsey gespült. Die Samen der beiden Arten sind für die Reise auf dem Meer wie geschaffen und bringen genügend Nährstoffe mit, um Wurzeln zu schlagen, wenn sie an Land gespült werden. Die Salzmiere war an den Wind und die Kälte angepasst und schmiegte sich an den kargen Sand, wo nur wenige andere Arten überleben

* Borgþór Magnússon ist die isländische Schreibweise des Namens; das þ wird im Englischen wie »th« ausgesprochen, also ist þor »thor«. Zur besseren Lesbarkeit verwende ich die englische Schreibweise isländischer Namen.

konnten. Sie bildete eine Glocke aus leuchtend saftigen Blättern über der Erde; tiefe Wurzeln erstreckten sich nach unten und saugten Wasser und Nährstoffe aus den Steinspalten und dem Sand auf. Im Querschnitt ähnelt die Salzmiere einer Portugiesischen Galeere: ein grünes Segel über der Wasseroberfläche und lange Tentakel darunter. Jahrzehnte später bedeckt die Salzmiere immer noch Teile von Surtsey in auffälligen, herdenartigen Mustern, es sind die bezauberndsten Pflanzen der Insel.

Die Austernpflanze ist so seetüchtig, wie ihr Artepitheton *maritima* vermuten lässt. Einen besseren Pionier für eine neue Insel im Nordatlantik könnte man nicht im Labor erschaffen. Austernpflanzensamen verharren normalerweise in der Keimruhe, bis sie das kalte Meer erreichen – Temperaturen um ein Grad Celsius minus begünstigen dann ihre Keimung. Als die Samen Surtsey erreichten, waren sie bereit zu wachsen. Die Austernpflanzensämlinge blieben in der Nähe der Felsbrocken an den felsigen Rändern der Insel und hielten ihre Köpfe vom Wind fern. Während Surtseys erstem Jahrzehnt bildeten die tief hängenden Blüten der Pflanzen seltene blaue Farbtupfer, die sich von der monochromen Landschaft absetzten.

Das Leben blieb zunächst karg. Nur die widerstandsfähigsten und am besten versorgten Pflanzen konnten überleben. Es gab keine langweiligen Wirbellosen – keine Weberknechte, Arbeiterameisen oder Grillen, die üblichen Verdächtigen, die auf dem Bimsstein von Vulkanen auftauchen. Ein paar Insekten wehten herein. Als Erstes wurde ein Wanderfalter registriert, dann ein paar Mücken. Viele dieser Insekten – die sogenannte *Fallout-Fauna* – starben wahrscheinlich an Müdigkeit, Austrocknung oder wegen niedriger Temperaturen. Ein Zoologe beschrieb die ersten Insekten, die in einer Vulkanlandschaft ankamen, als »Auslaufmodelle«.

Dennoch machten sich langsam, aber sicher Tiere – Insekten, Vögel, dann Robben – auf den Weg zur jungen Insel.

Es ist noch gar nicht so lange her, dass Tiere von vielen Wissenschaftlern als Nebenakteure auf unserem Planeten abgetan wurden; Pflanzen und Mikroben standen im Mittelpunkt. Aber im letzten Jahrzehnt hat es einen radikalen Wandel in unserem Verständnis davon gegeben, wie die Welt von Raubtieren und Pflanzenfressern geprägt wird. Wegweisende Studien zu Seevögeln, Walen, Seeottern, Lachsen, Gnus, Bisons, Spinnen, Heuschrecken, Zikaden und anderen Tieren haben gezeigt, dass sie die Landschaften und Meereslandschaften, in denen sie leben, verändern können: Ihre ökologische Funktion – das, was diese Tiere leisten können – ist erheblicher als lange Zeit angenommen. Vieles davon bleibt unsichtbar; nur wenige Menschen wissen, dass sie, wenn sie sich auf den weißen Sandstränden von Hawaii und anderen tropischen Stränden ausruhen, in den Abfällen von Papageienfischen liegen, dem Kot von Korallenmahlzeiten.

Tiere sind wichtig. Lebewesen – manchmal mit Fell oder Schuppen, manchmal mit roten Zähnen und Klauen, vielleicht mit Krallen und Flügeln, wild und frei herumlaufend – sind ein grundlegender Mechanismus zur Erhaltung des Lebens und eine Quelle für die Nährstoffe, die das Leben benötigt. Erst nach Tausenden von Jahren des serienmäßigen Raubbaus durch unsere Spezies beginnen Wissenschaftler, die Verflechtungen dieses Energietransfers zu verstehen.

Folgen wir also den Nährstoffen. Die wesentlichen Elemente Kohlenstoff, Stickstoff und Phosphor bewegen sich in geologischer Zeit, getragen durch Schwerkraft, Wind und Strömungen.

Wenn sie die Tiefsee erreichen, können Phosphat- und Ammoniakmoleküle – die üblichen Quellen für Phosphor und Stickstoff – für Hunderte von Jahren in den Tiefen des Ozeans eingeschlossen werden, es sei denn, sie treffen auf ein Auftriebsgebiet, in dem Wasser an die Oberfläche strudelt. Solche Gebiete sind im Ozean selten. Für diese lebenswichtigen Nährstoffe gibt es aber noch eine weitere Möglichkeit, die Tausende Meter lange Wassersäule nach oben zu reisen: im Bauch eines Wals.

Nahrungssuchende Pottwale ernähren sich von Riesenkalmaren und anderen Tiefseelebewesen, müssen jedoch mindestens einmal pro Stunde an die Oberfläche zurückkehren, um nach dem Essen Luft zu schnappen; dort ruhen sie sich aus, verdauen und setzen oft riesige Schwaden an Fäkalien frei, die reich an Phosphaten, Stickstoff und Eisen sind. Die Nährstoffe in diesen Schwaden können von Phytoplankton (auch Mikroalgen genannt) aufgenommen und von Zooplankton wie Krill oder winzigen Ruderfüßlern verzehrt werden. Der Krill oder die ihn fressenden Raubfische werden dann wiederum von Seevögeln – Möwen, Eissturmvögeln, Seeschwalben, Pinguinen, Sturmvögeln, Sturmtauchern, Albatrossen, Tölpeln und prächtigen Fregattvögeln – verspeist und auf diese Weise durch die Luft zu den Brutstätten der Vögel gebracht. Zurück in ihren Nestern füttern diese ihre Jungen, indem sie ihre Meeresmahlzeiten erbrechen und stickstoffreiche Harnsäure – die auffällig weiße Paste, die zusammen mit dem Kot freigesetzt wird – an Land ausscheiden.

Wir können diese Elemente von der Tiefsee bis zu den Küsten, Flüssen, Wäldern, Savannen und Bergen der Welt verfolgen. Eine geologische Reise, die Tausende oder Millionen von Jahren dauern würde – die tektonischen Platten unter Island bewegen sich mit einer Geschwindigkeit von etwa vier Zentimetern pro Jahr, etwa so schnell, wie Fingernägel wachsen –, kann in einem einzigen Tauchgang, einem kurzen Flug zurück zu einem kahlen Felsen vonstattengehen, ein kurzer, verdichteter Moment wie ein Spritzer bei Jackson Pollocks *action painting*.

Tiere sind das schlagende Herz des Planeten. So wie Bäume als Lungen der Erde fungieren – sie atmen Kohlendioxid ein und Sauerstoff aus –, pumpen Tiere Stickstoff und Phosphor aus Tiefseeschluchten bis zu Berggipfeln hinauf und über die Hemisphären, von den Polen bis in die Tropen. Billionen Tiere leben auf Reisen – sie fliegen, rennen, schwimmen, gehen und graben sogar. Große und mittelgroße Tiere – Wale, Elefanten, Bisons, Lachse und Seevögel –

können Nährstoffe Hunderte und manchmal Tausende von Kilometern über Ozeane, Bäche, Berge, Täler, Prärien und abgelegene Vulkaninseln transportieren. Diese Fernreisenden sind die Arterien der Welt. Zikaden, Mücken, Krill und andere Wirbellose sind, wenn wir dieses Bild noch etwas weiterführen, die Kapillaren, die das Gewebe der Erde mit Nährstoffen versorgen.

Es sind nicht nur Kot und Kadaver. Tiere verändern auch durch ihr Fressverhalten die Welt. Sie fressen Pflanzen. Sie fressen Pflanzenfresser. Sie verändern die Chemie der Welt, einfach indem sie Angst schüren.

Ökosysteme sind Lebewesen, die entstehen, reifen, sterben, und selbst im Tod tragen sie zum Reichtum des Lebensnetzes bei. Tiere haben großen Einfluss auf diese Systeme und die geochemischen Kreisläufe, auf die die Menschen und alle Lebensformen zum Überleben angewiesen sind. Ich kann mir keinen besseren Ort vorstellen, um meine Erkundung dieser Wege zu beginnen, als den einst kargen Felsen von Surtsey.

***

Ich entfernte die Schnürsenkel von meinen Laufschuhen, schrubbte den verkrusteten Schlamm mit einer alten Zahnbürste ab und entfernte alle Samen, die möglicherweise von meinem Zuhause in Vermont oder vom isländischen Festland mitgeschleppt worden waren. Pro Jahr durften nur etwa ein Dutzend Menschen die Insel betreten, und 2021 hatte mich Borgthór Magnússon, der Feldleiter in Surtsey, dazu eingeladen, mich ihrer Expedition anzuschließen. Er hatte mir klargemacht, dass ich mich aller blinden Passagiere, die ich möglicherweise beherbergte, entledigen sollte. Wenn eine Pflanze oder ein Insekt zur Insel mitfahren wollte, musste sie schon einen Vogel oder ein Floß aus Algen finden.

Am Tag zuvor war ich auf den Vulkan Eldfell auf Heimaey gewandert, der größten der Westmännerinseln, um einen Blick auf Surtsey zu werfen. Die Insel, ein dunkler Hügel etwa 15 Kilometer südwestlich, sah aus wie ein Vierfüßler aus dem Devon, der aus dem schiefergrauen Meer kroch.

Bjarni Sigurdsson, einer der führenden Ökologen in Surtsey, und seine Doktorandin Esther Kapinga holten mich im Hotel ab. Wir hielten an der örtlichen N1-Tankstelle an, um Proviant zu besorgen. Auf der Klippe oberhalb der Tankstelle flog eine Kolonie aus Hunderten von Dreizehenmöwen herbei, um ihre Küken mit den kleinen Fischen zu füttern, die sie im Nebel gesammelt hatten. Ihr Kot überzog die Steine wie Zebrastreifen.

Am Flughafen gaben wir unsere Ausrüstung sowie den Benzin- und Trinkwasservorrat für uns und das bereits auf der Insel befindliche Team ab. In schwarzen Regenmänteln begutachteten Bjarni und Esther die Pflanzen rund um ein altes Bauernhaus aus Stein in der Nähe des Flughafens, während wir auf den Hubschrauber der isländischen Küstenwache warteten, der uns nach Surtsey fliegen sollte. (In Island ist es üblich, Menschen beim Vornamen zu nennen; sogar das Telefonbuch war damals, als die Leute noch solche Dinge benutzten, nach Vornamen und nicht nach Nachnamen geordnet.)

Als wir zu unserem Treffen mit der Küstenwache zurückkehrten, war der Nebel über dem Flughafen so dicht, dass der Hubschrauber, der uns abholen sollte, nicht landen konnte. Der Pilot schlug uns per Funk vor, zum einzigen Golfplatz der Insel zu fahren, wo das Wetter klarer sei.

Wir parkten am Rande des Golfplatzes, von wo aus wir einen wunderschönen Blick auf den Atlantik hatten, während der Nebel die vulkanischen Klippen im Norden bedeckte.

»Noch keine Nachricht«, sagte Bjarni, während wir beobachteten, wie der Nebel über das Grün kroch.

Wir konnten den Helikopter sehen, als er sich über zwei Felsnadeln näherte, die als Haena und Hani, als Henne und Hahn, bekannt sind. Er kreiste vor der Küste über den tief hängenden Wolken und flog dann wieder davon.

Während wir darauf warteten, dass der Pilot zurückkam, griff Bjarni zum Telefon. »Sie sind weg.«

»*Andskotinn!*« Esther fluchte auf Isländisch.

Langsam wurde uns klar, dass wir Surtsey an diesem Tag vielleicht nicht erreichen würden – und es vielleicht sogar überhaupt nie zu Angesicht bekämen. Wir holten Wasser und Benzin vom Flughafen und verstauten alles im SUV.

Bjarni dachte über Alternativen nach. Wir diskutierten darüber, nach Reykjavík zu fahren, aber die Küstenwache stand uns bis auf Weiteres nicht zur Verfügung. Es sei ein kleines Land, erklärte Bjarni, und zu aufdringlich zu sein, könnte sich für das Projekt als nachteilig erweisen. (Die Küstenwache führte diese Fahrten für das Forschungsteam aus Gefälligkeit durch.)

Als wir in einem Hafenrestaurant zu Mittag aßen, bemerkte Bjarni ein großes Schlauchboot aus Gummi, das unter uns festgemacht war und hauptsächlich dazu diente, Touristen hinauszufahren, um Wale und Papageientaucher zu beobachten. Konnte uns dieses Boot nach Surtsey bringen? Er erkundigte sich, für den Fall, dass die Küstenwache endgültig ausfallen sollte, fand aber den Besitzer nicht.

Als wir mit dem Mittagessen fertig waren, begann sich der Nebel zu lichten, und wir konnten im Hafen mehrere Fischerboote sehen, die denen ähnelten, auf denen Bjarni einst gearbeitet hatte, um sein Studium zu finanzieren. Er war stämmig, hatte blondes Haar, eine dicke Retro-Brille, ein jungenhaftes Lächeln, einen großen Appetit und machte seinem Namen alle Ehre, der auf Isländisch »Bär« bedeutet. Auch sein Vater war Fischer gewesen. »Damals kenterten jedes Jahr mindestens zwei bis vier der 75 Boote in der Stadt mit der gesamten Besatzung«, erzählte er uns. »Also hast du jedes Mal Lotto gespielt, wenn du auf ein Boot gestiegen bist. Man wusste, dass die Wahrscheinlichkeit, dass man es nicht übersteht, bei mindestens fünf Prozent liegt. Es war einfach ein Teil des Lebens.«

Man hatte Glück oder Pech.

»Mein Vater fuhr immer mit demselben Kapitän, aber irgendwann kam er aus irgendeinem Grund zu spät, und er wurde nicht auf dem Boot angeheuert. Also nahm er in jenem Winter einen Platz auf einem anderen Boot ein. Sein übliches Boot ging mit allen Männern unter. Er hatte also einfach Glück gehabt.«

Wir konnten über den Hafen hinweg bis nach Heimaklettur sehen, bis zum sogenannten Heimatfelsen, der mit Gras bedeckt und von weißem Seevogelmist durchzogen war, ein willkommener Anblick für Boote, die vom Meer zurückkehrten, und für diejenigen von uns, die darauf hofften, abzureisen. Bjarni rief die Küstenwache an: »Wenn Sie heute Nachmittag zurückkommen können, hat sich die Nebeldecke gelichtet.«

Sie sagten, sie würden es noch einmal versuchen. Wir fuhren zum Flughafen und gingen im leeren Terminal auf und ab wie werdende Eltern. Der Nebel strömte wie ein böser Traum herein und bedeckte den nassen grauen Asphalt. Wir hörten das Knallen der Rotorblätter des Hubschraubers, doch zu diesem Zeitpunkt konnten wir vom Terminalfenster aus nicht einmal die Landebahn erkennen.

»Sie werden versuchen, das Ende der Landebahn zu erreichen«, berichtete Bjarni, immer noch am Telefon.

Wir lauschten den dumpf röhrenden Rotorblättern über dem Nebel. Und dann wurde es still. Der Flughafenangestellte zeigte mit dem Daumen nach unten.

»Sie wünschen uns viel Glück«, sagte Bjarni. Wir waren auf uns allein gestellt.

Das Herz wurde mir schwer. Es würde für mich keine zweite Chance geben, nach Surtsey zu kommen. Bjarni und Esther würden ein Forschungsjahr verlieren, da die Biologen die Insel am Ende der Woche verlassen würden. Und auch auf der Insel würde es schwierig werden. Der Großteil des Trinkwassers und des Benzins für die fünf Forscher der Station lag hier auf dem Rollfeld.

»Ich werde Surtsey erreichen, und wenn ich schwimmen muss«, meinte Esther später vom Rücksitz des SUV aus.

Wenn wir nicht auf dem Luftweg reisen konnten, würden wir es vielleicht auf dem Seeweg schaffen. Ein Team der BBC sollte auf der Insel filmen; vielleicht konnten wir sie am nächsten Tag auf dem Schlauchboot begleiten, das sie gechartert hatten. Bjarni ging zur Reisegesellschaft, um sich zu erkundigen. Der Kapitän verlangte 1000 Dollar pro Person. Bjarni war sich nicht sicher, ob das im Budget des Forschungsteams enthalten war.

Bedrückt aßen wir zu Abend und machten uns auf den Weg zurück zum Hotel. Von meinem Fenster aus sah ich, wie der Himmel im Laufe der Nacht heller wurde, als sich der Nebel lichtete. Der Eldfell-Vulkan östlich der Stadt füllte den Rahmen mit den schwarz-braunen abstrakten Formen eines Gemäldes von Clyfford Still. An den meisten Tagen wäre ein Vulkan vor dem Fenster ein willkommener Anblick. An diesem Abend – der nur ein langer Tag war – verhöhnte mich der Eldfell jedoch.

Am nächsten Morgen, als Bjarni und Esther sich gerade mit Botanik beschäftigten, erhielt Bjarni einen Anruf von der Küstenwache: »Wir machen Fischereipatrouillen. Könnt ihr in einer Stunde am Flughafen sein?«

Ich warf meine sorgfältig gereinigte Kleidung in meine Reisetasche. Wir beluden den SUV und fuhren zum Flughafen. Wir bestiegen den tiefblauen EC225-Super-Puma-Helikopter und fragten uns alle, ob wir träumten. Leben und Reisen sind eine Reihe von glücklichen Zufällen und verpassten Gelegenheiten. Es schien, als würden wir endlich einen glücklichen Zufall erleben.

Der Pilot zog die Verschlüsse der Gasbehälter fest und schaute auf, als ich neben den restlichen Taschen einen großen Rollkoffer an Bord brachte.

»Willst du etwa nach London?«

Als ich aus dem Helikopter auf den winzigen, rissigen Landeplatz trat, fühlte es sich ein bisschen so an, als würde ich auf dem Mond laufen – sofern es auf dem Mond ein paar Gräser als Wegbereiter, ab und zu eine Möwe sowie ein paar Wissenschaftler gab, die älter waren als der Boden, auf dem sie standen.

Borgthór Magnússon, Surtseys Feldleiter, hatte 1975 seine erste Reise auf die Insel unternommen, als er 23 Jahre alt gewesen war. Jetzt hatte er einen weißen, gut gestutzten Kapitänsbart und trug eine ordentliche Strickjacke mit Reißverschluss unter seinem Norrona-Regenmantel. Als wir zum Nistplatz gingen, fragte ich Borgthór, wie es sich bei seinem ersten Besuch angefühlt hatte. »Es war nur ein Haufen Asche, Kies und Lava. Es gab ein paar Pflanzen, und wir kannten sie fast alle einzeln.«

Borgthór kannte noch viele dieser besonderen Pflanzen, und ein Rundgang über die Insel fühlte sich ein bisschen wie eine Cocktailstunde für Botaniker an. Es gab ein paar Neuankömmlinge, wie den Huflattich und die Braunsegge, und viele Stammgäste. »Ich würde mal sagen: *Honckenya* und *Leymus*« – das Sandkraut und der Strandroggen, Letztere eine an den Küsten des Nordatlantiks verbreitete Gattung – »waren die erfolgreichsten Kolonisatoren.« Diese Schlüsselpflanzen hatten sich über den kargen Tephra- und Vulkansand ausgebreitet. Rund um den Strandroggen hatten sich Sanddünen gebildet. »Der Roggen ist die größte Pflanze auf der Insel«, sagte Borgthór. »Er bietet einen guten Schutz für die Nester der großen Sturmmöwen und für deren Küken, die sie in den Pflanzen verstecken können.«

Einige dieser Möwen beäugten uns von den Basaltausbuchtungen am Wiesenrand.

Es gab auch Überraschungen. Borgthór wies auf eine einzelne, dickstämmige Pflanze mit langen Blättern am Rande des Brutgebiets hin: der Nördliche Grüne Orchideenbaum, *Platanthera hyperborea.* »Es ist schon ziemlich bemerkenswert, dass auf Surtsey eine Orchidee wächst«, sagte Borgthór, denn sie braucht Mykorrhizae, die symbiotischen Pilze, die für die Nährstoffversorgung der Pflanzenwurzeln unerlässlich sind.

Später, als ich von der Gezeitenzone zur Hütte ging, bemerkte ich Dutzende dünner Pfähle im Lavasand, die der Wind abgeschliffen hatte. Viele der ersten Pflanzen der Insel wuchsen am östlichen Rand von Surtsey, wohin Meeres- und Luftströmungen sie von den nahe gelegenen Inseln gebracht hatten. In den ersten Sommern hatten Borgthór und andere Forscher jede Pflanze auf der Insel erfasst. Einige dieser Pfähle müssen die Pflanzen markiert haben, mit denen Borgthór und seine Kollegen sozusagen per Du waren. Die ersten Pfähle waren 1968 gesetzt und bis in die 1980er-Jahre genutzt worden, bevor man sie durch GPS ersetzt hatte. Jahrzehnte später ähnelte dieses Stück Land einem Friedhof zum Gedenken an die ersten Siedler der Insel.

Eines Morgens im Herbst 1963, als Erling Ólafsson 14 gewesen war, hatte er eine graue Wolke bemerkt, die hoch über den Bergen im Osten aufstieg. Als das Magma auf den Ozean traf, füllten riesige blumenkohlförmige Dampfwolken den Himmel. Ein dunkler Aschevorhang ergoss sich zurück ins Meer.

»Ich habe den Rauch aus meinem Badezimmerfenster in Hafnarfjördur gesehen«, erzählte mir Erling. »Ich bin lange geblieben und habe diesem Rauch zugeschaut. Ich habe nichts getan, mich nicht einmal gerührt, genau wie ein Pilz.«

Erling sollte nie das Gefühl vergessen, das in ihm aufstieg, während er den Surtsey-Ausbruch beobachtete, doch bald richtete er seine Aufmerksamkeit auf etwas noch viel Näheres: die Insektenforschung. Als er jung war, bekam Erling von seiner Großmutter ein Geschenk – eine Reihe mit dem Titel »Averdens Dyr« (ungefähr »Tiere der Welt«), Bücher, die nur auf Dänisch erhältlich waren. Gefesselt von den Bildern brachte er sich selbst die Sprache bei, um den Text zu verstehen. Er fühlte sich zu den kleinen Wirbellosen hingezogen. Zu dem Zeitpunkt, als er die Universität besuchte, wusste Erling mehr über Islands Insekten als jeder andere. Er erregte die Aufmerksamkeit eines berühmten schwedischen Entomologen, der ein Forschungsprojekt auf Surtsey startete.

Erling kam 1970 zum ersten Mal mit einem kleinen Schlauchboot auf die Insel. Er setzte einige dieser frühen Pfähle, die die Pflanzenpioniere markierten, in den grauen Lavasand. Es gab ein oberes Tal mit brauner Tephra, eine flache, offene Ebene, eine kleine Flussmündung und steile Klippen. Bald fühlte sich Surtsey für ihn wie ein jüngeres Geschwister an. Die neueste Landmasse der Erde steckte noch in ihren geologischen Kinderschuhen. »Dies ist das erste Mal, dass wir Wissenschaftler Land hatten, das ziemlich steril war«, sagte er.

Erlings erste Reise nach Surtsey fiel mit dem größten ornithologischen Ereignis in der Geschichte der Insel zusammen. Ein Paar Trottellummen, kleine schwarze Krabbentaucher mit leuchtend roten Füßen, nisteten auf der Insel – Surtseys erste brütende Seevögel. Für diese Bewohner der Arktis hatte die neu entstandene Insel viel zu bieten: einfachen Zugang zu kleinen Fischen und Krill im Meer sowie unberührtes Land ohne Raubtiere. Keine Polarfüchse. Keine Ratten. Keine Menschen … Zumindest so lange nicht, bis Erling und seine Kollegen eintrafen, obwohl sie darauf achteten, die Vögel des aufkeimenden Ökosystems der Insel nicht zu stören.

Nach den Trottellummen tauchten weitere Meeresvögel auf. Eissturmvögel sind klassische Seevögel, die fast ihre gesamte Nahrung in Form von kleinen Fischen, Tintenfischen und Krebstieren aus dem Meer beziehen. Über den Klippen konnten wir ihre Eier sehen, die wie große Golfbälle in einer Lavasandfalle aussahen. »Der einzige Ort in ganz Island, an dem Eissturmvögel tatsächlich auf dem Boden nisten, ist Surtsey«, erzählte mir Bjarni, vermutlich weil Raubtiere – und Menschen – sie hier in Ruhe ließen. Mantelmöwen ernähren sich von Fischen, Vögeln und wirbellosen Meerestieren oder gehen auf Nahrungssuche an die Küste; Heringsmöwen sind Generalisten und freuen sich normalerweise über die Insektenlarven, die sie im Sediment eines Bauern finden, oder über die Vegetation. Sie und die Silbermöwen kommen in Reykjavík relativ häufig vor.

Nachdem die ersten Eissturmvögel und Möwen auf Surtsey angekommen waren, bahnten sich die großen Mantelmöwen ihren Weg in die erstklassige Immobilie. Die Heringsmöwen versteckten ihre Nester am Rande der Lavafelder. Als sich die Kolonie vergrößerte, wuchsen auch die grünen Gräser, eine Kettenreaktion, bedingt durch Federn, Kot und Muskelkraft.

Gemeinsam ist diesen Vögeln, dass sie allesamt Nährstoffe auf die Insel bringen. Die weißen Guanostreifen rund um ihre Nester sind reich an Kohlenstoff, Phosphor und dem dringend benötigten Stickstoff. Neben Kot gibt es Kadaver und Eier. Bei seinen ersten Besuchen erfasste Erling jeden Vogel, den er fand, und erstellte eine Zeitleiste der Neuankömmlinge. Mitte der 1980er waren genügend Möwen und Eissturmvögel eingetroffen, um Surtsey zu verändern; jeder der zu Hunderten nistenden Vögel gab täglich bis zu 90 Gramm Kot ab – eine extra große Portion nährstoffreichen Guano.

In der Nähe der Forschungshütte zerfetzte die scharfkantige Lava das Leder meiner makellosen Stiefel. Als wir die riesigen Gräser der Seevogelkolonie erreichten, war es, als würden wir eine andere Welt betreten. Hier fühlte sich der Boden unter meinen Füßen fest und beruhigend an. Es roch schwach nach Ammoniak, und es gab eine regelrechte Explosion in Grün, die so strahlend war, dass man die Kolonie vom Weltraum aus sehen konnte, eine Oase im Lavasand.

Am Rande der kniehohen Wiesengräser bemerkte ich eine Ansammlung von *Rumex*, breitblättrige Sauerampferpflanzen, die hier so groß und kräftig waren, dass sie fast wie Bäume aussahen. Es war kaum zu glauben, dass es auf dieser Insel bis vor 20 oder 30 Jahren fast kein Gras gegeben hatte. Und ohne den Vogelschiss gäbe es bis heute immer noch keines.

Woher weiß man, dass der Stickstoff von den Vögeln und nicht aus der Atmosphäre stammt? Die Isotope oder chemischen Signaturen des Stickstoffs im Boden und in den Pflanzen zeigten, dass 90 Prozent von Seevögeln stammten, der Rest aus der Atmosphäre. In der Mitte der Brutgebiete deponierten Vögel bis zu 30 Pfund Stickstoff pro Hektar und Jahr. Außerhalb des Seevogelgebiets waren es nur etwa ein halbes Pfund pro Hektar und Jahr. (Zum groben Vergleich: Landwirte führen in der Regel ungefähr 90 Kilo Stickstoff pro Hektar aktiver Ackerfläche zu. Viele Dauergrünlandflächen zum Weiden und für Heu erhalten weniger als das, vielleicht 22 bis 45 Kilo pro Hektar.)

Mit stickstoffreichem Guano getränkt, gediehen allmählich Löffelkraut, einst eine Vitamin-C-Quelle für Seeleute, und Wiesengras, das in Europa und Island heimisch ist (in Nordamerika als Kentucky Bluegrass bekannt). Seevogelkolonien auf Surtsey, das aufgrund der einjährigen Rispengräser grün ist, verfügen wegen des Guanos, der Eier und der Kadaver der Vögel jetzt über 30-mal mehr Nährstoffe und etwa 50-mal mehr Biomasse, als auf den schwarzen Lavafeldern, die sie umgeben, zur Verfügung steht.

Diese Nistplätze sind jetzt so üppig, die Böden so reichhaltig, dass »wir dort draußen Kühe haben könnten«, witzelte Erling. »Wir könnten jeden Tag frische Milch haben.«

Als die Vögel ankamen, breiteten sich die Pflanzen und die Pfähle, die an sie erinnern, über den riesigen Lavasand im Südwesten aus. Pflanzen haben verschiedene Strategien entwickelt, um ihre Samen zu verbreiten. Die Samen können fliegen. Sie können schweben. Sie können sich an den Federn und Beinen eines Vogels festsetzen oder durch dessen Bauch wandern und in dessen nährstoffreichem Kot landen.

Als Borgthór und ich an den Rändern des Brutgebiets entlanggingen, waren wir von Heringsmöwen umgeben, die uns aus rot umringten Augen anstarrten und deren glatte, weiße Köpfe sich von der schroffen, dunklen Lava abhoben. Es war, als würde man zwischen Schaumkronen treiben. Diese Seevögel bestanden fast ausschließlich aus Ozean.

Eine Möwe namens *Tut-tu-gu* war über mir, das isländische Wort für »zwanzig«, oder zumindest habe ich es so gehört. Wenn ich auf

Surtsey-Sand ohne Seevögel (oben) und Grasland in der Möwenkolonie (unten) (Borgthór Magnússon)

dieser Reise auch nicht Isländisch lernen konnte, so konnte ich zumindest die Sprache der Pflanzen und Vögel einigermaßen erlernen und die in der Stadt und anderswo oft verunglimpften Mantel- und Silbermöwen bewundern.

Bevor ich nach Surtsey aufgebrochen war, war ich auf der Suche nach einer Mahlzeit am Hafen von Reykjavík entlangspaziert. Eine Silbermöwe hatte sich auf einem Cafétisch niedergelassen und ein übrig gebliebenes Stück Pizza ergattert. Mehrere weitere Möwen waren herbeigeflogen. Eine Heringsmöwe hatte sich die Beute geschnappt. Ein paar Touristen waren vorbeigegangen, und ein Mann hatte angesichts der Vögel mit dem Fuß aufgestampft; er und sein

Begleiter hatten gelacht. Die Möwen waren davongeflogen. Aber nicht ohne die Pizza.

Ich saß am Rande der Seevogelwiese und beobachtete, wie die Eissturmvögel heranflogen. Es war schon lange nach dem Abendessen, aber heute Nacht würde es nicht dunkel werden – und auch zu keinem anderen Zeitpunkt während unseres Aufenthaltes. Ich hatte mich im abstrakten Expressionismus der Vogelabwurf-Gemälde verloren und betrachtete nun ein Surtsey-Stillleben: ein Möwenflügel, grünes Sandkraut, ein weißes Eissturmvogelei vor dem dunklen Lavasand. Es schien, als ob der beige Bergrücken aus Palagonit, teils Vulkan, teils Ozean, schon seit Ewigkeiten über dem Nordatlantik brütete, auch wenn er jünger war als viele von uns auf der Insel. Jemand ging über das Lavafeld. Ich konnte hören, wie es bröckelte.

Ein gedämpftes Gackern war unter meinen Füßen zu hören, als ich durch das Grasland ging: Ein Eissturmvogel warnte mich: Bleib weg vom Nest. Es gibt ungefähr 200 oder 300 davon auf Surtsey. Auf dem Festland gibt es im Sommer bis zu zwei Millionen Eissturmvögel – mehr als die Hälfte aller Eissturmvögel der Welt nisten in Island –, aber sie sind auf Felsvorsprünge und Spalten beschränkt und verstecken sich vor Raubtieren wie etwa Füchsen. Das englische Wort für Eissturmvogel – *fulmar* – bedeutet im Altnordischen »unreine Möwe«. Sie fressen die stinkende Fischleber und haben sich in der heutigen Zeit gut geschlagen, indem sie sich an den verarbeiteten Abfällen und dem Müll von Fischerbooten erfreuen.

Junge Eissturmvögel, die einst wegen ihres Öls und ihrer Daunen geschätzt wurden, schützen sich, indem sie bei Stress einen leuchtend orangefarbenen Fettstreifen erbrechen. Komm nicht zu nahe. »Die Spucke riecht nach verfaultem Fischlebertran und ist von ähnlicher Konsistenz«, sagte Borgthór. Die Entfernung ist nicht groß, aber sie können ein paar Meter weit spucken. Erling warnte mich, ich könne, wenn ich in Surtsey das Erbrochene abbekäme, für die

Dauer der Expedition oder sogar noch länger den Geruch nicht loswerden. Vögel, die den Fehler machen, einen Eissturmvogel anzugreifen, werden von der übel riechenden Schmiere überzogen, wodurch sie nicht mehr fliegen können und Gefahr laufen, zu ertrinken.

Ein ausgewachsenes Tier kehrte vom offenen Meer in sein Nest zurück und erbrach ein frisches Fischmahl. Wie sehr sich das Tier auch bemühte, nicht alles landete im Schnabel des Küken. Das nachlässige Futtern verstreute dafür einige Nährstoffe auf der blühenden Wiese. Ich machte einen großen Bogen um die beiden.

Hier im Zentrum der Brutkolonie, wo es reichlich Nährstoffe gibt, ist die Zahl der Pflanzenarten zurückgegangen, seit Borgthór und seine Kollegen 1990 mit der Messung von Vielfalt und Produktivität begonnen haben. Viele der Pionierpflanzen sind verschwunden, da sie von den vier dominanten kniehohen Gräsern übertroffen wurden. Heute gibt es ein dichtes Grasland, wo vorher zehn verschiedene Pflanzenarten wuchsen.

An den Rändern aber wird es interessant. Die ökologischen Prozesse sind an der Grenze zwischen dem Chaos der Lava und dem schwammigen Grasreichtum am dynamischsten – an der Grenze, wo die neuen Vögel, meist Heringsmöwen und Silbermöwen, ankommen. Sie helfen dabei, Surtsey »wohnlicher« zu machen und es von einer Gemeinschaft von Vorreitern in ein Grasland zu verwandeln. Auf der Insel wurden 78 Pflanzenarten identifiziert. Kein Wunder, dass die Artenvielfalt auf dem Lavafeld am geringsten war, aber auch in der Vogelkolonie, wo die Nährstoffe zahlreich sind, ist die Anzahl der Arten – wenn nicht sogar die absolute Stückzahl der Pflanzen – relativ gering. Nur wenige Gräser dominieren. Die üppigsten Teile des Graslandes sind praktisch Monokulturen im Vergleich zu den Randgebieten, wo Gräser dem kargen Lavagestein weichen.

Dieses Grenzgebiet erinnerte mich an das, was Ökologen »die intermediäre Störungshypothese« nennen und die entwickelt wurde, um Bäume in Regenwäldern und Tiere zu beschreiben, die in Gezeitenzonen leben. Stabile Gebiete – wie die Wiesen von Surtsey, wo einige dominante Gräser mit reichlich Nährstoffen andere Pflanzen verdrängen – ermöglichen das Gedeihen einiger dominanter Arten. Im Gegensatz dazu sind Ökosysteme, die sich ständig verändern, schwierige Orte für Tiere und Pflanzen. Die felsige Küste von Surtsey, wo ständig neue Lavabrocken herabstürzen, ist für viele Arten zu dynamisch, um sich festsetzen zu können. Moos wächst nicht auf einem rollenden Felsbrocken. Der ideale Ort für die Biodiversität, an dem neue Pflanzenarten eine Nische finden können, ist oft eine Zwischenzone: nicht so viele Nährstoffe oder so viel Stabilität, dass nur ein paar Arten sich durchsetzen, aber dennoch stabil genug, dass eine entstehende Gemeinschaft nicht durch eine plötzliche Veränderung der Landschaft vollständig ausgelöscht wird. Und sogar Neuankömmlinge können überleben.

Es erinnerte mich an die Entstehungsgeschichte der isländischen Wikinger: Am Anfang herrschte Chaos – im Norden Schnee und Eis; im Süden Hitze und Feuer. Auf dem Land zwischen den beiden entstand Leben.

Vor einigen Jahren waren mehrere Wissenschaftler überrascht, als sie auf einer Forschungskreuzfahrt in der Baffin Bay, einem unberührten Teil der kanadischen Arktis, auf ein Gebiet mit hohen Ammoniakkonzentrationen stießen, was man eher an einer industrialisierten, verschmutzten Küste erwarten würde. Die Modelle, die Atmosphärenforscher wie Jeff Pierce von der Colorado State University zusammengestellt hatten, hatten auch nahegelegt, dass es in diesem abgelegenen Teil der Arktis kein Ammoniak geben sollte.

Und dann schauten die Wissenschaftler aus dem Fenster oder vielleicht auch nur auf ein Diagramm. »Die Ammoniakkonzentrationen waren am höchsten, wenn sich das Schiff in der Nähe von Orten befand, von denen bekannt ist, dass es dort im Sommer Seevogelkolonien gibt«, erzählte mir Pierce. Das ergab Sinn; der Kot von Seevögeln in großen Kolonien stößt oft stickstoffreiche Gase aus. Pierce und seine Kollegen fügten seinem Modell eine Bestandsaufnahme der wandernden Seevögel hinzu. »Wir erkannten, dass Seevögel mit ziemlicher Sicherheit die fehlende Ammoniakquelle in der Arktis waren.«

Dieses stechende Gas kann sich mit der in der Region reichlich vorhandenen Schwefelsäure verbinden und Partikel bilden. Die Partikel bilden Tröpfchen. Wolken mit mehr Tröpfchen sind dichter und erscheinen weißer und heller. Pierce verglich es mit einem Glas auf einer schwarzen Oberfläche oder einem Glas Cola: »Wenn Sie drei Eiswürfel hineingeben, wird etwas Licht von diesen Eiswürfeln reflektiert, aber zum größten Teil sehen Sie die schwarze Oberfläche. Wenn man diese Eiswürfel nun aber in winzige Eisfragmente zerkleinern würde, könnten sie das Licht von oben wirklich gut reflektieren.« Die Oberfläche des Glases würde jetzt weiß aussehen, obwohl das Glas die gleiche Menge Eis enthielte. Das Ammoniak aus den Seevogelkolonien bildete viele kleine Tröpfchen. Die Wolken enthielten immer noch die gleiche Menge Wasser, aber wie das zerstoßene Eis hatten sie jetzt eine viel größere Oberfläche und reflektierten mehr Sonnenlicht zurück in den Weltraum.

»Sie haben also einen Effekt auf das Klima«, sagte Pierce. Die Wolken über Seevogelkolonien halten die Erde kühler, weil sie heller sind, wobei die Wirkung in Gebieten mit den meisten Vögeln am größten ist. Große Kolonien gibt es vom Arktischen Archipel nördlich des kanadischen Festlandes bis nach Island; die Diffusion von Ammoniak kann Hunderte von Meilen von den Seevogelkolonien entfernt sein. Vögel tragen dazu bei, die Arktis ein wenig kälter zu halten, auf ihre eigene Art und Weise, indem sie die Auswirkungen des Klimawandels Stück für Stück dämpfen.

In jedem Jahr seit seinem Bestehen wurden auf Surtsey eine oder zwei neue Pflanzenarten registriert. Die ersten kamen auf dem Seeweg, einige andere auf dem Luftweg, und schlugen Wurzeln, als sich der Stickstoff auf der Insel ansammelte. Aber die überwiegende Mehrheit, etwa drei Viertel der rund 70 etablierten Pflanzen, kam über die Flügel, Eingeweide, Federn und Beine von Vögeln, meist von Möwen.

Insekten, von denen einige mit dem Wind, andere auf den Flügeln von Vögeln ankamen, siedelten sich ebenfalls an. Auf der Insel wurden mehr als 300 Arten von Käfern und anderen wirbellosen Landtieren gefunden, darunter ein Rüsselkäfer, der so selten war, dass man ihn für neu auf dem Planeten hielt, bis noch weitere Exemplare vor der Küste Schottlands gefunden wurden. Die Insekten werden mühsam eingesammelt: mit Pinzetten, Pinseln, Strohhalmen oder indem man weiße Laken über die Gräser zieht. Mindestens 143 Arten gelten als dauerhafte Siedler. Unabhängig von ihrem Status ist jede neue Art ein Grund zum Feiern.

Mit der Zeit lockten die Insekten insektenfressende Vögel an: Schneeammern, Wiesenpieper und Bachstelzen. Ein paar Graugänse sind aus dem isländischen Landesinneren eingeflogen. Die Möwen waren davon nicht beeindruckt. Sie schrien und trompeteten einander an. »Es ist definitiv keine glückliche Ehe zwischen Möwen und Gänsen«, erzählte mir ein Ornithologe.

Jedes Jahr wird das Gefüge der Insel dichter, glänzender und vielfältiger. Kegelrobben tauchten in den 1980er-Jahren auf. Sie schleppten sich an der Nordspitze der Insel entlang, brachten ihre weißhaarigen Jungen zur Welt und säugten sie. Die Welpen haben gekackt. Die Erwachsenen haben gekackt. Wenn man dann noch die Plazenten und gelegentlich einen Kadaver hinzunimmt, ergibt das eine marine Subvention, eine Nährstoffversorgung, die vom Meer ans Land wandert. Sie ist geringer als die der Seevögel – etwas mehr als zehn Kilo Stickstoff pro Hektar –, trifft dafür aber in einem neuen Gebiet der Insel ein, das einen besseren Zugang zum Meer hat. Für die fliegenden Straßenkehrer und Pflanzen der Insel waren diese Nährstoffe ein verlässlicher und substanzieller jährlicher Bonus. Robben mögen Küstenebenen und keine Klippen, daher machte ihre Brutkolonie die unteren Ufer für Austernpflanzen, Meersenf und Melden zugänglich. Sie schufen zwischen den dunkelgrauen Sandstränden und Lavablöcken des Nordens eine Robbenoase.

Surtseys Robben und seine Seevögel zeigen, wie Tiere Nährstoffe auf karges Land transportieren und so von Grund auf vollwertige Ökosysteme schaffen können. Sable Island, ein Sandstreifen mehr als 100 Meilen vor der Küste von Nova Scotia, ist dafür ein weiteres Beispiel von vielen. In den letzten 50 Jahren ist die Zahl der auf der Insel geborenen Kegelrobben von einigen Tausend auf über 90 000 angewachsen, was sie zur weltweit größten Brutkolonie für Kegelrobben macht. Der Stickstoff, den die Robben mitbringen, düngt die Dünengräser der Insel, auf der heute eine Population wilder Pferde lebt – ein lebender Beweis dafür, dass Erlings Herde aus Traumkühen auf Surtseys Seevogelwiese möglich ist.

Die Stickstoffwolke aus dem Robbenkot breitet sich bis in die Gewässer jenseits von Sable Island aus und erhöht das Phytoplankton auf der Leeseite um 20 Prozent. Obwohl die Algen mikroskopisch klein sind, kann man die Signatur der Robben – einen hellgrünen Spritzer Chlorophyll – vom Weltraum aus erkennen, genau wie bei den Seevögeln auf Surtsey.

»Wann immer Menschen meiner Generation einen Albtraum haben, träumen wir davon, vor einem Vulkan davonzulaufen, oder?«, sagte Freydís Vigfúsdóttir, eine Seevogelbiologin, geboren in den 1980ern auf den Westmännerinseln, lange nachdem Surtsey abgekühlt war. »Ich bin schon auf vielen Lavafeldern herumgelaufen, aber das Feld auf Surtsey ist anders. Ich konnte Steine unter mir fallen hören. Das Rauschen der Wellen. Offensichtlich waren unter uns Höhlen, und ich erinnere mich, dass ich dachte: *Wenn ich da reinfalle, wird mich kein Mensch jemals finden.*«

Auf Surtsey und anderen, besser zugänglichen Teilen Islands, etwa auf der Halbinsel Snæfellsnes, verspürte ich gelegentlich ein Gefühl der Ehrfurcht. Die karge Landschaft – kohlschwarze und ziegelrote Berge, umhüllt von stürmischen Winden unter einem aufgehenden Mond – brachte uns das romantische Gespür für das Erhabene nahe. Es lag Schönheit darin. Aber es gab auch den Schrecken.

»Wenn die Natur entscheidet, dass es der richtige Zeitpunkt ist«, sagte Freydís, als wir uns ein paar Monate vor meiner Reise nach Surtsey unterhielten, »dann war's das.« Sie zuckte mit den Schultern.

Die meisten Isländer hatten kein Interesse daran, der Natur ihren Lauf zu lassen. »Lava wurde als etwas sehr, sehr Hässliches angesehen«, erzählte mir Bjarni in Heimaey. »Es ist wirklich etwas Psychologisches. Wenn die Einheimischen die Lavafelder kontrollieren könnten, würden sie sie dem Erdboden gleichmachen und einen Rasen anlegen.« Oder sie würden zumindest ein paar Lupinen einpflanzen, eine aus Alaska eingeführte lila blühende Pflanze, die sich über Symbionten in ihren Wurzeln mit ihrem eigenen Stickstoff versorgen kann.

Während ihres Aufenthalts auf Surtsey konzentrierten sich Bjarni und Esther auf die mikroskopischen und mikrobiellen Unterschiede im Boden der Insel, von den bewachsenen Vogelbrutgebieten bis hin zum reinen Bimsstein. Ich folgte ihnen zu einer der Stellen, an denen sie Proben entnehmen. Bjarni grub zwei Jahre alte Teebeutel aus dem Boden aus. »Ich frage die Mikroben: ›Möchtet ihr roten oder grünen Tee?‹« Der TBI – Teebeutel-Index – wird auf der ganzen Welt zur Bestimmung der Bodenaktivität verwendet. Um die Vergleichbarkeit zu gewährleisten, verwendet man ausschließlich Lipton. »Wir befürchten alle«, sagte Bjarni zu mir, »dass Lipton irgendwann aufhören wird, roten Tee zu produzieren.«

Esther entnahm eine Bohrprobe durch einen toten Vogel hindurch.

Als sie früher an diesem Tag Transekte durchgeführt hatten, Profilschnitte, hatte Bjarni einen Sandregenpfeifer bemerkt, der ihm und Esther zuschaute. Als Bjarni das Tier direkt ansah, flitzte der Vogel davon, wobei er teils rannte, teils flog, dabei tief am Boden und dennoch deutlich sichtbar blieb. Auf der Insel waren schon früher Regenpfeifer gesichtet worden, aber noch nie hatte jemand ein Nest gefunden.

»Wenn du einen Regenpfeifer laufen oder nahe am Boden fliegen siehst, geh immer in die entgegengesetzte Richtung, damit du sein Nest findest«, sagte Bjarni. Der Sandregenpfeifer ist ein bescheidener Vogel, dessen Nest kaum mehr als eine Schramme im Vulkansand ist. Bjarni ignorierte den Versuch des Vogels, ihn wegzulocken, und fand drei gesprenkelte Eier auf der Lava. Eine Premiere für die Insel und die siebzehnte Brutvogelart.

Es stellt sich heraus, dass die Abwesenheit von Menschen sorgfältig kuratiert werden muss. Im Jahr 1969 fand einer von Surtseys Forschern eine langbeinige Pflanze mit sägezahnartigen Blättern, die zwischen Meersenf und Gräsern hervorstach. Es schien eine neue Spezies auf der Insel zu sein, also rief er einen Experten hinzu, der die Steine umdrehte und ungewöhnlich nährstoffreiche Erde inmitten der Lava fand. Es war *Solanum lycopersicum*: Eine Tomatenpflanze hatte in den Fäkalien eines Besuchers Wurzeln geschlagen. Die Pflanze und der Kot wurden eingetütet und weggeschafft.

Um den gleichen Fehler zu vermeiden, stellen wir unsere Kästen am Rande der Wellen auf. Mit ihren hohen Decken, dem großen Abstand zwischen den Wänden und Ausblick auf die vom Tölpelkot kalkweißen Westmännerinseln sind sie das prächtigste Klo in ganz Island – nachdem sich der Nebel gelichtet hat. Man kann sogar eine Toilettenspülung bekommen, aber es gibt einen Haken dabei. Sie müssen sich auf die runden Lavablöcke setzen und den richtigen Zeitpunkt wählen, am besten bei Ebbe, damit ihr gesamter Kot ins Meer gespült wird. Der Ozean kann ein heftiges Geräusch machen und die Felsbrocken umwerfen, bevor er diese ans Land zurückspült.

Der Vulkanökologe Charlie Crisafulli betrachtet die Kolonisierung nach Ausbrüchen als eine »Reise nach Jerusalem«. Glück und der passende Zeitpunkt spielen eine große Rolle bei dem, was in der Vulkanlandschaft auf dem Festland bestehen bleibt. Wenn ein Baumbestand oder eine Gruppe von Tieren der Lava entkommt, können diese ihre Samen verbreiten oder ihren Zufluchtsort verlassen, sobald die Eruption endet. Eine Heuschrecke oder ein Käfer am Rande der Eruption kann hineinhüpfen, -fliegen oder -kriechen.

Surtsey ähnelt jedoch eher einem Meeres-Roulette. »Es handelt sich um ein sehr kleines Ziel in einem großen, eiskalten Meer, und der größte Teil des angrenzenden Landes ist bereits unterentwickelt«, bemerkte Crisafulli. Das isländische Festland liegt isoliert entlang des Mittelatlantischen Rückens und weist nur wenige Tiere und Pflanzen auf. Außer dem Polarfuchs (der in der Kleinen Eiszeit das Meereis überquerte) gibt es hier keine einheimischen Landsäugetiere. Es gibt keine Amphibien, keine Reptilien und keine Moskitos. In der Nähe von Surtsey gibt es nur wenige Tiere, und diejenigen, die es auf die Insel schaffen, haben Schwierigkeiten, dort zu überleben. Es gibt kein stehendes Süßwasser, daher ist es für Enten und Watvögel ein unwirtlicher Ort zum Brüten. Außerdem ist es kalt, windig und neblig.

Das haben wir auf dem Asphalt in Heimaey auf die harte Tour gelernt. Wir sind zum Teil wegen Bjarnis Entschlossenheit und der Großzügigkeit der isländischen Küstenwache hierhergekommen. Aber vor allem war es Glück – ein kleines Wetterfenster, als der Hubschrauber zufällig in der Gegend war. Die BBC-Filmemacher versuchten ebenso mühsam, die Insel zu erreichen, aber als sie mit ihrem Boot vor der Nordzunge auftauchten, machten Wind, Wellen und Felsbrocken die Landung zu tückisch. Jahre zuvor, bemerkte Bjarni, sei ein Foto aus Surtsey zu Islands Foto des Jahres gewählt worden: »Es war ein Bild von meinem Doktoranden, der aus dem Boot fiel, als wir landeten.«

Das BBC-Filmteam musste umkehren, und das hätte genauso gut unser Schicksal sein können. Trotz all der Vögel, Pflanzen und

Insekten, die Surtsey erreichten, taten es viele andere Lebewesen nicht; sie starben, nahmen eine andere Richtung oder verließen nie den Komfort ihres Zuhauses. Für uns alle hätte es so oder so ausgehen können.

Nicht lange nachdem Surtsey aufgetaucht war, schlossen sich Islands Botaniker, Geologen und Ornithologen zusammen, um diese Insel makellos zu erhalten. Sie begrenzten die jährlichen Besucher auf einige Forscher. Selbst bei voller Belegung während der Expedition beherbergte die Insel nur eine Handvoll Wissenschaftler. Und an mehr als 350 Tagen im Jahr ist Surtsey völlig menschenfrei. Die Vögel, Insekten und Pflanzen sind die wahren Besitzer dieser Insel. Und selbst die Vögel verlassen die Insel im Winter. Mit weniger als sechs Stunden Sonnenlicht zwischen November und Januar herrscht in Surtsey Dunkelheit. Die Pflanzen halten die Insel in der Düsternis, und es gibt keine Besucher außer gelegentlich vorbeischwimmenden Meeressäugern.

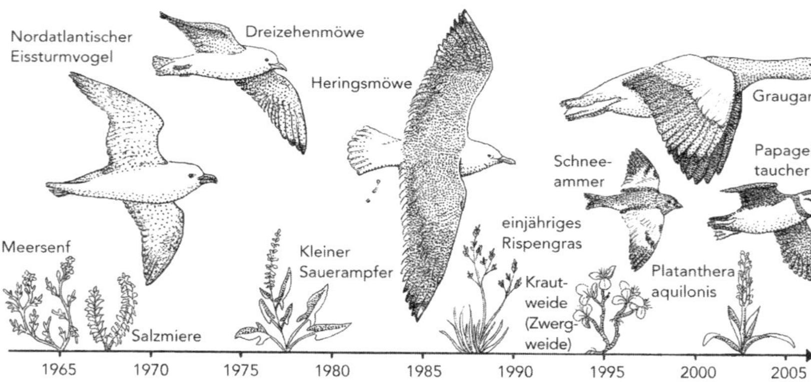

Eine Surtsey-Zeitleiste. Die ersten Pflanzen, die sich auf der Insel etablierten, waren ans Meer angepasst; sie packten ihre Nährstoffe für die Reise ein. Nach der Ankunft der Heringsmöwe und anderer Seevögel trug Stickstoff aus Guano dazu bei, die Etablierung von Wiesengräsern zu beschleunigen. Die Zukunft könnte dem Papageientaucher gehören, während die Insel erodiert. (Basierend auf Magnússon et al., 2009.)

Es gibt viele Felsen im Meer, aber Surtsey ist einer der jüngsten und hat die schwächsten menschlichen Fußabdrücke. »Surtsey ist die einzige Vulkaninsel, die vom ersten Tag an genau untersucht wurde«, sagte Erling. Aufgrund dieses Schutzes und der dort durchgeführten biologischen Studien wurde es 2008 in die Liste des UNESCO-Weltkulturerbes aufgenommen.

Auf dem Festland gab es viele Ausbrüche, aber rund um diese Lavafelder oder Relict Communities gibt es Tiere und Pflanzen, die die Explosionen überleben und die Wiederbesiedelung durch Samen unterstützen. »Surtsey hat uns gelehrt, dass Seevögel Nährstoffe, Samen und Insekten als Nistmaterial mitbringen können«, sagte Erling. Auf der Insel gibt es so viele wirbellose Arten, dass deren Quelle nur Brutvögel sein können.

Als ich am Rande der Wiese saß, dachte ich an eine andere Vulkaninsel eine halbe Welt entfernt, beschrieben von einem anderen Wissenschaftler, der als junger Mann in seinen Zwanzigern zum ersten Mal dort gelandet war. Die Galapagosinseln, »ein zertrümmertes Feld aus schwarzer Basaltlava, das in die schroffen Wellen geworfen worden war«, offenbarte Darwin »das Geheimnis aller Geheimnisse – das erste Erscheinen neuer Lebewesen auf dieser Erde«. Zumindest einige der von ihm beobachteten Lebewesen haben wahrscheinlich ihren Ursprung auf Inseln, die mit Seevogelmist angereichert sind.

»Ich werde das Gefühl nie vergessen, als ich Surtsey nach dem ersten Sommer verließ«, erzählte mir Erling später. Er war nach Heimaey zurückgekehrt, mit seiner eigenen Geschichte von Ausbrüchen und Kolonisierung. Die grasbewachsenen Hügel verstörten ihn. »Ich hatte drei Monate lang keine grüne Farbe gesehen«, sagte er. Selbst nachdem Erling nach Reykjavík zurückgekehrt war, war Surtsey nie weit entfernt. Die braunen Hügel und der graue Sand wurden zur Palette seines Lebens. »Es ist die Heimat meines Herzens. So einfach ist das.«

Pálsbær, die nach Paul Bauer, einem amerikanischen Philanthropen, benannte mobile Forschungshütte, fuhr am Rande des Lavafeldes entlang wie ein Fischerboot auf dem dunklen Wintermeer des Nordatlantiks. Die Forscher versammelten sich in der langen Dämmerung, die im Juli auf Surtsey als Abend galt, um den Holztisch in der Mitte der Hütte, getaucht in das Licht zweier Kerzen. Die Westmännerinseln waren aus dem Fenster zu sehen. Ein kalkhaltiger Block, gesprenkelt mit Basstölpeln und bedeckt mit Guano, strahlte dort so hell wie ein Leuchtturm.

Es herrschte eine feierliche Stimmung. Zuvor war Borgthór am Rande der Brutkolonie entlanggelaufen, und als er zur Pálsbær zurückkam, meinte er beiläufig: »Vor einer Stunde habe ich eine neue Art auf der Insel gefunden.« Es war eine Blaugrüne Segge, die zwischen dem Grasland und dem Lavafeld wuchs. *Carex flacca* ist in Island weitverbreitet, aber hier war diese Pflanze eine große Entdeckung. Wahrscheinlich wurde sie von Vögeln hergebracht, vielleicht von Gänsen, und war vermutlich schon seit ein paar Jahren auf Surtsey. Es war die 79. Pflanzenart, die auf der Insel gefunden wurde, ein Beweis dafür, dass ihre Vielfalt dank der Vögel immer weiter zunahm.

Borgthór goss etwas Wein in einen braunen Becher – den Ehrenbecher von Sturla – und reichte ihn mir. (Sturla Fridriksson hat mehrere Bücher über Surtsey geschrieben, darunter auch das, das ich vor meiner Ankunft als Referenz verwendet hatte.) Isländisches Lamm wurde serviert. Die Forscher hatten den Tag damit verbracht, Pflanzen, Vögel und ein paar dünne Seetangstreifen zu zählen, und die Rede kam unweigerlich auf die kulinarischen Eigenschaften von Seevögeln.

Obwohl die Bevölkerung Islands weniger als 400 000 Einwohner zählt, variieren die kulinarischen Traditionen auf der Insel. Eissturmvogelküken werden von manchen bevorzugt; junge Heringsmöwen von anderen. Auf den steilen weißen Klippen, die wir aus dem Fenster sehen konnten, werden Tölpelküken gesammelt.

Suppe aus Papageientauchern mit Kopf war in Heimaey ein Favorit, wo die Einheimischen die Vögel mit Netzen fangen, die sie rund um die Nistplätze auswerfen. In den Fjorden im Osten werden die Krähenscharben, auch Kormorane genannt, geröstet, gesalzen oder geräuchert. »Sie haben köstliches braunes Fleisch«, bemerkte einer der Forscher. Es gab hier nicht das nächtliche Kräftemessen zwischen Meeresbiologen und Fischern auf der Orca (Quints Boot in *Der weiße Hai*); es herrschte vielmehr im unbeständigen Dämmerlicht ein Hauch von kameradschaftlichem Wettbewerb.

Die Vögel wussten sich zu wehren. Eine große Raubmöwe, ein toller Pirat von einem Vogel, griff einst Bjarnis Onkel an. »Er war ein großer Mann, aber nichts gegen diese ›Messerschmitt‹. Die Raubmöwe hat ihn kalt erwischt.«

Borgthór bewunderte Eissturmvögel nicht wegen ihrer kulinarischen Eigenschaften, sondern weil sie Überlebenskünstler waren. Für mein ungeübtes Auge sahen sie aus wie Möwen, aber sie sind eng mit Riesenalbatrossen verwandt. Und sie haben gute Gene. »Es gibt ein Bild von meinem Mentor George Dunnet«, sagte Borgthór, »wie er als junger Mann einen Eissturmvogel markierte. Eissturmvögel brüten erst, wenn sie zehn Jahre alt sind, und dann bekommen sie ein Küken pro Jahr.« Er zeigte mir zwei Schwarz-Weiß-Fotos. Das linke zeigte einen Eissturmvogel und einen Mann mit dunklem Haar und glatter Haut, es war 1951 aufgenommen worden; das rechte Foto zeigte einen Eissturmvogel und einen älteren Mann mit Geheimratsecken und Falten im Gesicht; es stammte aus dem Jahr 1986.

»Es ist dieselbe Person und derselbe Vogel«, sagte Borgthór. Der Eissturmvogel war um keinen Tag gealtert.

Am letzten Tag der Expedition waren alle um sechs aufgestanden, um Insektenfallen zu überprüfen, Bodenproben zu entnehmen und eine Drohne über die Nordzunge fliegen zu lassen. Um acht kamen wir alle zusammen, um Vogelnester zu untersuchen. Borgthór nutzte ein 20 Meter langes Seil, um mit uns einen Umkreis von bald einem halben Quadrathektar abzuschreiten. Wir hielten das Seil fest und gingen im Kreis um Borgthór herum, wobei wir in der Mitte der Brutkolonie begannen.

»*Hreidur!*«, rief jemand, das isländische Wort für »Nest«. Im ersten Kreis gab es nur ein Möwennest, einen Ring aus totem Gras zwischen dichtem Strandgras und Vogelmiere. Nachdem er 20 Jahre lang Seevögel beherbergt hatte, war der Boden weich und schwammig geworden und verdeckte die Lücken in der Lava darunter. Es war ein bisschen so, als würde man auf einem Trampolin laufen, und ab und zu wehten weiße Federn durch das hüfthohe Gras.

Wir haben unser Bestes getan, um die Vögel zu zählen und Störungen so gering wie möglich zu halten. Ich hörte ein Krächzen unter meinen Füßen – ein Eissturmvogel, der kurz davor war, einen stinkenden Klumpen Fischdärme auszukotzen. Ich machte einen großen Bogen darum. Die Möwen hatten sich zurückgezogen, ihre Nester waren kaum mehr als ein Haarwirbel: ein kleines Strohbett, ein paar Federn, vielleicht die Reste von einem Ei. Als Naturforscher in einem Team tat ich mein Bestes, um mich quer über die Wiese am Seil festzuhalten. Die unter dem Gras verborgene unebene Lava fühlte sich an wie ein Meer, das mitten in einem Sturm zugefroren ist.

»*Hreidur!*«

Wir registrierten an diesem Tag 34 Nester, viele davon am Rande des Graslandes, was dazu beigetragen hatte, dass sich der Lebensraum im Laufe der Zeit vergrößerte.

Auch die Forscher wurden durch Flügel, in diesem Fall Rotorblätter, vertrieben. Während wir auf den Hubschrauber warteten, erwähnte ich, dass ich darüber nachdachte, ein Hotelzimmer zu buchen. Der Fotograf beugte sich vor. »Ich würde noch warten.« Das hier war Island, und es war zu früh, um zu planen. Der Helikopter war noch etwa 20 Minuten entfernt.

Wir sahen zu, wie er sich über dem Horizont näherte, auf dem winzigen Landeplatz landete und die Geologen auslud, die unseren Platz in der Hütte einnehmen würden. Wir setzten unsere Kopfhörer auf, packten unsere Ausrüstung ein, und los ging es. Ich hatte keine Ahnung, wohin wir flogen. Zurück nach Heimaey? Nach Reykjavík? Islands inoffizielles Motto ist *Thetta reddast* und bedeutet grob übersetzt »Wird schon gut gehen«. Als wir über dem Nordatlantik aufstiegen, kam ich mir vor wie ein Anhalter, kaum mehr als eine Klette im Bauch des motorisierten Vogels.

Alles in allem war ich vielleicht 72 Stunden auf der Insel gewesen, obwohl es sich irgendwie endlos und wie ein einziger, ewiger Tag anfühlte, da es nie dunkel geworden war. Surtsey verschwand. Jemand von der Küstenwacht reichte uns eine Notiz: *Reykjavík um 18:15.*

Als ich 2019 zum ersten Mal mit Erling sprach, hatte er gerade seinen 70. Geburtstag gefeiert. Er war von den Seevögeln und Robben des Nordatlantiks geprägt, genau wie Surtsey selbst. 70 ist in Island die Grenze zwischen Arbeit und Ruhestand. Aber selbst auf seiner letzten Reise, erzählte mir Erling, während sein spärliches graues Haar im Wind wehte, als würde vulkanischer Dampf austreten, »herrscht bei mir immer noch die gleiche Aufregung. Jedes Mal. Ich verlasse einfach das Boot oder den Hubschrauber und schnappe mir als Erstes eine Handvoll Sand und küsse ihn.«

Am Ende von Erlings letzter Reise im Jahr 2020 war Surtsey nicht bereit, ihn gehen zu lassen. Die Abreise der Forschungsmannschaft verzögerte sich wegen des schlechten Wetters um einen Tag, dann noch um mehrere weitere. Der Hubschrauber der Küstenwache konnte auf dem winzigen Landeplatz nicht landen, ein Boot kam gar nicht infrage. Die Vorräte gingen zur Neige, und das nächste Team war überfällig. Am Ende ließen die Leute von der Küstenwacht ein Seil herab, und Erling und seine Mannschaft wurden wie Wildblumen von der Insel gepflückt.

Als ich ihn in seinem Büro besuchte, in einem Gebäude am Rande eines Parkplatzes und eines Lavafeldes, war Erling von Tausenden von Käfern, Fliegen und Spinnen umgeben, die er in Island gesammelt und über die Jahrzehnte in Kisten aufgespießt und befestigt hatte. Er organisierte sein Lebenswerk für die nächste Generation von Entomologen, und er sah dabei ein bisschen aus wie ein Mann im Exil.

Es schien ihm immer noch schwerzufallen, Surtsey zu verlassen. »Es war, als würde mir die Kehle zerrissen«, sagte Erling mit Tränen in den Augen. »Erling wurde fast auf dieser Insel geboren«, sagte Borgthór. »Oder zumindest ist er hier aufgewachsen.« Erling erzählte mir wehmütig, dass er darüber nachgedacht hatte, dieses Jahr an der Surtsey-Expedition teilzunehmen, aber den Schmerz des erneuten Abschieds einfach nicht ertragen hätte.

Auf dem Weg nach draußen blieb ich im Badezimmer stehen. Über der Toilette hing ein Bild eines Kormorans, der am Ufer seine Notdurft verrichtete. Es war eines von Erlings wertvollsten Fotos.

Fressen, kacken, wiederholen. Der Guano-Effekt breitet sich weit über Surtsey hinaus aus. Seevögel brüten in der Arktis, der Antarktis und auf Inseln auf der ganzen Welt. Das Südpolarmeer ist die Heimat der meisten Seevögel – man denke an Pinguine, Sturmvögel und Albatrosse – und von gut vier Fünfteln des gesamten Seevogelkots der Welt sowie des darin enthaltenen Stickstoffs und Phosphors. Surtseys Geschichte spielt sich auf Inseln auf der ganzen Welt ab, in manchen Fällen über Jahrhunderte, sogar Jahrtausende hinweg. Guano ist eine wertvolle natürliche Ressource, und seine hohen Konzentrationen in der südlichen Hemisphäre lösten einst eine weltweite Jagd danach aus, die von Peru bis zu den Guano-Inseln im Südpazifik reichte.

Im 19. Jahrhundert machten Segelschiffe aus Europa und Nordamerika halt an abgelegenen Inseln auf der ganzen Welt. Es war eine Boomzeit für Walöl und Vogelkot. Das Öl wurde in den großen

Städten des Nordens zur Beleuchtung und zum Schmieren verwendet. Der Guano versorgte nährstoffarme Felder und Ackerflächen mit Stickstoff und Phosphor – er galt als der beste Dünger der Welt, worüber wir später noch sprechen werden. Der Guano-Abbau gefährdete viele Seevögel, indem er ihre Inselhöhlen und Nistplätze zerstörte. Die Männer, die den Guano abbauten, verfolgten häufig einheimische Meeres-Raubvögel wie Andenkondore und Wanderfalken, und diejenigen Leute, die zwischen Häfen und Brutinseln pendelten, transportierten dabei auch invasive Raubtiere. Vielleicht war keines davon schädlicher als *Rattus rattus*, die Schiffsratte.

»Es ist wie Feuer und Wasser«, sagte Nick Graham von der Lancaster University über den Unterschied zwischen einer Ratteninsel und einer rattenfreien Insel. Als wir uns unterhielten, wartete er mit seinen drei Kindern im Vereinigten Königreich die Coronavirus-Pandemie ab. Graham arbeitet seit mehr als einem Jahrzehnt auf dem Chagos-Archipel im Indischen Ozean. Die Inseln, die er untersucht, sind mehr oder weniger identisch, außer dass es auf einigen in der Vergangenheit Schiffswracks und flüchtende Ratten gab. Für die einheimische Tierwelt war es eine weitere Runde im Meeres-Roulette, und die Ankunft eines neuen Raubtiers war wie ein Schuss in den Kopf. Auf den Ratteninseln fraßen die Nagetiere gelegentlich Seevogeleier, Küken und sogar erwachsene Vögel. Dies hatte Auswirkungen auf das gesamte Ökosystem.

»Wenn man eine Insel ohne Ratten betritt, ist der Himmel voller Seevögel. Es ist laut wegen der Kakofonie, die diese Vögel machen. Und es riecht nach Guano und Ammoniak, besonders wenn es kürzlich geregnet hat. Es ist lebendig, es stinkt und ist laut.

Aber wenn man eine Insel mit Ratten betritt«, sagte Graham, »gibt es so gut wie keine Seevögel. Der Himmel ist leer.« Es gibt keinen Geruch, und das einzige Geräusch stammt von den kleinen Wellen, die an den Strand plätschern.

Graham fragte sich, wie sich diese Unterschiede auf die Riffe und die Vegetation der Inseln auswirken könnten. Also ging er das Risiko ein und gab den letzten Teil des Fördergeldes aus, das er vom Australian Research Council erhalten hatte. Auf sechs Inseln mit sowie sechs ohne Ratten sammelten er und seine Kollegen Bodenproben und neues Blattwachstum von einem Küstenstrauch, dann schnorchelten sie zu den Riffen und sammelten Makroalgen und einzelne Schwämme. Von Anfang an war der Unterschied in der Anzahl der Seevögel offensichtlich: Auf Inseln ohne Ratten gab es 750-mal mehr Seevögel als auf denen mit Ratten. Mehr Vögel bedeuteten mehr Kot. Auf diesen vogelreichen Inseln war der Stickstoffeintrag 250-mal höher, eine enorme Ressource für die einheimischen Pflanzen und Tiere.

Sie tauchten vom Riffkamm ab, wo die Korallen in tieferes Wasser abfallen, zählten Fische und sammelten Torfalgen und Juwelen-Riffbarsche, die sich von Algen ernähren. Auf den Riffen von Inseln ohne Ratten wachsen Riffbarsche schneller. Sie gelten als die Gärtner des Riffs und verteidigen ihre Algenfarmen, schützen die kleinen Garnelen und die Nährstoffe, die deren Kot den Algen liefert. Die Fischbiomasse war auf den Riffen mit Seevögeln um 50 Prozent höher als auf denen ohne Seevögel, ein überraschender Befund, wenn man bedenkt, dass die Riffe unbefischt und bereits in gutem Zustand waren. Deshalb interessieren sich Graham und seine Kollegen mittlerweile für den Einfluss von Seevögeln auf die Fruchtbarkeit von Fischen: Mit mehr Nährstoffen könnten die Fische mehr Nachkommen haben, die sich auf nahe gelegenen Inseln ausbreiten und so den Fußabdruck, den Kotabdruck, der Vögel vergrößern.

Aber können zu viele Nährstoffe nicht schädlich für Korallen sein? Wir haben Rückgänge in der Nähe von Städten beobachtet, in denen es keine gute Abwasseraufbereitung gibt. »Menschen halten Nährstoffe oft für eine schlechte Nachricht für Korallenriffe«, meinte Graham. Das liegt daran, dass viele menschliche Einträge aus Düngemitteln und Abwässern stammen, die nur wenig Phosphor, dafür aber viel Stickstoff enthalten. Wenn die Korallen durch diesen überschüssigen Stickstoff beeinträchtigt werden, bleichen sie bei niedrigerer Temperatur aus und vertreiben ihre lebenswichtigen Symbionten. »Aber wenn man die Nährstoffe durch eine ausgewogene Zufuhr von Stickstoff und Phosphor erhöht, was der Seevogel-Guano leistet, dann wachsen Korallen schneller«, sagte er. Korallen bleiben auch bei höheren Temperaturen gesund, behalten ihre Symbionten und sind gegenüber dem Klimawandel wärmebeständiger.

Es ist keine Überraschung, dass die Vögel und ihr Kot, ihre Eier und Kadaver das Wachstum von Pflanzen fördern – Surtsey und andere Studien haben das vor Jahren gezeigt –, aber auch Meeresfische reagieren auf diesen zusätzlichen Eintrag.

Nach der Vogelbeobachtung saßen Borgthór und ich am Rande der schwindelerregenden Südklippe von Surtsey. Wir konnten hören, wie die Insel unten auseinanderfiel. Ich hatte angenommen, dass die runden Lavablöcke, über die ich beim Spaziergang am Ufer gestolpert war, ein paar Jahrzehnte alt waren, aber Borgthór sagte, dass viele wahrscheinlich erst vor Monaten ins Wasser gefallen und von der Brandung umgeworfen und rund geschliffen worden seien.

An diesem endlosen Sommernachmittag starrte ich lange auf die weißen Flecken auf der dunklen Lava. Als ich aufsah, durchzogen die zu den Klippen zurückkehrenden Seevögel den Himmel wie eine dunkle Naht auf einem Baseball. Nachdem sie vor der Küste Kapelan, Sandaale und Krill gefressen hatten, trugen sie einiges davon in ihren Schnäbeln oder Speiseröhren für ihre Küken mit sich. Ein Eissturmvogel, der wahrscheinlich eine Vorliebe für Rückwürfe von Fischerbooten hatte, flog über uns hinweg. Ein Papageientaucher umkreiste den Rand der Klippe. Die Trottellummen kehrten aus dem Meer zurück, schlugen schnell mit den Flügeln, bevor sie ins Nest stürzten, die weißen Kotstreifen waren ihre Landebahnen. Mit ihren Rufen machten sich die Mantelmöwen auf den Weg zu der Wiese, die sie selber geschaffen hatten. Auch wenn sie anderswo nur Möwen sind, die sich vielleicht um ein Stück Pizza streiten, werden sie auf Surtsey immer prächtige Vögel sein.

Es herrschte ein Tauziehen zwischen den physikalischen Kräften, die diese Insel aufgebaut hatten und sie nun unaufhaltsam erodieren ließen, und den biologischen Kräften, den Nährstoffen und der sich ansammelnden Biomasse in den Ausläufern des kargen Palagonits. Viele der Seevögel von Surtsey sind älter als die Felsbrocken, und einige der Eissturmvögel könnten sogar älter als die Insel selbst sein. Hier bot sich die seltene Gelegenheit zu beobachten, wie Tiere ein Ökosystem fast von Grund auf aufbauten. Man konnte den Prozess während einer kurzen Nachmittagswanderung beobachten oder, sofern man Biologe war, ihn im Verlauf der eigenen Karriere verfolgen. Jeder Wissenschaftler wird Ihnen sagen, dass Forschungsprojekte oft eine hohe Fluktuation aufweisen; junge Leute kommen und gehen, während sie eine akademische, staatliche oder gemeinnützige Laufbahn einschlagen, aber das Team, das Surtsey untersucht, hat sich hervorragend gehalten. Viele Wissenschaftler wie Borgthór und Erling haben im Laufe ihrer Karriere jährliche Besuche gemacht. Dies sollte Borgthórs letzte Expedition sein. Er ging später in diesem Jahr in den Ruhestand.

Nichts hält ewig. Mehrere der kleineren Inseln im Osten entstanden vor etwa 5000 Jahren. Sie sind durch Erosion zu Basaltscherben, steilen Klippen mit Tölpelnestern und artenarmem Grasland reduziert worden. Dies deutet auf Surtseys Zukunft hin. Und Surtsey zeigt uns, wie die alten Seevogelfelsen in ihrer Jugend aussahen: geschmeidig, sich ständig verändernd.

Mit einer Fläche von etwa 120 Hektar ist Surtsey in den fünf Jahrzehnten seit seiner Entstehung bereits um etwa die Hälfte geschrumpft. Sein Profil ist inzwischen etwas markanter, mit steileren Klippen und der Nordzunge, die jetzt wie ein Elfenhut hervorsteht.

»In Zukunft«, sagte mir Borgthór, »wird dies das Land des Papageientauchers sein.« Diese liebenswerten Seevögel mit ihren leuchtenden Schnäbeln graben sich unter den dichten Gräsern ein, wie sie es auch auf benachbarten, steil abfallenden Inseln tun. (Mehr als die Hälfte der Papageientaucher der Welt leben auf Island.) Der zerbrechliche Teil des Lavagesteins wird ins Meer rutschen und einen harten inneren Kern aus Palagonit zurücklassen, dem Basaltglas, das sich gebildet hat, als die noch heiße Lava ins Meerwasser geflossen ist. »Irgendwann, vielleicht in zehn- oder fünfzehntausend Jahren«, sagte er, »wird Surtsey wahrscheinlich verschwunden sein.«

Er ließ das auf sich wirken.

»Aber dann werden wir einen weiteren Ausbruch und ein neues Surtsey haben.«

2

TIEFSEE-KACKE

In der riesigen Weite der Ozeane scheinen Tiere keine große Rolle zu spielen. Oberflächlich betrachtet sieht alles ziemlich gleich aus. Viel hängt vom Wind und den Strömungen ab – den physikalischen Kräften, die im Spiel sind. Das Phytoplankton, mikroskopisch kleine Pflanzen, sind die Showrunner. Sie sind winzig, aber dafür tummeln sich auf einem Quadratkilometer Billionen von ihnen – sie bilden die Basis des Nahrungsnetzes. Sie nehmen Sonnenlicht, Kohlendioxid und andere Nährstoffe auf und wandeln sie in saisonale Blüten um, die Zooplankton, Fische und letztendlich auch die größten Tiere ernähren, die es jemals gegeben hat. Wenn Sie jemals das Glück haben, einen dieser Wale aus der Nähe zu sehen, ihn blasen zu hören, seinen Atem zu riechen und die Salzlake zu schmecken, könnte sich Ihre Sicht, was die Leere des Ozeans angeht, ändern. Was wäre, wenn diese riesigen Säugetiere durch ihren Kot und Urin einen der Haupttreiber der Fotosynthese – und damit der Produktivität – auf dem Planeten beeinflussen würden, so wie Seevögel das Pflanzenleben auf Surtsey ankurbelten?

In den Neunzigerjahren meldete ich mich ehrenamtlich beim Right Whale Research Project im New England Aquarium, um dabei mitzuwirken, einen der am stärksten gefährdeten Wale der Welt zu retten. An Bord der *Nereid*, dem zehn Meter langen Forschungsschiff des Aquariums, reisten wir von Maine nach Osten zur Bay of Fundy in den kanadischen Seeprovinzen. Ich wurde zur Wache abkommandiert, und man sagte mir, dass diese filtrierenden Wale nach langen, tiefen Tauchgängen hinab zum schlammigen Grund der Bucht an der Wasseroberfläche »liegen« und sich ausruhen. Als wir an Grand Manan Island vorbeifuhren, sah ich im Osten einen Schatten. Wir hielten an, hoben unsere Ferngläser und betrachteten die glitzernde Oberfläche der Bucht. Es stellte sich heraus, dass es sich bei diesem sich ausruhenden Wal um einen Baumstamm handelte – um einen hölzernen Baumstamm –, höchstwahrscheinlich um eine abgestorbene Fichte, die von den Gezeiten mitgerissen worden war.

Nicht lange nach diesem Fehlalarm sahen wir in der Ferne einen schwachen Nebel, der wie ein Staubkorn am Horizont aussah. Als wir näher kamen, konnte ich den v-förmigen Blas – den ausgestoßenen Atem von Walen – und den dunklen, finsteren Blick erkennen, die typisch für einen Glattwal sind – die Gruftis unter den Meeressäugetieren. Einer der Forscher erkannte den Wal als 1227 wieder, ein erwachsenes Männchen (er zeugte später drei Kälber und wird immer noch regelmäßig in den Seeprovinzen gesichtet). Sliver, wie er genannt wurde, durchbrach die Oberfläche, holte ein paar Mal tief Luft und hob dann seine breiten schwarzen Flossen. Kurz bevor er wieder untertauchte, gab 1227 ein riesiges ziegelrotes Gebilde von sich.

»Kacke!«, schrie jemand.

Als ob uns das noch gesagt werden musste. Ein überwältigender Gestank von Salzlake und Fäulnis wehte uns entgegen. Diese Fäkalienwolke markierte den Beginn eines neuen Weges in meinem Leben. Zu diesem Zeitpunkt hatte ich keine Ahnung, dass ich mehr als 20 Jahre später immer noch Wale verfolgen und ihren Kot einsammeln würde.

Wale werden seit mindestens 1000 Jahren kommerziell gejagt. Viele Populationen sind zurückgegangen, zunächst in Europa und dann auf der ganzen Welt, als Walfänger auf der Suche nach Bartenwalen und Öl ihr Fanggebiet erweiterten. Zu Beginn des 20. Jahrhunderts verfügten Walfänger über Sprengharpunen, motorisierte Verfolgerboote und Fabrikschiffe, mit denen sie ganze Blauwale, die größten Tiere der Welt, auf See töten konnten, und kein Wal war vor dem industriellen Walfang sicher. In den 1960er-Jahren standen viele Arten kurz vor dem Aussterben. Die Population der Nordatlantischen Glattwale war wahrscheinlich auf weniger als 100 Individuen zurückgegangen. 99 Prozent aller Blauwale wurden aus den riesigen Walfanggebieten des Südpolarmeeres entfernt.

Schutzmaßnahmen wie der US-amerikanische Marine Mammal Protection Act und das von der International Whaling Commission verhängte Moratorium für den kommerziellen Walfang trugen in den 1970ern und 1980ern dazu bei, diese Trends umzukehren. Die Rückkehr der Wale in großer Zahl seit ihrem Beinahe-Aussterben hat in weiten Teilen der Welt Anlass zum Feiern gegeben, es gab aber auch einige Gegenreaktionen. Ab den 1990er-Jahren traten Japan und andere Walfangnationen mit starken Erklärungen zur Verteidigung der kommerziellen Jagd hervor. Neben der kulturellen Argumentation, der Walfang sei wichtig für das Erbe und die Traditionen Japans, bot diese Nation noch zwei weitere Verteidigungslinien auf: Erstens fräßen Wale viel Fisch, und zu viele Wale hätten negative Auswirkungen auf die Fischergemeinschaften. Zweitens seien Wale schlecht für den Naturschutz. In den 1990er-Jahren waren die kleinen Zwergwale, die in Japan, Norwegen und Island im Zentrum der Jagd standen, so zahlreich geworden, dass sie die größeren gefährdeten Wale wie Finnwale und Blauwale verdrängten – so behaupteten es die Japaner zumindest. Sie meinten, dass Walfänger durch die Tötung des Zwergwals die Konkurrenz für gefährdetere Wale verringert hätten.

Diese Sichtweise, die Wale und andere Arten lediglich als Konsumenten betrachtet, war damals keine Seltenheit. Ein Großteil der

Meeressäugetierökologie konzentrierte sich zu diesem Zeitpunkt auf die Nahrungsaufnahme – die auszehrenden Wirkungen, die die Arten aufeinander hatten. Als ich 1997 als Masterstudent an der University of Florida Meeresökologie studierte, hatte auch ich möglicherweise das Argument »Wale fressen unseren Fisch« im Hinterkopf, da ich kürzlich mit Forschern nach Japan gereist war, die kommerziell verkaufte Walprodukte mithilfe genetischer Techniken untersuchten. Sie hatten herausgefunden, dass einiges von dem Walfleisch, das auf Märkten und in Sushi-Restaurants im ganzen Land verkauft wurde, von gefährdeten Arten stammte, was einen Verstoß gegen das Völkerrecht darstellte, und ich fragte mich, ob es noch andere Missverständnisse gab, die unseren Umgang mit Walen und anderen Meeresbewohnern bestimmten.

Womöglich träumte ich hinten im Raum vor mich hin, als Larry McEdward, ein Larvenökologe und Professor für Zoologie, die biologische Pumpe an die Tafel zeichnete. Dies ist ein Grundkonzept der biologischen Ozeanografie, das davon ausgeht, dass Kohlenstoff und andere Elemente von der Oberfläche in die Tiefsee gelangen. An der Meeresoberfläche finden Licht – und damit Fotosynthese – sowie ein Austausch von Kohlendioxid aus der Atmosphäre statt. Wenn Phytoplankton, Zooplankton und Fische sterben, transportieren sie beim Absinken Kohlenstoff und andere Nährstoffe auf den Meeresboden. Dieser Transport findet auch bei der vertikalen Wanderung von Zooplankton statt.

Die Bewegung des Zooplanktons ist eine der großen, meist unsichtbaren Wanderungen auf dem Planeten. Krill und Ruderfußkrebse ernähren sich typischerweise nachts von Phytoplankton an der Oberfläche und wandern dann tagsüber zurück in die Tiefen des Ozeans, vermutlich um Raubtieren zu entkommen, indem sie sich im Dunkeln verstecken. Diese tägliche Vertikalwanderung stellt eine der größten Tierbewegungen auf der Erde dar. Ihre Defäkationen und Todesfälle in der Tiefsee transportieren jedes Jahr Milliarden Tonnen Kohlenstoff von der Meeresoberfläche ab. Den Oberflächengewässern – dem einzigen Ort, an dem genügend Licht für die Fotosynthese vorhanden ist – kann es an Nährstoffen mangeln, in der Tiefsee reichern sie sich jedoch an. Dieses Schichtsystem aus warmem, nährstoffarmem Oberflächenwasser und kaltem, nährstoffreichem Tiefenwasser entsteht im Allgemeinen im Sommer, wenn es viel Sonne und wenig Wind gibt, der alles durcheinanderbringt. Die Nährstoffe an der Oberfläche nehmen ebenso ab wie in Ihrem Garten nach einer produktiven Saison. In einigen Küstengebieten können Winde und Auftrieb die Nährstoffe im Herbst wieder ansteigen lassen.

Gleichzeitig sinkt auch Meeresschnee in die Tiefe – winzige biologische Partikel, die aus Kotkügelchen, abgestorbenem Phytoplankton und anderen Ablagerungen bestehen. Durch die Kombination dieser beiden Prozesse werden Nährstoffe in den aphotischen Bereich verschoben, in dem es zu wenig Licht für die Fotosynthese gibt. Diese biologische Pumpe spielt eine wichtige Rolle beim Export in die Tiefsee und der Speicherung von Kohlenstoff, Stickstoff, Phosphor und Eisen am Meeresboden.

Aber in McEdwards Präsentation an diesem Nachmittag fehlte etwas Großes. Ich erinnerte mich an die Glattwale, die mit Schlamm auf ihren Köpfen an die Oberfläche kamen, nachdem sie zehn oder 15 Minuten lang in der Tiefe gefressen hatten. Viele Tiere bewegen sich nur einmal am Tag auf und ab, aber tief tauchende Wale und andere luftatmende Wirbeltiere können mehrmals pro Stunde von der Wasseroberfläche in die Tiefen des Ozeans und zurück gelangen. Tauchgänge sind energieintensiv, daher unterbrechen diese Tiere während der Nahrungsaufnahme viele grundlegende Stoffwechselprozesse. Natürlich kehren Wale zum Atmen, aber auch zum Ausruhen und Verdauen an die Oberfläche zurück. Und manchmal hinterlassen sie kurz vor dem nächsten Tauchgang riesige Fäkalienwolken. Das war doch das Gegenteil der biologischen Pumpe, dachte ich; in diesem Fall brachten Tiere Nährstoffe an die Oberfläche, anstatt sie in die Tiefsee zu exportieren.

Ich kritzelte ein Diagramm in mein Notizbuch, das wiedergab, was ich in den vergangenen Jahren auf See gesehen hatte – Glattwale, die am Grund der Bucht Ruderfußkrebse fraßen und an die Oberfläche schwammen, um zu atmen und zu kacken –, und was ich vermutete, passierte auch: Die im Kot enthaltenen Nährstoffe wurden vom Phytoplankton aufgenommen, das dann wiederum die Ruderfußkrebse und somit schlussendlich die Wale selbst ernährte. Ich vergaß diese Zeichnung und verlor nach einer Reihe von Umzügen ihre Spur, aber das Konzept blieb mir im Gedächtnis. Dann, eines Sommers, als unsere Familie unseren Dachboden dämmte und ich Sachen wegräumen musste, die ich dort aufbewahrt hatte, stieß ich in einer alten Spirituosenkiste auf mein Notizbuch über Meeresökologie. Es klappte bei der Originalskizze auseinander.

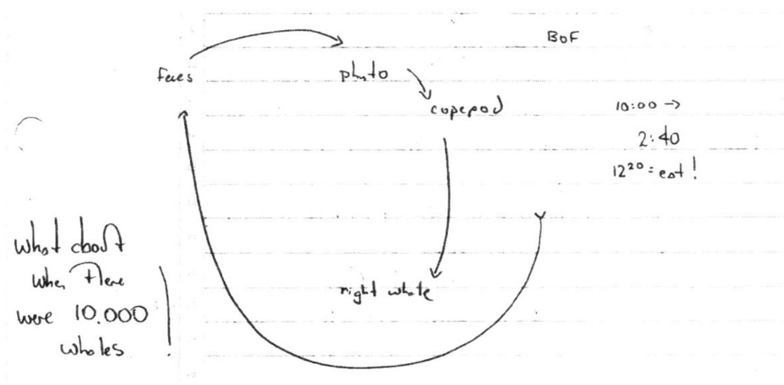

Die Walpumpe, wie sie in meinem Meeresökologie-Notizbuch während eines Kurses an der University of Florida im Jahr 1997 skizziert wurde. BOF: Bay of Fundy – kanadische Meeresbucht. (Beachten Sie, dass ich mich als Doktorand eigens ans Essen erinnern musste.)

Ich hatte die Idee mit Kollegen an der University of Florida besprochen, aber erst einige Jahre später bei einem Abendessen mit Jim McCarthy, einem engen Freund und Mentor in Harvard, fand ich einen Ozeanografen, der bereit war, die Idee in Betracht zu ziehen, dass große Tiere in den Ozeanen ökologisch wichtig sein könnten. Man denkt vielleicht: *Natürlich sind Wale wichtig, sie sind groß und kosmopolitisch und kommen in jedem Meer vor.* Aber in diese Richtung hatte sich das Gebiet der Ozeanografie im 20. Jahrhundert nicht entwickelt. Die meisten biologischen Ozeanografen, die ich kannte, konzentrierten sich auf Bottom-up-Kräfte: die Beziehungen zwischen Nährstoffen, Meeresströmungen, Phytoplankton und Zooplankton. Jim war aufgeschlossen und ein Experte für den marinen Stickstoffkreislauf. Er war in der Lage, diese Nährstoffe zu messen.

Um die Auswirkungen dieser Arbeit zu verstehen, ist es hilfreich, einige grundlegende Merkmale von Meeresökosystemen zu skizzieren. Im Golf von Maine und in weiten Teilen des Nordatlantiks ist der Ozean im Winter gut durchmischt, was bedeutet, dass er viele Nährstoffe enthält, aber der Wind und die reduzierte Sonneneinstrahlung halten das Wachstum von den mikroskopisch kleinen Pflanzen des Phytoplanktons in Grenzen. Dann erwärmt sich das Wasser im Frühjahr, und es bildet sich eine mehrfache Wasserschicht, die sogenannte Thermokline. Dadurch bleibt das Phytoplankton nahe der Oberfläche, wo es viel Licht für das Wachstum und viele Nährstoffe aus der Wintermischung gibt. Phytoplankton wächst so reichlich, dass es zu einer Frühlingsblüte kommt. Zooplankton wie Ruderfußkrebse und Krill reagieren darauf mit Nahrungsaufnahme an der Oberfläche. Hering, Sandaale und andere kleine Fische fressen wiederum das Zooplankton und verstecken sich dann nachts in der tiefen aphotischen Zone. Angesichts all dieser potenziellen Nahrung wandern große Raubtiere wie Thunfische, Seevögel, Robben und Wale in das Gebiet.

Hier kommen die Wale ins Spiel. Während sie zur Nahrungsaufnahme abtauchen und dann zum Atmen, Ausruhen und Verdauen wieder auftauchen, transportieren sie Stickstoff und andere limitierende Nährstoffe – Dünger – durch die Thermokline. Nährstoffe, die im tiefen, dunklen, kalten Wasser eingeschlossen waren, werden in das helle, warme Oberflächenwasser transportiert, wo sie für die

Fotosynthese genutzt werden können. Wale sorgen dafür einerseits durch ihre physische Kraft, indem sie durch diese Barriere schwimmen und den Nährstoffen damit die Tür nach oben öffnen, und andererseits durch ihren Kot und Urin, die selbst Nährstoffe aus der Tiefe enthalten und an der Oberfläche freigesetzt werden. Diese Bewegung wird im Verlauf des Sommers immer wichtiger, wenn die Nährstoffe in der Nähe der Oberfläche allmählich zur Neige gehen; Wale düngen also ihre Nahrungsgebiete.

Wale, Seevögel, Delfine und Robben – Tiere, die sich im Meer ernähren und zum Atmen an die Oberfläche müssen – spielen alle eine Rolle beim Recycling von Stickstoff im Golf von Maine, aber Wale haben mit ihrer enormen Größe auch den größten Einfluss. Ein Befund, der umso bemerkenswerter ist, wenn man bedenkt, dass die heutigen Walpopulationen nur noch einen Bruchteil dessen ausmachen, was sie vor ein paar Hundert Jahren darstellten, vor dem Aufkommen des industriellen Walfangs. Wir haben geschätzt, dass Wale jedes Jahr 22 000 Tonnen Stickstoff in die Oberflächengewässer des Golfs von Maine transportieren – das ist mehr, als alle Flüsse zusammen einbringen, eine natürliche Nährstoffquelle für die Region.

Ein Kollege schlug einen Begriff für diesen Prozess vor: die Walpumpe. McCarthy und ich reichten Ende der Nullerjahre unseren ersten Walpumpenartikel bei einer führenden Fachzeitschrift ein, der auf einem von uns erstellten Modell basierte. Er wurde abgelehnt. Es gab Widerstand von einigen Leuten in der ozeanografischen Gemeinschaft, die sich auf Bottom-up-Prozesse konzentrierten. Einige argumentierten, dass es die kleinen Akteure – Bakterien und Phytoplankton – wären, die Meeresökosysteme gemeinsam mit physikalischen Prozessen wie Aufwinden und Stürmen vorantrieben. Welchen Unterschied würden ein paar Wale da machen? Einer der Rezensenten, der bereit war, die Idee in Betracht zu ziehen, dass diese Bewegung dennoch ein wichtiger, übersehener Prozess sein könnte, bemerkte, dass es eine Menge Wale entlang der Küste Neuenglands gäbe, nicht weit von unserem Standort entfernt. Warum also nicht raus ins Feld, Proben sammeln und die direkte Wirkung von Fäkalienfahnen auf das System messen?

»Neustart« war das Letzte, was wir hören wollten, aber Kollegen befestigten in diesem Jahr Saugnapfmarken an Buckelwalen, um ihre Bewegungen unter dem Meeresspiegel zu verfolgen, und so schloss ich mich ihnen im Juni auf der Stellwagen Bank vor der Küste von Massachusetts an. Wir sammelten unzählige Kotwolken von Buckelwalen zusammen mit Proben von gelegentlich auftauchenden Finn- und Glattwalen.

Popular Science nannte »Walkotforscher« einmal einen der schlechtesten Jobs in der Wissenschaft, aber ich habe das nicht so gesehen. Walfäkalien können neongrün oder leuchtend rot sein. Da gibt es schwimmende Ziegelsteine und lederbraune Kothaufen. Manchmal glitzern Schuppen auf ihnen, wie die Sonne, die auf dem Wasser glitzert. Der Stuhlgang jedes Wals ist einzigartig.

»Ich habe herausgefunden, dass Schneeflocken wahre Wunder an Schönheit sind«, schrieb Wilson Bentley, nachdem er in seinem Haus in Jericho, Vermont, Tausende von Kristallen fotografiert hatte. »Jeder Kristall war ein Meisterwerk des Designs, und kein Design wurde jemals wiederholt.« (Der Meteorologe erhielt später für seine Arbeit den Spitznamen Snowflake Bentley.) Es mag übertrieben sein zu sagen, dass die Fäkalienwolke eines Wals die Symmetrie und Schönheit eines Schneekristalls hat, aber kein Kot gleicht dem anderen. Wenn Wale sich von lipidreichen Krustentieren ernähren, tendiert ihr Kot dazu, zu schwimmen und sich zu leuchtend roten, flockenden Fäkalien zu verklumpen. (Lipide sind kohlenstoff- und energiereiche Moleküle; übliche Formen sind Fett und Speck.) Wenn Wale sich von Fisch ernähren, kann ihr Kot feiner sein, eine Wolke von Unbekanntem, wie grüner Tee, der zu lange gezogen hat. Eines Nachmittags bemerkten wir eine riesige senkrechte Schnauze am Heck unseres Zodiac-Schlauchboots. Dazu ein Geräusch so tief wie ein Nebelhorn; ein Glitzern wie von rostfreiem Stahl blitzte auf einer schieferblauen Flanke auf, die sich über dem Wasser wölbte.

Ein großer und schneller Finnwal zog wie ein Hochgeschwindigkeitszug an uns vorbei; er lief in einer relativ kleinen Rückenflosse aus. Dort, im *fluke print*, dem glatten Kreis, den ein untertauchender Wal an der Wasseroberfläche hinterlässt, entdeckten wir eine rosafarbene Kotfahne: Krill.

Pottwal-Kotfahne im Südpazifik (mit freundlicher Genehmigung von Tony Wu)

Auch der Geruch variiert. Wenn sie Fisch fressen, haben Buckelwale und Finnwale einen Kot, der relativ mild riecht, nach Salzlake mit einem Hauch von Schwefel. Kot von Krill- oder Ruderfußkrebs-Mahlzeiten stinkt stärker, und die Kotfahnen des Nordatlantischen Glattwals sind die übelsten von allen, ein Gestank, der so stark ist, dass er nie verschwindet, wenn er in Ihre Kleidung gelangt.

Und was fanden wir, als wir uns den Kot ansahen? In allen Fäkalienfahnen befanden sich hohe Konzentrationen von Ammoniak, einer Stickstoffverbindung, die in tierischen Abfällen vorkommt. Dieser Stickstoff kann vom Phytoplankton aufgenommen werden. Es gab auch hohe Mengen an Phosphor, einem weiteren lebenswichtigen Nährstoff. Im Sommer sind Wale im Golf häufig anzutreffen, und das ist die Zeit, in der sie am wichtigsten sind. Die Wal-Pumpe befruchtet Phytoplankton, wenn die Thermokline viele Nährstoffe in der Tiefe festhält; die Algen ernähren das Zooplankton und die Fische, und diese wiederum ernähren die Wale. Es ist eine positive Rückkopplungsschleife: Mehr Wale führen zu mehr Fischen.

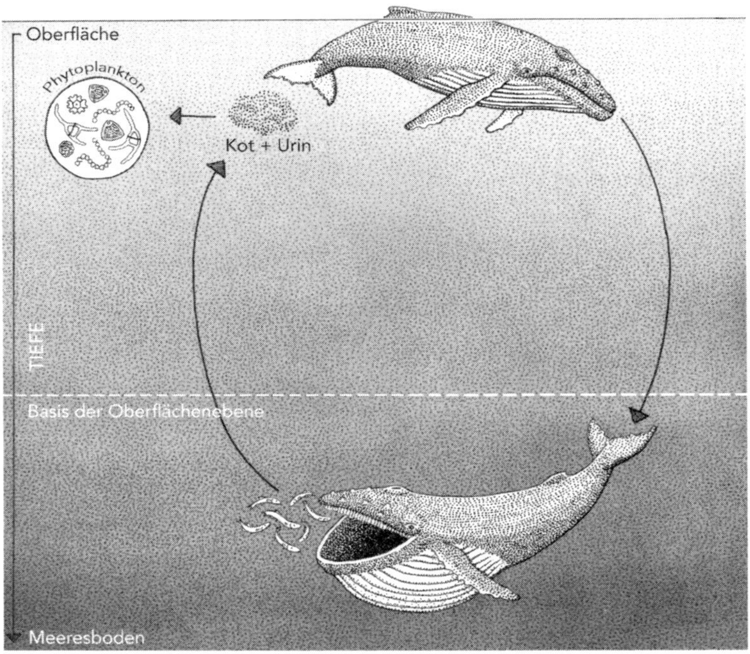

Die biologische Pumpe ist ein Mechanismus zum Transport von Kohlenstoff und anderen Nährstoffen in die Tiefsee; sie ist seit den 1970ern bekannt. Im Gegensatz dazu ist die hier gezeigte Walpumpe ein relativ neues Konzept, bei dem Meeressäuger und andere luftatmende Wirbeltiere Nährstoffe wie Stickstoff, Phosphor und Eisen an die Oberfläche bringen, wo diese Phytoplankton und anderen Primärproduzenten zur Verfügung stehen.

Der Lebenszyklus ist grundsätzlich für jedes Lebewesen derselbe. Wenn Sie einem Tier lange genug folgen, wird es kacken. Irgendwann wird es sterben. Aber selbst wenn man den Walen den ganzen Tag folgt, kann es eine Herausforderung sein, ihren Kot zu finden, und eine noch größere Herausforderung, diesen einzusammeln. Eines Nachmittags schwamm vor der Insel Grand Manan in der Bay of Fundy ein Finnwal auf uns zu. Kurz bevor der Wal abtauchte, sah ich einen weißen Schimmer: die Schuppen einer kürzlichen Fischmahlzeit. Als wir dort ankamen, war alles weg. Scheiße, die entwischt ist!

Wie können wir also unsere Chancen verbessern? Vor etwa 20 Jahren hatten meine Kollegen Roz Rolland und Scott Kraus vom New England Aquarium eine verrückte Idee. Sie hatten einige Jahre lang Hormone im Kot von Walen gemessen, um das Stressniveau und den Fortpflanzungsstatus zu beurteilen (das heißt, sie führten Schwangerschaftstests im Stuhl durch), aber es fiel ihnen schwer, Proben zu finden. Kotspürhunde wurden bereits eingesetzt, um Kot von Grizzlybären, Berglöwen und seltenen afrikanischen Wildhunden an Land zu finden – könnten diese Hunde auch dabei helfen, Walkot auf dem Wasser zu finden?

Rolland und Kraus riefen Barbara Davenport von PackLeader, einer Hundetrainingsorganisation, an und fragten, ob sie für den Sommer Spürhunde zur Verfügung hätte. Es stellte sich heraus, dass sie zwei davon hatte. Fargo war ein sechs Jahre alter Rottweiler mit einem Gewicht von 43 kg. Er hatte als Begleithund für eine ältere Frau angefangen, aber als diese in ein Pflegeheim gekommen war, hatte er begonnen, als Spürhund für Davenport zu arbeiten, die damals beim Washington State Department of Corrections angestellt war. Fargo spezialisierte sich eine Zeit lang auf Kokain und Betäubungsmittel, dann bekam er seinen Traumjob: Wildtierspürhund. Er hatte in den Bergen und Wäldern des Westens viele Funde gemacht, aber nie auf See gearbeitet. Sein Kollege Bob, ein Mischling, der aus dem Tierheim gerettet worden war, hatte eine tolle Nase und ein tolles Wesen.

Wie funktioniert diese Spurensuche? An Land folgen Hunde einem Geruch, ändern ihren Kurs, wenn sie den Geruch verlieren, und streben auf das Ziel zu, wenn der Geruch stärker wird. Es ist schwieriger, als es aussieht, weil Düfte hinter dichter Vegetation oder in unebenem Gelände fehlen können. Auf offenem Wasser sollte es einfacher sein, da sich der Duft nirgendwo verstecken kann. Für den Hund vielleicht einfacher, aber das Erkennen der Körpersprache des Hundes – die Hinweise, die von der Naseausrichtung, der Haltung und dem Schwanzwedeln ausgehen – erfordert Geschick, Erfahrung und Intuition seitens des Hundeführers. Fargo hatte einen kupierten Schwanz; seine Bootskameraden nannten diesen »den glücklichen Zentimeter«, wenn Fargo auf Fährte war.

Schon bald rochen auch wir selbst diverse Nuancen … Obwohl es der scharfen Nase eines Hundes bedarf, um den Geruch von Walkot aus weiter Ferne wahrzunehmen, können auch Menschen aus immerhin fast 100 Metern das komplexe Bouquet aus Öl und zerkleinerten Krustentieren mit dem Hauch von Säure und, nun ja, Walkot identifizieren. Menschliche Forscher können ein oder zwei Proben pro Tag sammeln, indem sie Wale an der Oberfläche beobachten, aber ein Hund wie Fargo kann etwa jede Stunde eine Probe erschnüffeln, eine Rate, die Rolland als »Kot pro Aufwandseinheit« bezeichnet. Fargos Belohnung? Ein Tennisball und ein Tauziehen mit Rolland.

Fargos Nase hatte sich gut bewährt – eine seiner spektakulärsten Leistungen bestand darin, den Kot eines Glattwals aus einer Seemeile Entfernung zu entdecken –, aber er hatte eine kleine Schwäche: Er litt an Seekrankheit. Bevor sie losfuhren, verabreichte Rolland, ein Tierarzt, dem Hund 25 Milligramm Benadryl, um Übelkeit vorzubeugen. Bob, Fargos Kollege, hatte ein noch größeres Problem: Er hatte Angst vor Walen und rollte sich auf dem Bootsboden zusammen, wenn ein Wal in der Nähe auftauchte. Nach einer Saison auf See zog er sich auf ein Bauernhaus in Vermont zurück.

Als die Hunde uns noch nicht zur Verfügung gestanden hatten, hatten wir es für die beste Vorgehensweise gehalten, nach einer Balzgruppe zu suchen. Glattwale verbringen einen Großteil ihrer Zeit im Sommer mit der Nahrungsaufnahme, indem sie entweder mit ihren Barten, den Hornplatten, die sich anstelle von Zähnen in ihren Oberkiefern befinden und die die Größe eines Konzertflügels haben, über die Oberfläche gleiten oder, was typischer ist, tief hinabtauchen und dann mit Schlamm auf dem Kopf zurück an die Oberfläche kehren. Sie suchen vor allem nach *Calanus finmarchicus*, dem häufigsten Ruderfußkrebs im Nordatlantik, einem Krebstier, das so klein ist, dass 10 000 Exemplare in einen Suppenlöffel passen würden. Aber hin und wieder versammeln sich mehrere Wale zu einer Balzgruppe an der Oberfläche. Man kann sie schon meilenweit aus der Entfernung sehen: Schläge wie winzige silberne Feuerwerkskörper am Horizont, Schwanzflossen und Brustflossen, die an der Oberfläche rollen. In dieser Balzgruppe drängeln sich zwischen zwei und über 40 Männchen, um an ein einziges Weibchen zu gelangen. Für eine Weile – und diese Gruppen können viele Stunden bestehen – erwacht der Ozean in einem Walsturm zum Leben, und man denkt vielleicht an die Zeit, als es in weiten Teilen des Nordatlantiks zu solchen Begegnungen gekommen sein muss. Oft sieht man das im Fokus stehende Weibchen auf dem Rücken schweben, wobei der Genitalschlitz knapp über der Wasseroberfläche liegt, offenbar ein Versuch, der Kopulation zu entgehen oder vielleicht auch die Schwächsten der Männchen auszusortieren, die alle den Atem anhalten, während sie auf ihre Chance hoffen, das Weibchen zu bekommen. Gelegentlich sieht man etwas, das wie eine Seeschlange aussieht – der Penis eines Glattwals ist einer der größten im Tierreich, 2,70 Meter lang, und der Wal kann ihn wie einen Finger bewegen.

Aber der Sex interessierte uns nicht. Oftmals defäziert das Weibchen, während es auf dem Rücken schwimmt, was zu einem Ausbruch führt, den man nur als Scheißevulkan bezeichnen kann. Wale eilten vom Horizont heran. Zog der Geruch auch sie an? Wir tauchten ein Planktonnetz hinein und füllten den Kot vorsichtig in unsere Auffanggefäße. Später stellten wir in der Wolke hohe Mengen an Stickstoff und Phosphor fest, und als wir Meerwasser mit Exkrementen von Glattwalen versetzten, verdoppelte sich die Wachstumsrate des Phytoplanktons. Es gibt also einen Zusammenhang zwischen Sex und Produktivität – zumindest bei Glattwalen.

Ein Großteil der Forschung über tierische Einbringungen wurde zu Stickstoff und Phosphor durchgeführt. Warum sollte man sich aber nur auf diese beiden Elemente konzentrieren? Ihre Präsenz auf dem Planeten ist begrenzt. (Stickstoff kommt in der Atmosphäre recht häufig vor, ist aber für die meisten Pflanzen und Tiere in dieser inaktiven, gasförmigen Art unzugänglich.) Ohne Stickstoff und Phosphor würde das Gerüst lebender Systeme auseinanderfallen, und den Motoren des Lebens, den Mitochondrien, die man in nahezu jeder tierischen und pflanzlichen Zelle findet, würde der Treibstoff ausgehen.

Wir können Sauerstoff, ein weiteres lebenswichtiges Element, zusammen mit Wasserstoff aufnehmen, wenn wir atmen oder Wasser, H_2O, trinken. Essen liefert Treibstoff für zwei weitere lebenswichtige Dinge: Energie und Rohstoffe. Als Heterotrophe müssen wir, wie fast alle Tiere, Nahrung zu uns nehmen, oft in Form von Einfachzuckern wie Glukose (bestehend aus Kohlenstoff, Wasserstoff und Sauerstoff). Diese Zucker enthalten die Elektronen, die die meisten unserer Stoffwechselvorgänge antreiben.

Wir brauchen auch Nahrung, um Rohstoffe wie Stickstoff und Phosphor zu gewinnen, die wir für die Bausteine von Proteinen (Aminosäuren), DNA (Nukleotide) und Zellstrukturen verwenden. Schauen wir uns den genetischen Code an. Die doppelsträngige DNA ist ein langes Polymer aus Nukleinsäuren. In jedem dieser Moleküle können Sie die wiederkehrenden Elemente des Lebens erkennen: einen Zucker mit fünf *Kohlenstoff*atomen, der an eine Phosphatgruppe (*phosphor*haltig) gebunden ist, und an eine *stickstoff*haltige Base. Stickstoffbasen kommen in vier verschiedenen Formen vor: Adenin, Guanin, Cytosin und Thymin. Diese Variation ist wichtig für die Bildung des genetischen Codes und die Bereitstellung der

Baupläne für Proteine. Mutationen treten auf, wenn sich diese stickstoffhaltigen Basen verändern.

Ihre DNA ist in jeder Zelle Ihres Körpers gleich. Es sind die Proteine – molekulare Maschinen mit beweglichen Teilen –, die unterschiedliche Funktionen ausführen, die je nach Neuron, Muskel- und Fettzelle variieren. Jedes sechste Atom in einem Proteinmolekül ist Stickstoff – Nummer sieben im Periodensystem. Alle Proteine sind in der DNA codiert, werden aber je nach Bedarf in verschiedenen Zellen synthetisiert. Einige Proteine dienen der Abwehr, beispielsweise Antikörper, die Krankheiten bekämpfen. Einige dienen der Speicherung, beispielsweise das Hämoglobin, das Sauerstoff speichert. Und einige dienen der Kommunikation – zum Beispiel Insulin zur Regulierung des Blutzuckers. Ohne Stickstoff wäre es nicht möglich, einen Muskel aufzubauen. Sie hätten keine Enzyme für die Verdauung oder die Bildung von Blutgerinnseln. Sie hätten keine Hormone für Wachstum und Reproduktion.

Stickstoff ist auch ein wesentlicher Bestandteil von Chlorophyll, dem Motor der Fotosynthese, und der Grund dafür, dass die meisten gesunden Blätter grün sind. (Pflanzen und Phytoplankton sind Autotrophe, das heißt, sie stellen ihre Nahrung selbst her.) Wenn Sie Gärtner sind, erkennen Sie vielleicht ein verräterisches Zeichen für Stickstoffmangel: gelbe Blätter. Ohne Stickstoff beginnen die Pflanzen zu welken und sehen krank aus. Wenn in den Ozeanen der Stickstoff ausgeht, kommt auch die Fotosynthese zum Erliegen, und die Meere werden ungewöhnlich klar – ein nährstoffarmer Ozean ist ein transparenter Ozean und für viele Urlauber ein willkommenes Reiseziel.

Hennig Brandt war davon überzeugt, dass sich menschlicher Urin in Gold verwandeln ließe. Beide Stoffe hatten ähnliche Farben, und wie Gold galt der menschliche Körper im Europa des 17. Jahrhunderts als ein Werk der Vollkommenheit. Daher war es nur natürlich, dass Urin und Gold miteinander verbunden wurden. Im Jahr 1669 sammelte Brandt, ein praktizierender Alchemist, 50 Eimer Urin von seinen Nachbarn in Hamburg – damals wie heute waren Biertrinker eine zuverlässige Quelle – und ließ ihn gären. Nachdem er den Rückstand erhitzt und destilliert hatte, fand er einen weißen Feststoff, der an der Luft verbrannte. Er nannte ihn Phosphor, auf Griechisch »Lichtträger«.

Wenn Stickstoff der Star dieses Buches ist, verdient Phosphor, Nummer 15 im Periodensystem, eine Anerkennung als bestes Element in einer Nebenrolle. Es stellte sich heraus, dass Phosphor für das menschliche Leben und für die Geschichte des Lebens auf der Erde weitaus wertvoller war als Gold. Unser Planet ist etwa 4,5 Milliarden Jahre alt. Lebende Organismen tauchten vor etwa 3,8 Milliarden Jahren auf, meist in einzelliger Form. Es dauerte noch eine weitere Milliarde Jahre, bis das Phytoplankton anfing, Sauerstoff zu produzieren, doch reichte der Phosphor nicht aus, bis vor etwa 750 Millionen Jahren die Konzentration dieses lebenswichtigen Elements zunahm und die Zahl komplexer Lebeformen in den Ozeanen anstieg.

Veränderungen im Phosphorkreislauf ereigneten sich in einer Zeit, in der große klimatische Umwälzungen stattfanden, sich die Chemie der Ozeane wandelte und neue komplexe Organismen entstanden. Die ersten Tiere, Metazoen, waren anfangs wahrscheinlich relativ einfach – Zellen, die so etwas wie einen Kanal umgaben, der Nahrung einfangen und Verdauungsenzyme freisetzen konnte, die sonst wegdriften würden. Sie tauchen erstmals vor etwa 600 Millionen Jahren im Fossilienbestand auf, gefolgt von komplexeren Lebensformen im Meer sowie schließlich an Land. Tiere sind Neulinge in der langen Geschichte unseres Planeten. Sie sind auf Phosphor angewiesen und helfen bei seiner Verbreitung.

Dieses wesentliche Element stellt das molekulare und organismische Gerüst bereit und bildet das Rückgrat unserer DNA. Die einsträngige RNA, das Bindeglied zwischen DNA und Proteinen, ist reich an Phosphor und wird für schnelles Wachstum benötigt. Phosphor härtet auch das Skelett; ein durchschnittlicher menschlicher Körper verfügt über etwa ein halbes bis ein Kilo Phosphor, das für starke Zähne und Knochen notwendig ist.

Phosphor ist entscheidend für den Energiefluss. Die Zellatmung ist der Kern aller Stoffwechselprozesse. Die Nahrung, die wir essen, wird in der Zelle durch den Citratzyklus in Energie umgewandelt – die Bewegung von Elektronen von einem Molekül zum anderen, bis die Energie auf beherrschbare Weise eingefangen wird. Dieser Kreislauf, die Essenz des Lebens, findet in den Mitochondrien statt, den Organellen und Energiekraftwerken von Eukaryoten, komplexen Organismen, zu denen Pflanzen, Tiere, Pilze und Protisten – eine Gruppe mikroskopischer, nicht näher verwandter Lebewesen – gehören. Wenn das Leben in der Zelle ein »molekularer Sturm« ist, wie es ein Biologe beschrieb, trägt dieser Pfad dazu bei, einen Sinn für Ordnung zu schaffen. Die Kraft der Elektronenübertragung wird genutzt, um dem ADP, Adenosindiphosphat, eine weitere Phosphatgruppe hinzuzufügen und es so in ein Triphosphat umzuwandeln, das ATP. Wenn das Molekül drei Phosphate enthält, hat es Energie gespeichert. Die Freisetzung eines einzelnen Phosphoratoms zwischen ATP und ADP sorgt für einen Energieschub, der alles Leben antreibt. Dieser ist sorgfältig kalibriert und findet unglaublich häufig statt. »An jedem beliebigen Tag setzen Sie Ihr Körpergewichtsäquivalent in ATP um«, schreiben die Chemiker Susanna Törnroth-Horsefield und Richard Neutze.

»Ist es ökologisch wichtig oder nur ein Furz in einem Hurrikan?«, fragte mich Dick Barber, ein biologischer Ozeanograf, einmal beim Mittagessen im Duke Marine Lab an der Küste von North Carolina. Wir hatten über den Mechanismus hinter der Walpumpe gesprochen. (Biologen haben kein Problem damit, über die Vorgänge am Ende des Verdauungsprozesses zu sprechen, während sie sich selbst gerade am Anfang desselbigen befinden.) Barber, einem klassischen Vertreter der Bottom-up-Theorie, mochte wohl einleuchten, dass eine Fäkalienfahne die Meeresoberfläche düngen konnte – aber in welchem Ausmaß?

Dass Pflanzen, Bakterien, Pilze, Tiere und andere Organismen in den biogeochemischen Kreisläufen eine Rolle spielen, steht außer Frage. Doch oft lag der Fokus auf den kleinen Dingen. Hunderte, vielleicht Tausende von Studien haben die Rolle des Phytoplanktons bei der Entstehung des Meereslebens, bei der Klimaregulierung und sogar bei der Wolkenbildung untersucht. Diese Bottom-up-Studien konnten sich auch mit Auftrieb, Licht, Strömungen oder Temperatur befassen. Top-down-Studien an Tieren – Organismen, die andere Dinge fressen, um zu überleben – konzentrieren sich häufig auf das Äsen, Weiden und Nahrungsraub. Doch die biogeochemische Rolle der entsprechenden Tiere wurde oft ignoriert. Die Auswirkungen verrottender Kadaver, abgelagerter Fäkalien und anderer unrühmlicher Kräfte bei der Verteilung, Konzentration, Wiederverwertung und Bewegung von Nährstoffen in lokalen Ökosystemen, ganz zu schweigen von ihren Auswirkungen auf den globalen Klimakreislauf, wurden weitgehend übersehen.

Dies ändert sich allmählich, indem neue Konzepte getestet und neue Begriffe geprägt werden. Da ist die Walpumpe, die wir gerade erkundet haben; das Nilpferd-Förderband, über das wir gleich sprechen werden; und die Zoogeochemie, die Tiere in den Mittelpunkt biogeochemischer Prozesse stellt. Die Dynamik, die unsere physische Welt prägt – Atmosphärenchemie, geothermische Kräfte, Ozeanografie, Plattentektonik und Erosion durch Wind und Regen –, wird seit Jahrzehnten, sogar Jahrhunderten erforscht. Die evolutionären Folgen von Konkurrenz und Raub sind spätestens seit Darwins Veröffentlichung *Über die Entstehung der Arten* bekannt.

»Warum wussten wir das nicht?« So wurde ich im Laufe der Jahre immer wieder gefragt. Wieso konnten wir nicht erkennen, dass Tiere – von Fischen bis hin zu Seevögeln, Walen und Bären – Ökosysteme von der Tiefsee bis zu den Berggipfeln prägen können? Ich habe ein paar Ideen dazu.

Erstens leben wir in einer Welt, in der wilde Tiere weitgehend aus dem Blickfeld verschwunden sind, sodass ihre historische Rolle leicht übersehen wird. An Land machen Tiere nur etwa fünf Prozent der gesamten Biomasse aus; der Rest besteht hauptsächlich aus Pflanzen. Gehen Sie aus Ihrer Tür, und Sie werden mit Sicherheit mehr Bäume und Gras als Tiere sehen. Aber im Ozean überwiegen die Tiere, darunter viele Wirbellose, die Pflanzen um das Fünffache. Ja, es ist leicht zu glauben, dass Wale keine Rolle spielen, wenn wir etwa zwei Drittel von ihnen aus dem Meer entfernt haben. Bevor der Mensch sie zu jagen begann, lebten mehr als vier Millionen Wale in den Ozeanen. Jetzt – nach Jahrhunderten des Jagens und einigen Jahrzehnten des Schutzes – gibt es etwa eineinhalb Millionen davon. Viele Arten bestehen in Reliktpopulationen fort, beispielsweise der Nordatlantik- und Nordpazifik-Glattwal. Ganze 99 Prozent der Blauwale im Südpolarmeer wurden im 20. Jahrhundert getötet. Die Menschheit hat sogar die Größe der Wale um fast ein Drittel reduziert, indem sie zuerst die größten Wale getötet hat. Die größten Tiere, die jemals auf dem Planeten existierten, wurden von einer durchschnittlichen Größe von 30 Metern auf knapp 22 Meter verkleinert. Heutige Blauwale sind um die Länge einer Giraffe kürzer als ihre Vorfahren.

Zweitens gibt es in weiten Teilen der Biologie eine implizite Tendenz, Bottom-up-Prozesse zu unterstützen, die Anerkennung also, dass Pflanzen, Phytoplankton und Mikroben die Grundlage der Welt sind. Sicherlich könnten wir, wie die allermeisten Tiere, keinen Tag ohne Pflanzen leben. Aber das ist nicht die ganze Geschichte. Ohne Tiere wären viele Pflanzen verloren. Die meisten Blütenpflanzen sind zur Bestäubung auf Tiere angewiesen; andere nutzen die Nährstoffe aus ihrem Kot, Urin und ihren Kadavern. Einige gedeihen, wenn äsende oder grasende Tiere ansonsten unbesiegbare Konkurrenten verdrängen; andere verlassen sich auf Vögel und Säugetiere, um Samen zu transportieren, manchmal auf so weit entfernte Inseln wie Surtsey. Die Beziehungen sind zahlreich und komplex. Wie der Ökologe Jim Estes, auf den wir später zurückkommen werden, einmal feststellte: In einer Gemeinschaft von nur 100 Arten gibt es Milliarden von Milliarden (genauer gesagt $2{,}5 \times 10^{157}$) potenzieller direkter und indirekter Interaktionen. Bestenfalls decken wir ein paar davon auf.

Drittens neigen Populationsbiologen – also Wissenschaftler, die einzelne Arten und Populationsdynamiken erforschen – nicht gerade dazu, mit Ökosystemökologen zusammenzuarbeiten, die biologische und geologische Prozesse wie Nährstoffkreisläufe und Energieflüsse untersuchen. Das ist schade. Der Biologe Paul Ehrlich erkannte in den 1980er-Jahren einen dringenden Bedarf an Integration, und Clive Jones und Kollegen prägten 1994 den Begriff *Ökosystemingenieure* und veröffentlichten später ein Buch mit dem Titel *Linking Species and Ecosystems*, in dem sie die ökologischen Rollen von Bibern, Seeottern und sogar organischem Schutt wie Meeresschnee erforschten. Dies bedeutet, dass die Ideen von Ökosystemingenieuren und Nährstoffeinbringungen erst in den letzten etwa drei Jahrzehnten Eingang in die ökologische Literatur gefunden haben. Das stellt eine willkommene Entwicklung dar, aber die Kluft bleibt weiter bestehen.

Dies liegt auch daran, dass biologische Disziplinen selten interdisziplinär sind. Ökosystemökologen und Populationsbiologen nehmen an unterschiedlichen Treffen teil, reichen Beiträge bei unterschiedlichen Zeitschriften ein und behandeln unterschiedliche Fragen. Ein Fischbiologe könnte behaupten, dass Ozeanografen bei ihrer Untersuchung der mikroskopischen Prozesse, die den Ozean beherrschen, alles übersehen, was man mit bloßem Auge erkennen kann. Ein Ozeanograf könnte behaupten, dass Fischereibiologen sich nicht wirklich mit Naturwissenschaften befassen, sondern vergeblich auf maximale Dauererträge abzielen, größere Fänge anstreben und grundlegende biologische Prozesse ignorieren. Ich habe solche Behauptungen beim Bier (bestenfalls) und über Zoom (leider) gehört. Der Evolutionsbiologe David Sloan Wilson bemerkte: »Der

Elfenbeinturm würde treffender als Elfenbeinarchipel bezeichnet werden«, mit »Hunderten isolierter Themen, jedes wiederum in kleinere Themen unterteilt«, jedes mit seiner eigenen Geschichte und seinen eigenen Annahmen.

Gelegentlich haben einige Forscher diese Barrieren durchbrochen. Die Evolution kann unser Verständnis der Welt vereinen, von der Mikrobiologie bis zur Hirnforschung. Die Ökologie kann biologische und evolutionäre Prozesse mit physikalischen und geologischen Prozessen verknüpfen. George Evelyn Hutchinson, eine herausragende Gestalt der Ökologie, war einer der ersten, der Beweise für die Bedeutung von Vogel-Guano sammelte und zusammenfasste. In *The Biogeochemistry of Vertebrate Excretion*, einer 570-seitigen Monografie, die 1950 im *Bulletin of the American Museum of Natural History* veröffentlicht wurde, sprach er sich für die Erhaltung und Förderung großer Vogelkolonien aus, indem er zeigte, dass Seevögel nicht mit Menschen bei der Nahrung konkurrieren, sondern tatsächlich die Fischpopulationen vergrößern, indem sie die Nährstoffe in der Nähe der Brutplätze der Fische erhöhen. Eine frühere Arbeit, die 1923 vom englischen Zoologen Charles Elton und dem Botaniker V. S. Summerhayes verfasst wurde, untersuchte die Rolle von Trottellummen und Möwen auf den Vogelklippen Nordnorwegens. Seevögel scheinen die Botschafter der Ressourceneinbringung zu sein.

In den 1970er-Jahren begannen einige Ökologen, die Veränderungen in Ökosystemen durch das Auftauchen oder Verschwinden von Tieren zu untersuchen, aber es dauerte bis zur Entstehung der Zoogeochemie im letzten Jahrzehnt, dass wir einen Wandel im Verständnis der Rolle bemerkt haben, die Tiere bei der Veränderung von Landschaften und Meereslandschaften spielen. Diese noch neue Disziplin erforscht, wie Tiere den Fluss von Schlüsselelementen wie Kohlenstoff, Stickstoff und Phosphor beeinflussen, durch lebendige Systeme sowie die physische Veränderung der Umwelt: Wie Vögel und Wale auf See erschaffen auch Bisons Grasland, indem sie die grüne Welle choreografieren; Spinnen steigern die Primärproduktivität auf Wiesen, indem sie eine Landschaft voller Angst schaffen, und Seeotter bauen Wälder aus Tang, indem sie Seeigel fernhalten. Wir werden uns mit diesen Arten bald noch einmal beschäftigen.

Wir haben in diesem Buch viel über Stickstoff gesprochen. Es ist oft das limitierende Element in neuen Landmassen und in Küstensystemen der nördlichen Hemisphäre. Doch in anderen Teilen der Welt läuft es anders. Das Südliche Eismeer mag reich an Stickstoff und Phosphor sein, wird jedoch durch ein Element begrenzt, das in Pflanzen und Tieren weniger häufig vorkommt.

»Eisen ist absolut lebenswichtig«, sagte mir der Meeresforscher Victor Smetacek per Skype von seinem Zuhause in der Nähe von Bremen aus. Neben Stickstoff und Phosphor (den Makronährstoffen) ist Eisen eines der wesentlichen Elemente des Lebens und an vielen Orten weitverbreitet und bildet einen Großteil des Erdkerns. Obwohl es in geringeren Mengen benötigt wird als die anderen beiden Elemente – es gilt als Mikronährstoff –, ist es für die Synthese von Chlorophyll unerlässlich, sodass Phytoplankton und Pflanzen ohne Eisen weder Fotosynthese betreiben noch wachsen können. Eisen spielt bei vielen Tieren auch eine Schlüsselrolle in der Sauerstoffversorgung über Hämoglobin.

Im Jahr 1990 stellte der Ozeanograf John Martin die Eisen-Hypothese vor; dies war ein umstrittener Meilenstein auf dem Weg zu einer prestigeträchtigen Karriere in der Meeresforschung. Er stellte fest, dass ein Großteil des riesigen Südlichen Eismeers, des Südpolarmeeres, reichlich Stickstoff und Phosphor enthielt, die Produktivität jedoch aufgrund des Eisenmangels immer noch gering war. Die Eisenanreicherung aus atmosphärischem Eisenstaub hatte in einer früheren Zeit das Wachstum von Phytoplankton gefördert. Er stellte die Theorie auf, dass wir, wenn wir eine höhere Produktivität auslösen wollen würden, das Wachstum von Phytoplankton durch das Ausbringen von Eisen im Südlichen Eismeer ankurbeln könnten – mit globalen Folgen für den Kohlenstoffabbau. »Gebt mir einen halben Tanker Eisen«, sagte er einmal in Woods Hole, »und ich gebe euch eine Eiszeit.« Er ahnte nicht, dass viele Menschen dies 30 Jahre später, angesichts des weitverbreiteten Abschmelzens der Gletscher auf der ganzen Welt, als eine gute Sache ansehen würden.

Smetacek erinnerte sich, Martin bei einem späteren Treffen verspottet und ihn wegen seines Engagements für das Eisen »Popeye« genannt zu haben. Andere nannten ihn Johnny Eisenkorn. »Als er seine Ideen vorbrachte«, sagte Smetacek, »habe ich ihm nicht geglaubt.« Doch als Smetacek Eisen im Ozean untersuchte und ein großer Teil davon in Biomasse eingeschlossen war, begann er seine Meinung zu ändern. »Und dann starb Martin, was mich wirklich traurig machte, weil ich ihm sagen wollte, dass er recht und ich unrecht hatte«, sinnierte Smetacek. »Deshalb verstehe ich so viele meiner Kollegen, die der Rolle von Eisen immer noch skeptisch gegenüberstehen.«

In den 1930er-Jahren, als Wale auf der Südhalbkugel noch relativ häufig vorkamen, bemerkten britische Wissenschaftler die erstaunliche Fülle an Leben im Südpolarmeer. »Sie sahen überall riesige Mengen Kieselalgen, die vom Krill gefressen wurden«, sagte Smetacek. Kieselalgen, einzellige Algen, sind groß und zahlreich und gehören zu den häufigsten Organismen auf der Erde. Als Smetacek in den 1990er-Jahren das Südpolarmeer erreichte, waren die Wale größtenteils verschwunden; die größten Arten, die antarktischen Blauwale, waren um 99 Prozent zurückgegangen. Viele Wissenschaftler konzentrierten sich auf den mikrobiellen Kreislauf, die Ökologie von Mikroorganismen, als vorherrschenden Prozess in Offshore-Systemen. Die verbliebenen Kleinwale, wie zum Beispiel der antarktische Zwergwal, spielten kaum noch eine Rolle im Ökosystem.

Was hatte sich geändert? Smetacek, der die Eisen-Hypothese zu Beginn seiner Karriere so unbekümmert zurückgewiesen hatte, kam allmählich zu der Idee, dass Eisen wichtiger sei, als er gedacht hatte. Je mehr er las und je mehr Zeit er auf dem Wasser verbrachte, desto klarer wurde ihm, dass das Fehlen dieses Mikronährstoffs auf der Südhalbkugel die Wachstumsraten und die Biomasse von Kieselalgen und anderem Phytoplankton verringern mochte. In der Nordsee ist Eisen selten ein limitierender Faktor, da Flüsse und Wüstenstaub, der über Afrika nach Norden weht, oft reich an diesem Element sind. Smetacek kam zu der Überzeugung, dass Eisen das Wachstum von Phytoplankton ankurbeln konnte.

Wie sich herausstellt – und Sie haben es sicher schon erraten – sind Walfäkalien eine natürliche Eisenquelle. Abgesehen davon, dass sie reich an Stickstoff und Phosphor sind, ist die Eisenkonzentration im Walkot mehr als zehn Millionen Mal höher als im Wasser des Südpolarmeers. Der Kot der Wale versorgte einst die Oberflächengewässer der südlichen Hemisphäre mit Zehntausenden Tonnen dieses Mikronährstoffs. Im flachen Gewässer fressende Wale recycelten es, und tief tauchende Pottwale holten es aus der Tiefe. Mit dem Verschwinden der Wale verschwand auch eine wichtige Eisenquelle. Die Produktivität ging zurück, und Ökosysteme veränderten sich. Laut Smetacek litten Phytoplankton, Krill und Wale, als die positive Rückkopplungsschleife durchbrochen wurde.

Smetacek ist zu einem der Hauptbefürworter der künstlichen Eisendüngung geworden; die Zugabe von Eisensulfat zur Meeresoberfläche in Gebieten wie dem Südpolarmeer, wo Eisen anstelle von Stickstoff oder Phosphor der limitierende Nährstoff ist, steigert die Produktivität, und ein Teil des dabei verwerteten Kohlenstoffs sinkt durch die biologische Pumpe herab, was zur Abkühlung des Planeten beiträgt. Die Eisendüngung könnte sogar dabei helfen, die Zahl von Krill und Walen zu erhöhen und die Walpumpe im Südpolarmeer wiederzubeleben.

»Das letzte Experiment haben wir 2009 durchgeführt, als wir tonnenweise Eisen ins Meer geworfen haben«, sagte Smetacek. Er holte eine grüne Plastikwanne hervor, die etwa zehn Pfund Eisensulfat enthielt, das normalerweise als Dünger an Land verwendet wurde. »Es ist genau das Zeug, das wir zur Eisendüngung im Meer genutzt haben. Das ist fast genug Eisen, um einen Blauwal zu ernähren, oder?« Sein Traum war es, mit diesem Dünger den Reichtum des Südpolarmeeres wieder anzukurbeln; würde man Eisen dem Meer hinzufügen und die Wale und die Walpumpe wiederbeleben, würden die Kieselalgen, der Krill und die großen Wirbeltiere alle davon profitieren. Und es würde auch im Kampf gegen den Klimawandel helfen, denn ein Teil des Kohlenstoffs würde irgendwann in Gestalt von totem Plankton, toten Fischen und toten Walen in die Tiefsee sinken.

»Wissen Sie, ich habe diese Geschichte Jim McCarthy erzählt«, sagte Smetacek. Er hatte McCarthy zu einem Treffen mitgenommen, das ich veranstaltet hatte. Obwohl er vielleicht am ehesten für seine Arbeit mit dem Weltklimarat bekannt war, hatte der biologische Ozeanograf McCarthy – der leider 2019 verstorben ist – seit den 1960er-Jahren auch den Meeresstickstoff in der nördlichen Hemisphäre untersucht. Smetacek war fast genauso lange im eisenarmen Südpolarmeer tätig gewesen.

Während der langen Autofahrt hatten sie sich über Ozeane, Klimawandel und persönliche Gesundheit unterhalten. Als Universalspender – eine Person mit der Blutgruppe O – hatte McCarthy die meiste Zeit seines Lebens drei- oder viermal im Jahr Blut gespendet. Als er in seinen Sechzigern war, wurde bei ihm Hämochromatose diagnostiziert, eine Erkrankung, bei der sich zu viel Eisen im Gewebe ablagert; es verursacht Schäden am Herzen, der Leber und anderen Organen. McCarthy, der fast sein ganzes Leben lang stickstoffarme (und eisenreiche) Meeresgebiete studiert hatte, hatte zu viel Eisen in seinem Körper. Eine Behandlung für die Erkrankung besteht darin, mehrmals im Jahr Blut zu entnehmen, und Smetacek wies darauf hin, dass McCarthys häufige Blutspenden ihm möglicherweise das Leben gerettet hatten.

»Vor zwei oder drei Jahren wurde bei mir Eisenmangel diagnostiziert«, erzählte mir Smetacek. Er war vor Kurzem Vegetarier geworden. »Ich muss das gleiche Zeug nehmen, das wir auf See freisetzen, Eisensulfat.« Wie der Ozean, den er untersuchte, war Smetacek eisenarm.

Wenn der Sommer zu Ende geht, ziehen die Großwale ab, verlassen ihre Nahrungsgebiete in den hohen Breiten der Antarktis, Islands und des Golfs von Maine und machen sich auf den Weg zu Kalbungsgebieten im Warmwasser, die näher am Äquator liegen. Im Sommer können sich Buckelwale bei der Nahrungsaufnahme so ausbreiten, als würden sie auf einem riesigen saisonalen Buffet grasen. In Alaska beginnen sie möglicherweise mit etwas Krill im Sitka Sound, ziehen dann weiter zu den Kapelanen, einem Lachsfisch, in der Meerenge Chatham Strait und lassen sich schließlich in der Glacier Bay nieder, um Hering zu fressen. Wale sind Kapitalzüchter – Tiere, die gespeicherte Energie, ihr »Kapital«, nutzen, um die Fortpflanzung zu »finanzieren«. Im Fall der Wale handelt es sich bei diesem Kapital um Speck, daher setzen sie ihn in den produktiven Sommermonaten an, bevor sie für den Winter in wärmere Gewässer in niedrigeren Breitengraden ziehen, um dort zu gebären, zu säugen und sich zu paaren. Die Tiere versammeln sich auf diesen Winterplätzen – man kann zwar alleine fressen, zur Fortpflanzung braucht man aber einen Partner.

Meine Kollegen und ich haben an der vertikalen Bewegung von Nährstoffen – der Walpumpe – gearbeitet, aber Wale legen auch große Entfernungen quer über die Erde zurück. Grauwale wandern mehr als 10 000 Kilometer von Russland zu ihren Brutgebieten in Mexiko. Buckelwale der südlichen Hemisphäre legen ähnliche Distanzen zwischen der Antarktis und Samoa zurück.

Warum legen Wale zur Fortpflanzung so weite Strecken zurück? Das ist immer noch nicht ganz klar. Viele meiner Kollegen führen dies auf die Schwertwale zurück, die sogenannten Killerwale, die die einzigen tödlichen Meeresraubtiere unter den Großwalen sind. Kälber sind anfällig für Angriffe dieser Orcas, und geschützte Gebiete in niedrigen Breitengraden können Zuflucht und einen Vorteil bei der aktiven Verteidigung bieten, insbesondere für langsam schwimmende Arten. (Flaches Wasser macht es für Killerwale schwieriger, von unten anzugreifen, wie sie es in tieferen Meeren tun. Außerdem dämpft Flachwasser Geräusche, da Stimmsignale nicht so weit übertragen werden. Mütter und Kälber können also in Kontakt bleiben, ohne dafür die Glocke für Offshore-Raubfische zu läuten, die zum Fressen einlädt.) Ein weiterer Grund, warum Wale im Winter kältere Gewässer in höheren Breiten verlassen und in Gebiete ziehen, in denen sie thermoneutral sind, könnte darin bestehen, Energie zu sparen. Diese Hypothese gilt auch für Neugeborene – die Entwicklung der Kälber in warmem Wasser kann dazu führen, dass sie größere Erwachsene werden und dadurch später bei der Fortpflanzung erfolgreicher sind.

Bob Pitman von der Oregon State University meint, es sei wie ein Spa-Besuch. In wärmeren Gewässern können Wale ihre Haut abstreifen und sich von Schmutzorganismen wie mikroskopisch kleinen Kieselalgen befreien, die in den nährstoffreichen höheren Breiten dicke gelbgrüne Schichten bilden. Sie schälen sich ständig, sagt Pitman, und geben die Mikroben, die auf ihren Körpern wachsen, in den warmen Ozean ab.

Das kristallklare Wasser der Tropen ist nährstoffarm; großartig für klare Sicht, aber nicht für die Produktivität. Den Walen macht das nichts aus, da sie im Winter nicht zur Nahrungsaufnahme neigen, aber sie können Nährstoffe und Nahrungszuschüsse liefern. Beim Fasten ernähren sie sich von der im Sommer gespeicherten Fett- und Muskelmasse. Der Stickstoff und der Phosphor, die beim Abbau dieser gespeicherten Materialien anfallen, müssen irgendwohin. Diese Nährstoffe bewegen sich nicht nur in Kadavern oder Kot um die Welt; sie sind auch im Urin vorhanden. Tatsächlich verrichten die meisten Wale ihre Notdurft wahrscheinlich nicht in den Brutgebieten – wenn sie nicht fressen, kacken sie auch nicht. Sie fressen zwar nicht, aber sie verstoffwechseln, verbrennen trotzdem Energie und setzen stickstoffhaltige Abfallstoffe in Form von Harnstoff frei. Es ist schwer genug, Walkot in freier Natur einzusammeln, also vergessen Sie erst recht das Pinkeln. Um herauszufinden, wann und wie viel Wale urinieren, müssen wir uns größtenteils auf Stoffwechselmodelle und unser Verständnis anderer »Kapitalbrüter« wie See-Elefanten verlassen.

In einer Woche im Februar besuchte ich die Walbiologin Chris Gabriele und ihre Kollegen auf der Big Island von Hawaii, um ein paar Buckelwale zu sehen. Wir saßen am sandigen Rand auf einem Büschel, das sie »Alte Ruinen« nennen. Im Süden wehte *Vog*, vulkanischer Nebel, der vom Kilauea herüberzog. Die meiste Zeit ihres Aufenthalts auf Hawaii halten sich Wale in flachen, sandigen Gewässern unweit der Küste auf. Die Wale hier haben eines von drei Zielen: schwanger werden. Jemanden schwängern. Oder (für die Mütter mit jungen Kälbern) in Ruhe gelassen werden.

Eine Mutter schwamm mit ihrem neugeborenen Kalb an ihrer Seite nach Norden. Wir sahen, wie ihre Schwanzflosse auf der Meeresoberfläche aufschlug, und hörten kurz darauf das Klatschen. Wir zählten an diesem Tag fünf Walschulen sowie ein Walbeobachtungsboot, ein Tauchboot und mehrere andere Schiffe. Ich wurde als Protokollant eingebunden. Obwohl wir nur eine Handvoll Wale und ein paar Spinnerdelfine sahen, hatte ich Mühe, mitzuhalten.

Als sie anfingen, sei es viel einfacher gewesen, erzählte mir Gabriele. Buckelwale waren während ihrer ersten Feldsaison in den 1980er-Jahren noch gefährdet. Nachdem die Russen die Jagd auf Wale im Nordpazifik eingestellt hatten, stieg die Zahl der Wale an und erreichte 2013 mit rund 21 000 Walen ihren Höhepunkt. Es waren so viele Wale in den Gewässern, dass man gelegentlich bis zu 27 Wale auf einmal sah. Gabriele erwähnte, dass die Zahl der Buckelwale im Nordpazifik nach Jahren erfolgreicher Erhaltungsmaßnahmen nun wieder zurückgingen.

»Wir haben zwar aufgehört, sie zu töten«, sagte Adam Frankel, einer von Gabrieles Kollegen beim Hawaiian Marine Mammal Consortium, während er durchs Fernglas guckte, »aber jetzt bringen wir ihr Klima um.«

»Und jetzt töten wir auch ihr Essen«, fügte Gabriele hinzu.

»Keine Ruhe für die unglaublich Erschöpften.«

Es schien, dass der Walschutz im 20. Jahrhundert fast zu einfach war: Mit einem Zodiac-Schlauchboot zwischen einem Walfangschiff und einem Pottwal hin- und herfahren, in den Medien für Aufsehen sorgen und den Walfang bekämpfen, Schiff für Schiff. Heute sind die Schlachten so viel größer; wir beobachten, wie Buckelwale und andere unter einem Mangel an Fischen und Zooplankton leiden, da die Erwärmung des Wassers deren Lebensräume zerstört. Wir sind alle Walfänger, wie der Meeresforscher Michael Moore geschrieben hat, wenn auch unabsichtlich: durch Schiffskollisionen, durch Fischereinetze, in denen sich Wale versehentlich verheddern, und durch die Meeresverschmutzung.

Am nächsten Tag blieb Gabrieles kleines Forschungsboot wegen starker Winde an Land, also sprang ich mit einer Gruppe ziviler Walbeobachter in ein großes Zodiac. Wir machten uns auf den Weg zu schockierend blauem Wasser, das von trockenen gelben und grünen Hügeln durchzogen war. Ich hatte Jahre damit verbracht, den relativ einfachen Rufen der Glattwale zu lauschen, die sie von ihren Futterplätzen in der Bay of Fundy aus durchs Wasser schickten. Aber dies war das erste Mal, dass ich in einem Brutgebiet für Buckelwale war. Eines der Besatzungsmitglieder ließ ein Hydrofon ins Wasser fallen. Obwohl das Wetter rau war und die Wale unruhig, war das Geräusch so klar, dass ich zunächst dachte, es sei eine Aufnahme. Der Ozean hallte von einem tiefen, von Küste zu Küste reichenden Geräusch wider. Es war, als befände man sich in einem Konzertsaal, in dem jemand prunkvolle Lieder spielte, die sich wie ein akustischer Pfauenschwan anhörten – so beschrieb es ein Biologe. Ein unerwartetes Gefühl der Ehrfurcht.

Nachdem ich einen Tag lang Wale beobachtet hatte, gesellte ich mich zu Gabriele und ihrem Mann Paul Berry in ein nahe gelegenes

Restaurant. Wir mussten lange warten, also gingen wir zum Wasser und setzten uns auf einen kaputten Uferdamm. Die Sonne verschwand hinter dem Horizont.

Und dann passierte es: ein kurzer grüner Strahl über der Sonne.

»Habt ihr das gesehen?«, fragte ich. Es war ein smaragdgrüner Blitz, ein kurzzeitiger Neonturm direkt über der Sonne, als diese gerade hinter dem Horizont versank.

»Es ist eher ein grüner Augenblick als eine Jesus-Erleuchtung«, meinte Berry trocken.

Viele Menschen, darunter auch ich, haben jahrelang auf dem Meer gearbeitet und das Naturphänomen nie gesehen. Wenn an diesem Abend weniger Gäste da gewesen wären, hätten wir den Blitz verpasst.

***

Während ich auf dem Wasser war, befestigten meine Kollegen von der University of Hawaii vor der Küste von Maui temporäre Saugnapfmarken mit Kameras auf dem Rücken von Buckelwalen. Später sollten wir einen grünen Vorhang aus Urin sehen – eine Ansicht aus der Kalbsperspektive: wie die Mutter in das babyblaue Meer uriniert. Die Mutter hat auf Hawaii keine Nahrung aufgenommen, hat aber dort auf jeden Fall Stickstoff und Phosphor freigesetzt. Ein paar Makrelenfische fraßen die in Alaska gediehene Walhaut ab und schwebten um den säugenden Wal herum, in der Hoffnung auf überschüssige Milch; Nährstoffübertragung in Aktion.

Was bedeutet die Bewegung dieser Nährstoffe für Hawaii und andere tropische und subtropische Gebiete? Buckelwale transportieren jeden Winter etwa eine Viertelmillion Kilo Stickstoff nach Hawaii. Das ist mehr als die doppelte Menge an Stickstoff, die durch physikalische Vermischung – Wind und Auftrieb, auf die sich viele Ozeanografen traditionell konzentrieren – im Wassergebiet *Humpback Whale National Marine Sanctuary* rund um die Hawaii-Inseln freigesetzt wird. Dieser importierte Stickstoff ist eine wichtige

Nährstoffquelle für Phytoplankton und kann Tausende Tonnen Kohlendioxid aus der Atmosphäre absorbieren. Und das passiert auf der ganzen Welt. Wale transportieren jedes Jahr mehr als sieben Millionen Kilo Stickstoff zu ihren Brutplätzen auf der Nord- und Südhalbkugel. So viel wir wissen, handelt es sich bei dieser Bewegung um eine der größten Tiereinbringungen über große Entfernungen auf dem Planeten.

Dieses tolle Walförderband, wie wir es nannten, liefert viel mehr als nur Urin. Schwangere Weibchen sammeln sich für den langen, meist nahrungslosen Winter und geben dann Nährstoffe und Nahrung in Form von Nachkommen, Plazenta und Milch ab. Kälber kacken auf den Brutplätzen, nachdem sie täglich etwa 450 Liter fetthaltige Milch getrunken haben. Walplazenten können bis zu 25 Kilo wiegen. Wie bei vielen anderen Säugetieren ist die Säuglingssterblichkeit direkt nach der Geburt hoch. Ein neugeborenes Kalb ist riesig – 3,50 Meter lang, es wiegt etwa 1500 Kilo –, sodass ein Kalbskadaver eine große Menge an Nahrung in Form von Biomasse und Nährstoffen in die Ökosysteme niedriger Breitengrade abgibt. Ein Weißer Hai kann sechs Wochen lang überleben, nachdem er 30 Kilo Walspeck gefressen hat. An den Küsten Brasiliens und Australiens, wo sich Hai-Aufzuchtgebiete mit Buckelwal-Brutgebieten überschneiden, ernähren sich Tigerhaie von Kalbskadavern und beißen gelegentlich junge Wale.

Erwachsene Wale haben höhere Überlebensraten, aber jeder muss irgendwann sterben. Angesichts der Konkurrenz auf den Brutplätzen und der Komplikationen bei der Geburt würde es mich nicht wundern, wenn das Walsterben im Winter häufiger aufträte, was zu einem enormen Nährstoff- und Nahrungsschub führen würde. Das große Walförderband liefert unverarbeitete energie- und nährstoffreiche Mahlzeiten in Form von Speck, Muskeln, Knochen, Organen und Plazenta direkt an die Haie, Zackenbarsche und anderen Bewohnern der Riffe rund um die Inseln. Insgesamt bringen Buckelwale durch ihre Plazenta, Kadaver und Häutung jedes Jahr mehr als

7000 Tonnen Biomasse nach Hawaii – das Gewicht von 29 Millionen Big Macs.

Die Weibchen, die schwanger werden, verlassen Hawaii zuerst. Sie haben ihr Ziel auf dem Brutplatz erreicht und machen sich Ende Februar direkt auf den Weg zum All-you-can-eat-Buffet in Alaska. Die Jungtiere, die schon eigenständig sind, sind klein, hungrig und haben keinerlei Fortpflanzungsbedürfnis, das sie vor Ort halten könnte; sie ziehen also bald danach ab. Und die Weibchen, die frische Kälber haben, verschwinden mit diesen noch etwas später, in der Regel im März, damit sie ihrem Nachwuchs vor der langen Reise nach Norden Zeit zum Wachsen geben können. Einige Männchen bleiben möglicherweise noch etwas länger in den Brutgebieten, in der Hoffnung, dass sie ein empfängliches Weibchen finden, bevor sie sich auf den Weg nach Norden machen. Alle diese Tiere haben viel durchgemacht – eine lange Zeit des Fastens, dann den Kampf um Fortpflanzungsmöglichkeiten oder den Stress beim Gebären und Säugen –, und einige wenige sterben auf dem Rückweg zu den Futterplätzen an Erschöpfung oder Altersschwäche. Und wenn sie das tun, dann ist das ein ganz anderes Thema.

Alle großen Geschichten beginnen mit einer Leiche. Wie wäre es mit einer von der Größe eines Schulbusses?

1987 war Craig Smith als Postdoktorand für die Kartierung im Catalina-Becken vor Kalifornien verantwortlich, die er mit *Alvin* durchführte, dem ersten bemannten Tiefseetauchboot. Eines Nachmittags kamen seine Doktoranden an einem langen Stück eines gebleichten Knochens vorbei, an dem sich rosa Würmer und große Muscheln angesammelt hatten.

»Sie haben das Unterwassertelefon benutzt, um das Schiff anzurufen«, erzählte mir Smith, in einem hellblauen Aloha-Hemd und mit einem Baseballcap, beim Abendessen in Honolulu. »Sie sagten, sie hätten etwas Interessantes gefunden und würden etwas mehr Zeit auf dem Grund verbringen.« Sie kamen mit einer Überraschung an die Oberfläche – einem großen Rückenwirbel im Korb von *Alvin* – und einigen Bildern vom Meeresboden. Das Video zeigte große weiße Muscheln, die bisher nur in der Nähe von Hydrothermalquellen gefunden worden waren. In diesen Ökosystemen waren Organismen zum Überleben auf Schwefel und das heiße Wasser aus den Quellen angewiesen. Was machten sie aber rund um das Skelett von einem Tier, das ein Wal zu sein schien?

Smith, heute emeritierter Professor der University of Hawaii, und seine Kollegen sollten diesen neuen Tiefseelebensraum später als *Walsturz* beschreiben: ein Wal-Kadaver, der auf den Meeresboden fällt, normalerweise mehr als einen Kilometer unter der Oberfläche. »Eines der Dinge, die man bei Walstürzen bedenken muss«, sagte er mir, »ist, dass die Kadaver in eine sehr nahrungsmittelarme Umgebung hinabsinken.« Im Gegensatz zu den Auftriebsgebieten in hohen Breiten, in denen sich viele Wale ernähren, gibt es in der Tiefsee aufgrund des Fehlens von Licht und Fotosynthese nur sehr wenig Nahrung. Der größte Teil des organischen Materials in der Tiefsee regnet von der Meeresoberfläche in Form winziger Partikel herab: sich zersetzende Zellen, Mikroben und farbenfrohe Ansammlungen, die als Meeresschnee bekannt sind. Der Tiefseeboden ist eine riesige, nährstoffarme Wüste.

Für Hunderte von Arten – Schlafhaie, Tiefseekraken, Zombie-Würmer, winzige Flohkrebse, riesige Krabben, Seeanemonen und Arten, die wir noch nicht einmal entdeckt haben – ist ein toter Wal sowohl eine erstklassige Immobilie als auch ein Buffet, das vielleicht jahrelang hält. Wenn der Kadaver eines großen Wals auf den Meeresboden trifft, ist das wie ein Schneesturm aus Meeresschnee, etwa 1000 Jahre Biomasse in einem einzigen großen Sturz. »Es ist ein riesiger, unmittelbarer Impuls energiereichen Materials: Nahrung, Lipide, Proteine, die Aasfresser nutzen können«, sagte Smith. Das Weichgewebe dient als Nahrungsquelle, und Walskelette sind – anders als etwa die von Walhaien und anderen großen Fischen – robust und reich an Mineralien. Walknochen bestehen bis zu 70 Prozent aus

Fett und sind in eine Mineralmatrix eingebettet, die so zäh ist, dass nur Mikroben durch die porösen Zwischenräume eindringen können. »Das Skelett bildet ein organisch reiches Riff, das diese sulfid- und energiereiche Verbindung sehr langsam freisetzt«, sagte Smith. »Diese Verbindungen können von frei lebenden Mikroben und solchen, die im Gewebe von Muscheln und Röhrenwürmern leben – den Endosymbionten – genutzt werden.« Manchmal sehen die Knochen so aus, als wären sie mit sanft wehenden Vorhängen bedeckt, in Wirklichkeit ist es ein dünner Schleier aus Würmern.

»Wir haben diese Würmer 1996 gesammelt, und niemand wusste, was genau sie waren«, erzählte mir Smith. »Wir nannten sie immer noch Rotzwürmer.« Er zeigte diese Neuheiten mehreren Polychaeten-Experten. Das sind Biologen, die sich auf wirbellose Tiere, insbesondere Würmer, spezialisiert haben, aber sie waren sich nicht sicher, ob es sich um einen einzigartigen Zweig der marinen Ringelwürmer oder um einen entfernten Verwandten handelte. Polychaeten sind eine vielfältige Gruppe hauptsächlich mariner Arten, zu denen auffällige Flachwasser-Filtrierer wie die so passend benannten Weihnachtsbaumwürmer und Staubwedelwürmer sowie hydrothermale Tiefsee-Röhrenwürmer gehören, die für ihre Ernährung auf symbiotische Bakterien angewiesen sind. Nicht einmal Adrian Glover, der Polychaeten-Typ, der in Smiths Labor arbeitete, konnte herausfinden, wie diese seltsamen knochenfressenden Würmer sich in die Tiefseefauna einfügten.

Doch dann sammelten Forscher des Monterey Bay Aquarium Research Institute im Februar 2002 vor Monterey ein großes Exemplar eines toten Grauwals. Sie konnten die Anatomie der Rotzwürmer viel besser erkennen. Nachdem sie die Körperform und die DNA mit anderen Meereswürmern verglichen hatten, identifizierten sie ihn als Polychaeten, der anscheinend vollständig von toten Walen abhängig war. Sie gaben ihm den Gattungsnamen *Osedax*, lateinisch für »Knochenfresser«.

Trotz seines wissenschaftlichen Namens ist *Osedax* ein Sonderfall unter den Tieren, die in diesem Buch vorkommen. Es frisst nicht und kackt nicht (auch wenn er wie alles sterben muss). *Osedax* hat keinen Mund. Es hat keinen Darm. Es hat keinen Anus. Diese darmlosen Würmer haben eine Bakterienkolonie in ihren Wurzeln, die Lipide und Proteine in den Walknochen abbauen kann. Die Wurzelstruktur setzt Säure frei, die in den Knochen eindringt, den Wurm verankert und ihm die Aufnahme von Nährstoffen ermöglicht. Entlang der Oberfläche des Wurms fungieren winzige Federn als Kiemen, weshalb der Wurm wie eine rote Federboa aussieht, die über den Walknochen kriecht. Skelette mit *Osedax* sind artenreich, die Lebensräume sind komplex und verändern sich im Laufe der Zeit.

Osedax lebt auf Walstürzen auf eine Weise, die jener ähnelt, wie Tiere auf hydrothermalen Quellen und kalten Sickerstellen überleben. Viele Tiere in diesen Tiefseeökosystemen sind zum Überleben auf Mikroben angewiesen. Wenn die Sonne untergeht, verfügen Hydrothermalquellen-Gemeinschaften, die nicht auf die Fotosynthese angewiesen sind, sondern auf die Chemosynthese, die durch Sulfide aus Thermalquellen in Gang gesetzt wird, über eine gute Langzeitstrategie. An den Walstürzen absorbieren *Osedax* und andere chemosynthetische Tiere die Fette und Sulfide in den Knochen, und ihre inneren Bakterien synthetisieren Nährstoffe und geben sie an die Tiere zurück.

Seit der ersten Beschreibung des *Osedax* im Jahr 2004 wurden mehr als 30 verschiedene Arten dieser Würmer in Walstürzen gefunden. »Einige von ihnen sind Spezialisten für Walstürze«, sagte Smith. »Sie sind einfach zu groß, um von den Knochen anderer Tiere zu leben.« *Osedax* erreicht diese Kadaver früh und oft und besiedelt die Walknochen dicht. Nachdem die Knochenfresser monatelang die Sulfide aus den Skeletten gezogen haben, laichen sie und entlassen ihre Larven in die tiefe, dunkle Wassersäule. Diese herrenlosen Puppen regnen herab. Die Glücklichen unter ihnen finden einen neuen Walkadaver – die nächste Generation von Walsturz-Connaisseuren. Die meisten aber verfehlen ihr Revier und finden nie einen geeigneten Lebensraum, was zu einem einsamen, frühen Tod in der ewigen Dunkelheit führt.

In den letzten etwa 100 Jahren ist es noch schwerer geworden, diese Reviere zu finden. Bei der Mitführung von Walen auf Segelschiffen wurden die Kadaver oft über Bord geworfen, nachdem der Speck entfernt worden war. Melville beschrieb die Entfernung der äußeren Fettschicht als das Schälen einer Orange, »der Wal wälzt sich immer wieder im Wasser«, während »der Speck in einem Streifen gleichmäßig abblättert«. Der frühe Höhepunkt des Walfangs muss für viele Tiefseelebewesen eine Zeit des Booms gewesen sein – überall auf dem Meeresboden lagen tote Körper –, doch als die größten Wale durch Harpunen verloren gingen, begannen diese Lebensräume kleiner zu werden. Später, als Wale von Fabrikschiffen gejagt wurden, wurden ihre gesamten Kadaver auf dem eigens dafür vorgesehenen Flensing-Deck zerlegt. Die Walinseln als die Lebensräume dieser Tiefseelebewesen gingen in Rauch auf oder wurden zu Hundefutter oder Dünger verarbeitet.

In der Tiefsee wurden mindestens 100 Arten entdeckt, die auf die riesigen Kadaver und Knochen von Walen spezialisiert zu sein scheinen. Viele dieser Reste befinden sich im schwefelhaltigen Stadium, nachdem der größte Teil des Weichgewebes abgefressen wurde und die Nährstoffe hauptsächlich aus den Knochen stammen. Auf einem einzigen Wal können 70 Jahre nach seinem Tod mehr als 40 000 einzelne Tiere gefunden werden – eine kleine Walfallstadt aus Tiefseeasseln, Polychaetenwürmern und winzigen durchsichtigen Muscheln, die mehr als 200 Arten repräsentieren, von denen einige auf Wale spezialisiert sind, während andere zu den Tiefsee-Generalisten gehören. Doch als ihr Grund und Boden nach Jahrzehnten des unerbittlichen kommerziellen Walfangs verschwand, begannen auch die Walsturzgemeinschaften zu verschwinden – zuerst Individuen, dann Populationen, dann Arten. Bei einigen der frühesten Artensterben im Ozean handelte es sich vermutlich um Spezialisten für Walstürze, denen die riesigen Lebensräume fehlten, auf die sie über Millionen von Jahren angewiesen waren. Obdachlos geworden, erloschen sie. Sie sind für immer verschwunden.

Zusammen mit dem Rückgang der Tiefseevielfalt und dem Rückgang der Wale kam es zu Störungen bei der Bewegung von Nährstoffen vom Meeresboden zur Oberfläche sowie von hohen in tiefere Breitengrade. Der Walfang hatte auch Auswirkungen auf das Klima. Wenn Walkadaver in der Tiefsee versinken, können ihre Körper über Jahrhunderte oder sogar länger Kohlenstoff binden. Der kommerzielle Walfang durchbrach diesen Kreislauf, indem er die Knochen zerstörte, das Öl im Speck verbrannte und den Kohlenstoff so in die Atmosphäre freisetzte. Vor dem Walfang wurden durch Walstürze jedes Jahr mehr als anderthalb Millionen Kilo Kohlenstoff gebunden. Dieser Betrag ist um etwa zwei Drittel gesunken. Heutzutage sterben viele Wale auf tragische Weise – sie verhungern in nährstoffarmen Ozeanen, verfangen sich in Angelschnüren oder werden von Schiffen angefahren –, und in diesen Fällen werden ihre Kadaver oft an die Küste gespült. Zu wenige sterben eines natürlichen Todes und sinken in die Tiefe.

Als Weltreisende verbinden Wale die Ozeane – von der Tiefe bis zum Flachwasser, von den Polen bis zu den Tropen. Sie verbinden aber auch das Meer mit dem Land. Wenn Wale stranden, können sie für Landtiere eine ernährungsphysiologische Wohltat sein. Weißkopfseeadler und Raben picken an der Haut des toten Tieres. Wölfe ernähren sich von den Organen. Krabben graben sich in Spalten ein, die von größeren Aasfressern geöffnet wurden.

Kristin Laidre, Polarforscherin an der University of Washington, erzählte mir von einem Foto, das Touristen einige Jahre zuvor in der russischen Arktis aufgenommen hatten. »Sie stießen auf einen Grönlandwal, der gestorben und auf der Wrangelinsel angespült worden war«, sagte sie. Mehrere Hundert Eisbären hatten sich um den Wal versammelt, die Gruppe erstreckte sich bis zum Fuße der Berge der Insel, sie sahen aus wie Schafe auf englischem Grasland.

»Es war einfach diese völlig verrückte Landschaft mit Eisbären, die sich während der Freiwassersaison von diesem Wal ernährten.« Dies ist eine Zeit, in der Bären oft hungern, da sie nicht auf das Eis hinausgehen können, um ihre bevorzugte Beute, die Robben, zu jagen. »Ich schaute mir diese Fotos an und dachte: *Was bedeutet ein toter Grönlandwal für Eisbären, und wie kann das dazu führen, dass einige Bären eine lange eisfreie Saison überstehen, wenn es wirklich nicht viel zu fressen gibt?*« Als Laidre sich mit der Literatur befasste, erkannte sie, dass Wale eine verlässliche Ressource für Bären waren; sie verfügen über enorme Mengen an Nährstoffen und Lipiden, die es den Eisbärenpopulationen ermöglichen, den langen Sommer und vielleicht sogar die Eisschmelze zu überleben. In der Vergangenheit könnten gestrandete Wale für das Überleben der Eisbären von entscheidender Bedeutung gewesen sein. Vielleicht wird dies in einer wärmeren Zukunft wieder der Fall sein.

Weiter südlich segelten Kalifornische Kondore und Andenkondore auf den Thermiken des Ostpazifiks und verließen sich vor allem auf ihr gutes Sehvermögen, um ihre nächste Mahlzeit zu finden. Mit einer weiten Verbreitung von Kalifornien bis Florida und einer Flügelspannweite von fast drei Metern war der Kalifornische Kondor ein Spitzen-Aasfresser. In der Vergangenheit jagte er die großen wilden Pflanzenfresser Nordamerikas, aber als Mastodonten, Mammuts und schließlich sogar Bisons verschwanden, wurden Kondore entlang der Pazifikküste von Walen und anderen großen Meeressäugetieren abhängig.

Nach dem Beginn der industriellen Jagd im 19. Jahrhundert ging die Zahl der Meeressäugetiere zurück, und die Aasvögel Südamerikas mussten sich von Guanakos – kleinen wilden kamelartigen Tieren, die mit Lamas verwandt waren – und Schafen, Pferden und Kühen ernähren, sofern sie sie finden konnten. Im Nordpazifik hatte diese Umstellung vom Meer aufs Land beinahe das Aussterben des Kalifornischen Kondors zur Folge. Da im 19. Jahrhundert viele Meeressäugetiere gejagt wurden, wechselten die kalifornischen Kondore zu Rinder- und Hirschkadavern, die oft mit Bleigeschossen durchlöchert waren. Als der Ornithologe Roger Tory Peterson 1953 einen Kondor fand, waren kalifornische Kondore selten, und der Anblick eines solchen Tieres war der Höhepunkt seiner Überlandreise: »Es war ein riesiger, schwarzer, blassköpfiger Kondor … er machte ein paar Flügelschläge, als ob er alle Zeit der Welt hätte, nahm einen neuen Aufwind auf und flog nach Südosten davon, bis er zu einem winzigen Fleck wurde und verschwand.«

Sie verschwanden alle. Viele Kalifornische Kondore starben an einer Bleivergiftung, und 1982 schien es nur eine Frage der Zeit zu sein, bis die gesamte Art, die zu diesem Zeitpunkt nur noch 22 Exemplare zählte, verschwinden würde. In den 1990er-Jahren wurde jeder Kondor aus der Wildnis vertrieben. Neue Generationen wurden in Gefangenschaft großgezogen, und mittlerweile gibt es wieder mehr als 300 dieser riesigen frei fliegenden Aasfresser, die von Baja California bis in den pazifischen Nordwesten fliegen. Der Kondor ist dem Yurok-Stamm in Nordkalifornien heilig, und die ersten wilden Kondore in der Gegend seit über einem Jahrhundert wurden im Jahr 2022 in den Stammesgebieten freigelassen. Selbst jetzt noch haben etwa 20 Prozent der frei fliegenden Kondore einen so hohen Bleigehalt, dass sie sich einer Chelat-Therapie unterziehen müssen, um die Giftstoffe zu entfernen, was oft wochenlange Gefangenschaft erfordert. (Bemühungen, bleibasierte Munition zu verbieten, stießen auf starken Widerstand der Waffenlobby und scheiterten bisher in Kalifornien wie auch auf US-amerikanischer Bundesebene.) Da sich die Meeressäugetiere erholen, werden die Kadaver von Walen und Robben für die nächste Phase der Wiederansiedlung des Kondors von entscheidender Bedeutung sein.

Jahrhundertelang galten Wale, die an britischen Küsten gestrandet waren, als königliche Fische und als Eigentum der Krone; das Öl wurde als Lampenbrennstoff verwendet, die Knochen als Werkzeuge. In Dänemark gab es ein ähnliches Gesetz, aber demjenigen, der den Wal entdeckte, wurde immerhin ein Anteil zugestanden (so viel, wie er tragen konnte, wenn er zu Fuß unterwegs war; eine größere Menge, wenn er ritt). Der König behielt den größten Teil, da er der Eigentümer des Ufers war. Im Beringmeer galt ein Treibwal als Geschenk von Sedna, der Göttin des Meeres. Die australischen Indigenen glaubten, dass Strandungen von Walen sie mit den Ländern und Meeren ihrer Vorfahren verbanden. Im Englischen kommt das Wort *Windfall* (Windwurf, Fallobst) von Früchten, die von einem Sturm gepflückt wurden und zum Mitnehmen zur Verfügung standen. Für die Isländer ist *Hvalerecki* – »Walstrandung« – ein unerwartetes Vermögen, das an Land gespült wird, ein Geschenk aus Fleisch, Barten, Öl und Knochen.

Nachdem Walfleisch jedoch bei der europäischen Gastronomie in Ungnade gefallen war, betrachtete man das Stranden als Zeichen des Zorns Gottes, als Vorbote einer Katastrophe (obwohl es den Anschein hat, dass der menschliche Einfluss auf die Wale das wahre Unglück war). Heutzutage werden gestrandete Wale oft als lästig, vielleicht sogar als Gesundheitsrisiko angesehen. Was tun mit diesen gestrandeten Walen, lebend oder tot? Die Lebenden werden nach Möglichkeit wieder ins Meer entlassen; Wenn nicht, werden sie eingeschläfert.

Ein toter Wal, der am Ufer verrottet, gilt als Gefahr für die öffentliche Gesundheit. Was macht man mit dem Kadaver eines bald 30 Tonnen schweren Tieres, wenn es an einen öffentlichen Strand gespült wird? In seiner Broschüre »Vernichtung von Tierkadavern mit Sprengstoffen« empfiehlt der US-Forstdienst zwei Pfund Sprengstoff für ein Pferd, das 500 Kilo wiegt, und ermahnt denjenigen, der sprengt, zunächst die Hufeisen zu entfernen, »um die Gefahr herumfliegender Trümmer zu minimieren«, und zur vollständigen Vernichtung des Tieres die Sprengstoffmenge zu verdoppeln. Jemand hätte die Oregon State Highway Division warnen sollen, dass dieses Vorgehen möglicherweise nicht ganz unproblematisch war, bevor sie sich 1970 dazu entschloss, den gestrandeten Kadaver eines 15 Meter langen Pottwals zu vernichten. Eine halbe Tonne Dynamit wurde auf der Leeseite des Wals platziert, in der Hoffnung, den Kadaver in möwen- und fischgroßen Stücken aufs Meer verteilen zu können. Die Explosion überschüttete die versammelte Menge mit Speck und Waldärmen. Eine große Steinplatte durchschlug die Windschutzscheibe eines Autos.

Heutzutage zerhackt man die Kadaver, schleppt sie aufs Meer oder vergräbt sie. Die Knochen können später ausgegraben und für wissenschaftliche Studien ausgestellt oder aufbewahrt werden. (Die Smithsonian Institution in Washington, D.C., beherbergt die Überreste von mehr als 10 000 Walen, die größte Sammlung von Walknochen auf der Erde.) Wenn ein toter Körper angespült wird und wir die Todesursache nicht kennen, warum lässt man ihn nicht einfach in Ruhe? Für Kondore und Eisbären und höchstwahrscheinlich auch für viele andere Säugetiere, Vögel und wirbellose Landtiere ist der Nährstofftransport gestrandeter Wale vom Meer zum Land enorm wichtig. Ungefähr jeder vierte Walkadaver bleibt in den Vereinigten Staaten an Ort und Stelle – zweifellos fernab des tobenden Strandtrubels.

In weiten Teilen der Welt war ein toter Wal ein gelegentliches Ereignis, ein Grund zum Staunen und Feiern, aber was wäre, wenn es jedes Jahr einen regelmäßigen Nachschub an Kadavern gegeben hätte, die vielleicht kleiner gewesen, aber dafür weitaus häufiger an Land gespült worden wären? Wie hätte das die Küstengemeinden, Wälder und Ökosysteme verändert, die ganze Meeresbecken säumen?

3

FRESSEN, LAICHEN, STERBEN

Stellen Sie sich die klassischen Wälder Alaskas und des pazifischen Nordwestens vor: Sitka-Fichte, Balsampappel, westliche Hemlocktanne. Ein schneebedeckter Berg in der Ferne. Die dichten Wälder, die sich von Alaska bis Nordkalifornien erstrecken, bilden den größten gemäßigten Regenwald der Welt. Doch wie funktionieren diese Wälder? Woher kommen die Nährstoffe, die es ihnen ermöglichen, so produktiv zu sein und einige der größten Bäume der Welt zu bilden? Die klassische Vorstellung ist, dass Nährstoffe in der Laubstreu – Mulch, Kadaver, Insektenfraß – in der Nähe der Wurzeln recycelt werden. Pilze und Bakterien, die wichtigsten Zersetzer, zersetzen die Blätter und abgestorbenen Bäume. Im Laufe der Zeit neigen Nährstoffe dazu, sich bergab zu bewegen. Von den Bergen über die Bäche bis zum Meer.

In den 1980ern ging Bob Naiman, ein Ökologe in British Columbia, davon aus, dass hinter der Geschichte mehr steckte. Das typische Paradigma für die Flussökologie ist eine Einbahnstraße: Wasser, Nährstoffe und andere Stoffe wandern bergab (oder flussabwärts) und landen normalerweise in Meeresökosystemen. Viele Bäume stehen in der Nähe von Bächen, die ins Meer fließen, aber Meerwasser kann nicht bergauf fließen. Naiman, auf Flussökologie spezialisiert, beobachtete aber jedes Jahr einen riesigen flussaufwärts aus den Ozeanen kommenden Schwarm: laichende Lachse.

Die klassischen Lachse des pazifischen Nordwestens – Königslachs, Ketalachs, Silberlachs, Buckellachs und Rotlachs – schlüpfen in Bächen, wo sie die ersten Tage ihres Lebens damit verbringen, Larven von Steinfliegen, Eintagsfliegen, Köcherfliegen und anderen Wirbellosen zu fressen. Nach ein oder zwei, vielleicht drei Jahren wandern sie hinaus ins Meer. Das meiste, was den Lachs zum Lachs macht, stammt aus dem Meer; Lachse sammeln über 95 Prozent ihres Gewichts im Meer an. Beim Rotlachs könnten das mehr als vier Kilo sein; für Königslachse sind es bis zu 13. Viele Lachse ernähren sich von Garnelen und Krill – die ihnen ihr charakteristisches rosafarbenes Fleisch verleihen – und suchen außerdem nach Fischen wie Sardellen, Hering und Kapelan.

Für Naiman, der die Küstentiere auf Vancouver Island beobachtete, war klar, dass die Bären und Adler auf die Lachswanderung im Sommer als Nahrungsquelle angewiesen waren. Er fragte sich jedoch, ob die Wanderfische in den Flüssen und Wäldern des pazifischen Nordwestens eine noch größere Rolle spielen könnten. Es gab gewisse Anzeichen dafür, dass ortsansässige Tiere, von Vögeln bis zu Nagetieren und Insekten, die Gestaltung der Wälder beeinflussten, indem sie sich im Unterholz ernährten und Nährstoffe und Samen verbreiteten. Aber niemand hatte überprüft, ob auch Stickstoff aus dem Meer eine Rolle im Wald spielen konnte.

Konnte er Lachse in den Bäumen finden?

Nach seinem Wechsel an die University of Washington im Jahr 1987 erhielt Naiman vom U.S. Forest Service einen kleinen Zuschuss, der es ihm ermöglichte, einige Isotopendaten aus dem Laub mehrerer Flusspflanzen zu sammeln, darunter Sitka-Fichte, Roterle und Farne. Stabile Isotope sind die nicht radioaktiven Formen von Elementen, und unser Showrunner, Stickstoff, kommt in zwei Formen vor: N^{14} und N^{15}. N^{14}, leichter Stickstoff, ist das mit Abstand häufigste Stickstoffisotop. Aber der Prozentsatz an N^{15} oder schwerem Stickstoff, der in einem bestimmten Fisch, Bärenkot oder Blatt gefunden wird, liefert die chemische Signatur, die die Quelle des Stickstoffs verrät. Die Kohlenstoffisotope C^{12} und C^{13} können eine zusätzliche Geschichte erzählen, und Isotope der beiden Elemente werden typischerweise gemeinsam untersucht, um die Herkunft von Tieren, Nahrungsmitteln oder Nährstoffen zu verstehen.

Naiman und einer seiner Studenten, Jim Helfield, führten ihre erste Studie über aus dem Meer stammende Nährstoffe auf der Insel Chichagof im Südosten Alaskas durch, wo sie die Uferpflanzen der Bucht Tenakee Inlet untersuchten, die von den Wassereinzugsgebieten der Flüsse Kadashan und Indian River gespeist wird. Sie verglichen die Wachstumsraten und Isotopensignaturen von Pflanzen am Flussufer in Gebieten mit laichenden Lachsen mit denen von Pflanzen, die über Wasserfällen wuchsen, die die Lachswanderung blockierten. »Und siehe da«, sagte Naiman, »die Bäume an den Bächen mit Lachsen wuchsen dreimal schneller als diejenigen an Bächen ohne Lachs.« Sie fanden aus Lachs gewonnene Nährstoffe in Fichtennadeln entlang dieser Flüsse, nicht jedoch in Nadeln in der Nähe von Flüssen ohne Lachs.

Etwa ein Viertel des Stickstoffs in den Fichtennadeln sowie in den Weiden- und Pappelblättern der Auwälder schien aus dem Meer zu stammen. Die Bäume absorbierten den vom Lachs stammenden Stickstoff und transportierten ihn zu ihren Nadeln und Blättern. Infolgedessen wuchsen sie schneller und höher – was gut für die Lachse war, da mehr Schatten und große Holzreste für kühlere Sommertemperaturen und eine Flussstruktur sorgten, die die Fortpflanzung und das Wachstum der Lachse begünstigte.

Stickstoff ist für die Primärproduktion von entscheidender Bedeutung, wie wir bei Grasland und Phytoplankton bereits gesehen haben. Ohne sie sind das Baumwachstum, die Bodenfruchtbarkeit und die Kohlenstoffspeicherung begrenzt. Der vom Lachs stammende Stickstoffgehalt war in den Bäumen, Igelkraftwurz-Sträuchern und Farnen entlang der Lachsläufe höher. Nur die Roterlen sahen gleich aus. Diese Stickstoff bindenden Bäume können auf Stickstoff in der Luft zugreifen und ihn nutzen, um andere Elemente aus dem Grundgestein zu gewinnen, auf dem sie wachsen. Tiere können organischen Stickstoff transportieren; aber nur Mikroben, von denen einige mit Pflanzen wie der Erle verbunden sind, können ihn aus der Atmosphäre aufnehmen und lebenden Organismen zur Verfügung stellen.

Wie gelangen diese Nährstoffe so weit vom Fluss weg? Sobald Lachse ihre volle Größe erreicht haben, hören sie auf zu fressen, schwimmen zurück zu ihren Heimatflüssen und dann flussaufwärts zu ihren ursprünglichen Laichplätzen – manchmal über Hunderte oder sogar Tausende von Kilometern. Die, die Glück haben, laichen, bevor sie sterben und ihre Körper ziemlich schnell zerfallen.

Folgen wir dem toten Körper. In einigen Fällen werden Lachskadaver durch Überschwemmungen von Laichbächen in Überschwemmungsgebiete befördert. Auch Tiere können Nährstoffe transportieren. Mehr als 100 Arten, die an Küstenflüssen leben, ernähren sich von toten Lachsen. Möwen picken sich die Augen heraus. Auch Truthahngeier, Weißkopfseeadler, Raben und andere Aasfresser fressen entlang der Flussufer. Etwa 90 Prozent der Lachsbiomasse wird verbraucht. Die Aasfresser fliegen in die Luft, schlafen in den Bäumen und verteilen Stickstoff und Phosphor im Wald, wenn sie kacken. Spuren von Stickstoff, der aus Lachsen stammt, wurden in Alaska, wo ein Großteil dieser Forschung durchgeführt wurde, mehr als 300 Meter von Bächen entfernt gefunden.

Bären fressen Lachse, von denen einige kurz vor dem Laichen an der Zielgeraden gefangen werden. Kackt ein Bär in den Wald? Manchmal. Einige Braunbären halten sich in Ufernähe am Flussufer auf; andere sind Entdecker, die weit in den Wald vordringen. In Gebieten mit vielen Lachsen bleiben die größten Bären oft an Ort und Stelle und verteidigen ihre Angelstellen, während die schwächeren Bären nach dem Fischfang weiterziehen, vermutlich um nicht in einen Streit zu geraten, den sie wahrscheinlich verlieren würden. Sie könnten dafür verantwortlich sein, diesen aus dem Meer stammenden Stickstoff bis tief in die Wälder zu transportieren.

Grant Hilderbrand, Biologe beim National Park Service, und seine Kollegen fanden Beweise dafür, dass ein Großteil des Stickstoffs in Weißfichten, die die Flüsse der Kenai-Halbinsel südlich von Anchorage in Alaska säumen, von Braunbären geliefert wurde. (Und der Verlust von Lachsen in den Kernstaaten der USA ist wahrscheinlich das Schlimmste, was Grizzlybären seit dem Bear Rifle, dem Gewehr zum Erlegen von Bären, widerfahren ist.) Noch wichtiger ist, zumindest für unsere Zwecke: Wenn ein Bär, egal wie groß, in den Wald kackt, wird er wahrscheinlich dort auch pinkeln. »Es gibt sehr wenig Stickstoff im Kot«, erzählte mir Naiman, »aber im Urin ist viel Lachsstickstoff.« Tatsächlich schätzt Hilderbrand, dass etwa 96 Prozent des Stickstoffs, den Bären in Wäldern verteilen, über den Urin eingebracht wird. Tom Quinn, Lachsbiologe an der University of Washington, und seine Kollegen schätzten, dass Bären ungefähr die gleiche Menge Stickstoff in Auwälder transportierten, die bei einem typischen Forstbetrieb in einem bewirtschafteten Wald anfallen würde.

20 Jahre lang durchstreiften Quinn, Helfield und ihre Forscherkollegen einen zwei Kilometer langen Abschnitt des Hansen Creek in Bristol Bay, Alaska, und brachten jeden Rotlachskadaver, den sie auf dem rechten Ufer des Flusses fanden – 217 055, viele davon von Bären getötet –, auf das linke Ufer. In den Nadeln der Weißfichten am linken Ufer fanden sie nach und nach einen höheren Gehalt an ozeanischem Stickstoff. Die Kadaver gaben offenbar Impulse an den Waldboden ab, die innerhalb von 20 Jahren die Blätter erreichten. Das mag nach unseren Maßstäben langsam sein, aber für einen Baum im Südwesten Alaskas, auf fast 60 Grad nördlicher Breite, ist das relativ schnell. Sie fanden auch höhere Wachstumsraten auf der mit Lachs angereicherten Seite des Flusses. »Nährstoffe aus Lachskadavern in ausreichender Menge beeinflussen nicht nur die Isoto-

pensignatur, sondern auch die Wachstumsraten«, bemerkte Helfield. »Sie können für Bäume wichtig sein.«

Warum also ist das wichtig? Der Lebenszyklus der Lachse und die enorme Menge an Nährstoffen, die die Fische liefern, sind entscheidende Aspekte der Waldökosysteme. Die Bäume, Bäche und Lachse sind alle miteinander verbunden. Helfield und Naiman stellten fest, dass Auwälder die Qualität des Flusslebensraums beeinträchtigen, indem sie Schatten spenden, Sedimente und Nährstoffe filtern und große Holzabfälle produzieren. Aus dem Lachs stammende Nährstoffe verbessern den Lebensraum künftiger Lachsgenerationen und die langfristige Produktivität der Flusskorridore im pazifischen Nordwesten und in Alaska. Es gibt Hinweise darauf, dass dieses Wissen seit Langem in der lokalen Verwaltung des Gebietes verankert ist. Nachdem einige Stämme des pazifischen Nordwestens, wie die Nuu-Chah-Nulth, Haida und Tlingit, Lachs geräuchert, getrocknet oder gekocht hatten, vergruben sie die Eingeweide im Waldboden, düngten Blaubeersträucher und gaben die Knochen in die Bäche zurück, um das Ökosystem zu nähren, so Suzanne Simard, Autorin von *Finding the Mother Tree*. In einem Wald ohne Lachse, Bären und andere Tiere müssen Menschen möglicherweise hart arbeiten, um das zu erreichen, was in tierreichen Gebieten geschieht. Um ihnen die Wanderung zu erleichtern, werden lebende Lachse mit Kanonen über Dämme geschossen. Freiwillige verteilen tote Lachse oder Lachsentsprechungen (Fischpellets) in Bächen, um die traditionellen Nährstoffwege wiederherzustellen.

Naiman ging 2012 in den Ruhestand und ließ einige Dinge unvollendet. »Jeder Lachskadaver enthält etwa 3000 Maden, und es gibt Tausende von Kadavern entlang der Flüsse«, erzählte er mir am Telefon. Wenn die Schmeißfliegen auftauchen, breiten sie sich im Wald aus und transportieren möglicherweise Nährstoffe über ihren Kot – Insektenkot – und ihre Kadaver zum Waldboden. Vom Ei bis zum erwachsenen Tier leben sie nur etwa drei Wochen. Nährstoffe können sich auch unter der Erde bewegen – durch Baumwurzeln und Pilznetzwerke, die Stickstoff und Phosphor zwischen Bäumen transportieren. »Wir fanden Nährstoffe manchmal 100, 200 Meter vom Fluss entfernt. Das ist viel mehr, als wir allein durch den überall verteilten Bärenurin erklären können. Es sah so aus, als würden die Bäume die Nährstoffe untereinander austauschen.

»Hast du das bekommen, was du brauchst?« fragte Naiman, bevor wir auflegten. Er wollte in der folgenden Woche nach Alaska fliegen, um dort angeln zu gehen. Die Silberlachse kamen nach Jakutat. Was würde er mit dem Fisch machen, fragte ich. »Ich bin kein großer Fan davon, viele von ihnen zu fangen und zu töten.« Die meisten der Lachse, die er fangen würde, würden wieder in den Fluss entlassen, wo die Bären, Adler und vielleicht die Bäume auf sie warteten.

An meinem ersten vollen Arbeitstag in Nerka, der Lachsforschungsstation der University of Washington in Alaska, flussaufwärts von Bristol Bay, brachte mich Daniel Schindler, Professor für Fischerei und Wasserwissenschaften, mit einem Boot nach Pick Creek. Er hatte mir zu zeigen versprochen, was viele Ökologen als das gelobte Land der Lachswanderungen bezeichnen. An jedem Tag, an dem ich dort war, kehrten mehr als dreieinhalb Millionen Rotlachse in die Bäche der Region zurück. Pick Creek näherte sich dem Höchststand von Lachsen.

Als wir in unseren Watstiefeln aus dem Aluminiumboot kletterten, sahen wir eine schimmernde Lachswelle, die sich an der Mündung des Baches erhob. Rotlachse haben ein strahlendes Leuchten – manchmal war der Bach so voll davon, dass sie aussahen wie Bremslichter in der Hauptverkehrszeit am Freitagnachmittag. Pick Creek und die Gegend um Nerka sind erstklassige Lebensräume für das Laichen von Lachsen, mit klaren Bächen, die über Gletscherkies fließen, mit riesigen Schutzgebieten und hohen grünen Bergen. Ein großer Teil des Werts bestünde hier in der Heterogenität, sagte Schindler. Die Wassereinzugsgebiete der Bristol Bay bilden ein riesiges Mosaik von Lebensräumen – Seestrände, Flusstäler, eiszeitliche Kiessohlen, Bäche und dunkelbraun gefärbte Feuchtgebiete –, die lebenswichtig für die Fische und andere Wildtiere sind, die hier leben. (Gelöste organische Stoffe aus Wäldern und Feuchtgebieten färben das Wasser dunkelbraun. Ein ähnlicher Prozess färbt auch Tee dunkel).

Schindler hatte das schmale, faltige Gesicht eines Mannes, der die letzten 26 Sommer in der Sonne und im Regen Alaskas verbracht hatte. Er hatte mitbekommen, wie Überschwemmungen, Dürren, Hitzewellen und Kälteperioden diese Bäche durchzogen. Solche Vorfälle haben einen Portfolioeffekt zur Folge, wie man ihn von breit gestreuten Aktieninvestitionen kennt. Die Vielfalt erhöht sich, wodurch das Gebiet widerstandsfähiger gegen Störungen und Schocks wird.

Einen Moment lang standen wir bis zum Schienbein zwischen laichendem Lachs; ein Haufen roter Eier schwamm flussabwärts. Ich bückte mich, um den Höcker eines Rotlachses ein paar Meter entfernt zu berühren, aber er schwamm schnell davon und entzog sich meiner Berührung. »Diese Fische haben noch nie ein terrestrisches Raubtier gesehen«, bemerkte Schindler, »aber ihre Gene sehr wohl.«

Wir waren früher am Tag an einigen Fischern vorbeigefahren, die Süßwasser-Regenbogenforellen angelten. »Hier kommt das Meer zu den Fischen«, sagte Schindler über die Forelle. »Diese großen Regenbogenforellen bestehen wahrscheinlich zu 90 Prozent aus Meeresenergie.« Für Nahrung aus dem Meer müssen sie nicht ans Meer fahren. Nahezu ihre gesamte Energie kommt von Rotlachsen – den großen, zahnigen Männchen mit ausgeprägten Höckern und den kleineren, schlankeren Weibchen voller Eier. Indem sie den Ozean zur Regenbogenforelle bringen, unterstützen die Lachse die milliardenschwere Fischerei der Menschen. Die Forellen ernähren sich von den Lachseiern, und die Wasserflugzeuge kommen immer wieder, manchmal verschwinden sie mit Filets, und immer haben sie Geschichten an Bord.

Schindler warf ein paar gestrandete Rotlachse zurück in den Bach. Diese Fische hatten es entgegen aller Wahrscheinlichkeit geschafft; warum ihnen also nicht noch eine Chance geben? Die Lachse, denen wir folgten, hatten Glück, denn sie überlebten ein paar Jahre als Jungfische, als Fischbrut, im Süßwasserstrom, überstanden dann ihre Zeit als Smolt – die Rotlachs-Jugend, die ins Meer hinauszieht – und schwammen schließlich durch eine Art Spießrutenlauf voller Stellnetze und Angelausrüstung, um hierher zurückzukehren. Bristol Bay produziert fast die Hälfte des weltweiten Rotlachsangebots.

Nicht nur Fischer sind dem Lachs zu Dank verpflichtet; Rotlachs spielt auch eine Schlüsselrolle bei der Erhaltung des Ökosystems. Die Metapher des Kreislaufsystems trifft hier beinahe wortwörtlich zu: Die Ströme voller leuchtend rotem Fisch pulsieren geradezu wie Blut. »Das volle Leben«, witzelte Tom Waits, »bedeutet eigentlich nur, auf Urlaub rumzuliegen wie ein Toter.« (Den Kämpfen der Lachse nach zu urteilen, ist das Leben allerdings keine Party.) In Bristol Bay waren die Lachse alle Kurzarbeiter: fasten, laichen, sterben. Sie kräuseln das Flussbett, um ihre Eier im Kies abzulegen, wodurch der Boden durchmischt wird – der Vorgang heißt Bioturbation. Ich bin über ein laichendes Weibchen gestolpert, dann noch über ein anderes. Man konnte sich leicht vorstellen, dass sich ein Förderband, wie in den in Japan üblichen rotierenden Sushi-Bars, vom Meer in die Berge bewegt.

Schindler griff nach unten und maß die Wassertemperatur: 5,5 Grad Celsius.

Wir bogen um eine Ecke, und da tummelten sich 30 Fische in den Untiefen des Kieses und bereiteten sich auf das Laichen vor. Als ich später Schindler und seinen Kollegen dabei half, ein paar Hundert Lachse an einem nahe gelegenen Bach zu markieren, ärgerte ich mich fast über diesen Überfluss; jede Biegung des Baches war eine weitere Wand aus Fischen.

»Hey, Bär!«, rief Schindler, als wir den Bach hinaufstiegen. Ein überraschter Bär ist ein gefährlicher Bär, daher ist es am besten, ihn wissen zu lassen, dass Sie kommen, insbesondere in einer unübersichtlichen Biegung.

Den vielen toten Lachsen mit Bissspuren auf den Köpfen nach zu urteilen, waren überall Bären, die die Fische zerschmetterten, während sie auf der roten Welle ritten. Einem Bericht zufolge kommen Braunbären in der Nähe von Lachsbächen in einer 80-mal höheren Dichte vor als in Gebieten, in denen Lachse nicht zugänglich sind. An jeder Biegung des Baches gab es kleine versteckte Stellen, an denen Bären Lachse herausgefischt und die Vegetation niedergetrampelt hatten. Schindler nannte sie Bärenküchen – ein »Fettkloß aus totem Lachs, Bärenpisse und Schlamm«. In der Mitte einer solchen Küche befand sich ein großer Bärenabdruck mit einer tiefen Einkerbung von Krallen.

Ich tastete nach dem Bärenspray, das an meinem Gürtel befestigt war. »Funktioniert es?«, fragte ich.

»Ich glaube, mit einer Waffe liegt die Chance, dass der Bär verschwindet, bei etwa 50 zu 50; aber mit Pfefferspray sind es etwa 95 Prozent«, antwortete Schindler.

Zu meiner Erleichterung befand sich die Dose immer noch im Holster.

»Im *Journal of Wildlife Biology* gibt es einen Artikel von einem Kanadier, der zu den weltweit führenden Experten für Bärenangriffe zählt. Es gab einen Fall, in dem ein Grizzlybär einen Camper aus dem Zelt zerrte und ihn fraß, das war also ein Raubbär. Aber die Leute kommen ständig in die Nähe von Bären – und der Bär lässt sie in Ruhe.«

Dennoch tröstete mich in dieser Nacht, zurück in der Forschungsstation, die Dose Bärenspray, die im Nebengebäude links neben der Türklinke hing.

»Hey, Bär!«

Zu diesem Zeitpunkt im Hochsommer, als es immer noch reichlich Lachs gab, waren die Bären äußerst wählerisch, fraßen die fetten

Höcker der Männchen direkt hinter den Augen und befreiten die Weibchen von ihren Eiern. Das ändert sich nach dem Laichen der Fische. »Am Ende der Saison«, sagte Schindler, »fressen sie Häute und Knochen und nur noch den Abfall, der übrig bleibt.« Eine typische Lachswanderung in einem Fluss dauert etwa drei Wochen; danach ziehen die Bären weiter. »Die Zeit ist das Problem, nicht der Lachsreichtum«, sagte Schindler. Die Bären haben etwa drei Monate Zeit, um die Nahrung eines Jahres zu fressen.

Braunbären sind ebenso wie Buckelwale Kapitalbrüter, die im Sommer Energie speichern, um durch den Winter zu kommen. Im Juni wiegt ein großes Männchen etwa 350 Kilogramm; es kann alle 24 Stunden fast zwei Kilo zunehmen und jeden Tag Dutzende von Rotlachsen fressen. Am Ende des Lachslaufs könnte der Bär mehr als 450 Kilo wiegen. Der Katmai-Nationalpark, etwa 100 Meilen östlich von Nerka, feiert diesen Zuwachs mit der Fat Bear Week, einem Turnier, bei dem anhand von Vorher- und Nachher-Fotos beurteilt wird, welcher Bär am meisten zugenommen hat. Sicher, es ist Spielerei, aber eine charmante, bei der im Oktober 2021 mehr als 600 000 Menschen abstimmten. Der Gewinner war Bär 480 – oder Otis –, ein viermaliger Champion. Im darauffolgenden Jahr gewann Bär 747 (auch bekannt als Bear Force One) zum zweiten Mal.

Große Bären wie Otis und Bear Force One können ihre Körpermasse um bis zu 30 Prozent steigern. Das ist so, als würde ein 70 Kilogramm schwerer Mensch in nur ein paar Monaten 20 Kilogramm zunehmen. Wie eine dürre Giacometti-Skulptur, die sich in eine üppige von Fernando Boteros verwandelt. Bären werden fettleibig. Sie werden riesig. Und dann gehen sie in den Winterschlaf und verschwinden und leben bis zu einem halben Jahr von ihrem Fett. Proteine, die reich an Stickstoff und Phosphor sind, helfen ihrem Körper, sich während des Winters zu regulieren. Ihr Insulinspiegel ändert sich nicht. Bemerkenswerterweise bleiben Bären gesund, wenn ihr Gewicht steigt und sinkt, und behalten ihre Kraft und Muskelmasse.

Als ich zusah, wie Lachse stromaufwärts schwammen, und ihre von Bären gebissenen Kadaver untersuchte, hatte ich gemischte Gefühle. Diese Fische waren ihrem Ziel so nahe gekommen. Stellen Sie sich vor, Sie überleben ein paar Jahre auf See, eine lange, gefährliche Wanderung (einschließlich der Stellnetze, die wie ein Fehdehandschuh wirken und drei von fünf Fischen aus dem Wasser holen) und mehrere Wochen des Hungerns, nur um am Ende im Kiefer eines Bären zu Tode gequetscht zu werden. Die Lachse, die am Ende dieser epischen Reise kurz vor dem Laichen sterben, haben fast etwas Tragisches an sich. Andererseits sterben sie in ihrer Blütezeit: immer noch kraftvoll, mit einem Ziel vor Augen. Und ihr Tod ist ein schneller, auch wenn er viele knapp vor der Torlinie holt.

In jedem Fall ist ihr Tod nicht umsonst, denn Lachse und ihre Nährstoffe unterstützen die Bären, Aasfresser und den Waldlebensraum für zukünftige Lachsgenerationen und die heimische Tierwelt. Quinn hat nachgewiesen, dass etwa die Hälfte der von Bären gefressenen Lachse in den Wald gebracht werden. Ich betrachtete die Bäume, die den Bach säumten und die Berge bedeckten, und fragte mich, wie viele der Nährstoffe, die sie ernährten, aus dem Meer stammten.

Am Ende des Pick Creek trafen wir auf eine Wand aus Bäumen. Weißfichte, Papierbirke, Balsampappel. Ein eindeutiges Ende der Straße. Zu unserer Rechten befand sich unter einer Fichte ein klares, flaches Stück Frühlingserde, das einen Blick über den Bach und die Wiese im Süden bot. Ein Bärenschlafzimmer, meinte Schindler, mit einer Küche und einer gut gefüllten Speisekammer unten am Hügel. In einem Immobilienportal für Bären wäre das ein millionenschwerer Eintrag gewesen.

Pat Walsh, Manager des Naturschutzgebiets Togiak National Wildlife Refuge, besuchte den Lake Nerka, während ich dort war. »Ich kann nicht glauben, dass es keine Veränderungen im Ökosystem gegeben hat, wenn plötzlich 50 oder 60 Prozent derjenigen Fische, die normalerweise zurückgekehrt wären, entfernt worden sind und seit 150 Jahren alle Nährstoffe fehlen, mit denen sich dieses Ökosystem entwickelt hat … Sind wir auf dem gleichen Weg wie Schottland, England, Neuengland, Oregon und Kalifornien, nur ein bisschen später?«, meinte er. Sein Hund, der die letzte halbe Stunde damit verbracht hatte, einen Stock im See zu jagen, winselte unter dem Picknicktisch. »Der Grund dafür, dass die Lachse hier gesünder sind, liegt darin, dass das Land noch intakt ist.«

Wenn man am Nerka ist, hat man tatsächlich das Gefühl, in der Zeit zurückversetzt zu sein. Frühe Kolonisten Nordamerikas beschrieben, dass sie auf dem Rücken von Fischen über Flüsse laufen konnten. In den meisten Teilen Nordamerikas ist das nicht mehr möglich. Aber im 16. Jahrhundert hätte man das fast geschafft. »Europäer, die Nova Scotia erkundeten, warfen einfach Körbe in küstennahen Gewässern ab und zogen große Kabeljaue heraus«, schrieb John Waldman, Biologe am Queens College in New York, in der *New York Times*. In der Karibik sahen spanische Seefahrer Schildkröten, die das Meer bedeckten. Die Zahl der Wale war so groß, dass man sie »nicht zählen konnte«. Einst schwammen Flussheringe aus dem Meer die Flüsse hinauf, um in unbeschreiblichen Mengen zu laichen.

Rund um den Nerka gibt es keine Zeichen für Abholzung. Die Berge sind unberührt, und die Tierwelt ist zahlreich, trotz der starken Fischerei und Bärenjagd. Als ich dort war, sah ich jeden Tag mindestens einen Bären, aber die meiste Zeit rannten sie weg: eine Mutter und zwei Jungen, die den Bergrücken hinaufstürmten, ein Bär, der sich in den Busch zurückschlich, als er uns vorbeifahren sah. Wir sahen hauptsächlich ihre Abdrücke und schlammbraunen Kothaufen.

Bevor er nach Alaska kam, war Walsh als Biologe für das Verteidigungsministerium im Avon Park Air Force Range tätig, wo er zwölf gefährdete Arten überwachte. »Es war wirklich eine interessante Arbeit, aber zu beobachten, wie die Heuschreckenammer von Jahr zu

Jahr weniger wird, der Florida-Kaskadenhäher und der Kokardenspecht zurückgehen – das zermürbt dich.«

George Pess, ein ehemaliger Schindler-Student, der am Northwest Fisheries Science Center in Washington an der Wiederansiedlung von Lachsen arbeitet, sagte, das klinge für ihn sehr nach der Arbeit mit Lachsen in sämtlichen 48 US-Kernstaaten. Das Verbreitungsgebiet des Pazifischen Lachses, bestehend aus sechs Arten der Gattung *Oncorhynchus*, die alle semelpar sind (also definiert durch einen einmaligen Fortpflanzungsschub am Ende ihres Lebens), erstreckt sich von Japan bis Kalifornien. Im pazifischen Nordwesten waren die Rückgänge katastrophal. Von etwa 70 Millionen Fischen vor der Zeit der Industriedämme und der kommerziellen Fischerei vor etwa 100 Jahren sind heute nur noch fünf Millionen übrig geblieben. Von 100 Lachsen, die vor einem Jahrhundert in den Flüssen der Region schwammen, sind nur noch sechs übrig. 29 Lachspopulationen sind durch den Endangered Species Act geschützt. Viele der verbleibenden Lachse werden in Zuchtanlagen gezüchtet, oft für den menschlichen Verzehr. Andere werden auf Lastkähnen oder Lastwagen um die riesigen Staudämme herum verschifft. »Auf dem Interstate Highway«, sagte Lewis- und Clark-Professor Dan Rohlf, »kann man von wandernden Lachsen überholt werden.«

Der Columbia River, dessen Oberlauf in British Columbia liegt, fließt durch sieben Bundesstaaten und definiert einen Großteil der Grenze zwischen Washington und Oregon, bevor er in den Pazifischen Ozean mündet. Vor einem Jahrhundert laichten dort möglicherweise jedes Jahr bis zu 15 Millionen Lachse, darunter drei Arten von Chinook- beziehungsweise Königslachsen, Silberlachs, Rotlachs, Stahlkopflachs und Ketalachs. Jahrzehntelange Überfischung und Lebensraumzerstörung – Bewässerung, Holzeinschlag und Beweidung – haben ihren Tribut gefordert. Das gilt auch für die Grand-Coulee-Talsperre westlich von Spokane, die fast 40 Stockwerke hoch und mehr als eineinhalb Kilometer breit ist und die natürliche Fischwanderung auf dem Upper Columbia River abschneidet. Mittlerweile wandern jedes Jahr weniger als zwei Millionen Lachse durch den Fluss. In British Columbia zogen einst mehr als 30 Millionen Rotlachse im Vierjahresrhythmus den Fraser River hinauf. Aber das war, bevor die Menschen anfingen, die Flüsse und den Fischbestand stark zu schädigen. Im Jahr 2020 waren es weniger als 400 000.

Braunbären, Wölfe und andere Jäger und Aasfresser haben eine wichtige Nahrungsquelle verloren. Als die Europäer ankamen, gab es wahrscheinlich mehr als 50 000 Grizzlybären, die sich über zweieinhalb Millionen Quadratkilometer im Westen ausbreiteten. Jetzt gibt es nur noch 1500 Exemplare in einem winzigen Bruchteil ihres früheren Verbreitungsgebiets, hauptsächlich in der Gegend um den Yellowstone-Nationalpark. Der Verlust der Fische betrifft weit mehr als nur die Bären; er wirkt sich auch auf Wälder und Wasserstraßen aus. Wälder können Stickstoff, Phosphor und andere Nährstoffe verlieren, was das Wachstum entlang der Flussufer verlangsamt und Wasserstraßen anfällig für Erosion macht. Den Bächen gehen die Nährstoffe aus, und die Algen verschwinden. Der wissenschaftliche Begriff für die Erkrankung ist *oligotroph* – er bezeichnet einen Mangel an Nährstoffen, der schädlich für Wälder und im Wasser lebende Wirbellose sein kann. Dieser Mangel ist auch schlecht für den Lachs selbst. Wegen des Fehlens von Elternkadavern verlieren junge Lachse an Gewicht, wachsen langsamer und weisen eine geringere genetische Vielfalt auf. Und weniger von ihnen überleben.

»Kriegt hier bloß keinen Herzinfarkt«, rief Schindler uns über die Schulter zu, als wir hinter der Forschungsstation den Church Mountain hinaufstiegen. Das war ganz anders als die alten Serpentinen, die ich im Osten in Vermont gewohnt war. Der Weg, wenn es denn einen gab, führte direkt zum Gipfel. Ich atmete so schwer, dass ich kaum sprechen konnte. Jetzt raste mein Puls noch schneller.

Einer aus unserer Gruppe war bereits ausgestiegen und hatte beschlossen, sein Glück bei den Braunbären zu versuchen, anstatt sich in Schindlers halsbrecherischem Tempo bergauf zu quälen.

»Manchmal findet man die Lachskadaver auf halber Höhe eines Berges und denkt sich: *Du heilige Scheiße, sind das eine Menge Nährstoffe*«, sagte Schindler, »aber wenn man alles zusammenzählt, ist es nur ein winziger Bruchteil der Population.«

»Und was ist mit dem Pinkeln und Kacken des Bären?«, fragte ich ihn. »Glaubst du, dass sie Nährstoffe aus diesem Wassereinzugsgebiet in den Wald bringen?«

»Das tun sie, aber nur innerhalb von ein paar Metern.« Wälder werden von Kadavern gedüngt, und Bärenpisse sei »der totale Mist«, sagte er mir. »Ich erzähle den meisten Menschen, dass es eine Geschichte wie die Bibel ist – zu schön, um wahr zu sein, und die Fakten werden selten überprüft.« Während mehrerer Diskussionen äußerte Schindler seine Besorgnis darüber, dass ein Großteil der Arbeit auf stabilen Isotopen beruhte, die durch bestimmte Faktoren in den Wassereinzugsgebieten verfälscht würden. Überschwemmungsgebiete verfügen über wassergesättigte Böden, die bestimmte Signale im Zusammenhang mit aus dem Meer stammenden Nährstoffen verstärken können. Schindler, der nie mit harten Bandagen kämpfte, erhob Einwände gegen die Art und Weise, wie die Messungen an den Bäumen vorgenommen worden waren, und warf die Frage auf, ob Stickstoff überhaupt einen großen Einfluss auf die Produktivität in der Region habe.

Schindler hatte im Laufe der Jahre viel über die saisonalen Nährstoffschwankungen im Zusammenhang mit der Lachswanderung geschrieben. Lachse legen ihre Eier in den Zwischenräumen im Kies ab. Ich konnte diese Boden-Störung spüren, als wir den Pick Creek hinaufgingen, wo der Tritt oft instabil war, weil Lachse ihre Nester bauten oder laichten. Schindlers Arbeit zeigte, dass Lachse in ihrem Körper mehr Stickstoff und Phosphor aus dem Meer flussaufwärts brachten, als sie stromabwärts freisetzten, aber sie wirbelten auch viele Sedimente auf, die von den Strömungen mitgerissen wurden.

Wir saßen auf einer windigen Klippe nahe der Spitze des Church Mountain. Unter uns erstreckte sich der Lake Nerka, umgeben von grünen Bergen. Ein Experiment von Schindler und seinem Team hatte in Bärenküchen stattgefunden: Sie hatten den Stickstoff im Boden gemessen. »Wenn die Bären aktiv sind, steigt der Stickstoff«, sagte Schindler, aber nachdem sie Elektrozäune errichtet hatten, um die Bären fernzuhalten, war die Stickstoffkonzentration binnen eines Jahres wieder gesunken … Die Mikroben gediehen zwar gut, und sie sind natürlich auch für ein gesundes Ökosystem unerlässlich, aber sie förderten nicht das Wachstum der umliegenden Pflanzen.

Schindler leugnete nicht, dass Tiere wichtig seien: »Zu behaupten, Tiere hätten keinen Einfluss auf Ökosystemprozesse, ist ein Witz, und trotzdem ist ein Großteil der Biogeochemie-Gemeinde nicht bereit, sich darauf einzulassen.« Sicherlich profitierten viele Tiere von der Migration – die Fische, die Lachseier fressen; die Bären, die Lachse und andere Fische fressen. »Die gesamte Aasfressergemeinschaft ist riesig«, sagte er. In kurzer Zeit passiert auf engem Raum so viel: »Die Dinge spielen verrückt. Die Geschwindigkeit, mit der die Kadaver verschwinden, ist eigentlich kaum zu glauben.«

Ich fragte Gordon Holtgrieve, Professor an der University of Washington und einer von Schindlers ehemaligen Studenten, der zu dieser Zeit den Nerka besuchte, nach den aus Lachs gewonnenen Nährstoffen. »Es gibt wirklich überzeugende Beweise dafür, dass Dutzende, wenn nicht Hunderte von Arten in diesen Systemen vollständig vom Lachs abhängig sind, was ihr Wachstum betrifft«, sagte er. »Die Auswirkungen auf Verbraucherebene sind völlig klar. Aber die Idee, dass Nährstoffe als Dünger fungieren, ist noch heikel.«

Er hat die Daten nicht infrage gestellt, war aber der Meinung, dass es einige sehr rosige Interpretationen der Auswirkungen auf den Lachs gäbe. Holtgrieve gab zu, dass seine Stimme in der Wildnis eine leise war. »Es ist eine lustige Debatte«, sagte er. »Die Anti-Seite ist so klein, dass es nicht mal wirklich eine Debatte ist. Aber wir kommen zu ganz verschiedenen Schlussfolgerungen.« Er hatte recht. Ich hatte einen Sack voller Skepsis gefunden – oder der Sack war zufällig vor meinen Füßen gelandet, wie man's nimmt. Denn Schindler hatte mich eingeladen, an der University of Washington einen Vortrag über Walökologie zu halten, und als ich mein Interesse an den Wechselwirkungen zwischen Bären und Lachsen erwähnte, kam das, was ich heute als die Schindler-Bombe bezeichne: »Das ist größtenteils ein Mythos! Ernsthaft … Es gab eine Menge schlecht durchgeführter wissenschaftlicher Untersuchungen und stark überinterpretierter Daten zu stabilen Isotopen, um diese ›Geschichte‹ zu konstruieren.«

»Wir haben eine Sommer-Hütte auf der anderen Seite der Berge«, sagte Holtgrieve, »und dort gibt es einen kleinen Abschnitt mit Königslachsen im Fluss. Meine Tochter war etwa sieben Jahre alt. Sie fand das Rückgrat und die Kiemenplatte eines Königslachses. Ein winziges Ding. Sie brachte es zu mir und sagte: ›Schau mal, was ich gefunden habe.‹« Er erzählte seiner Tochter, dass es sich um einen Chinook beziehungsweise Königslachs handele, zeigte ihr, wie man ihn identifiziert, und erzählte später einem örtlichen Biologen von dem Fund.

Was hat er mit dem Rückgrat gemacht?

»Oh, ich habe es in den Kompostbehälter geworfen.«

Der Biologe sagte ihm, dass das Washington Department of Fish and Wildlife wirklich sauer auf ihn wäre, weil er das getan hätte.

»Warum?«

»Du hast die aus dem Meer stammenden Nährstoffe weggenommen.«

»In diesem Fall sehen sie den Wald vor lauter Bäumen nicht«, sagte mir Holtgrieve, »denn wenn ich da irgendwo hinpinkle, ersetze ich ja die Nährstoffe.«

An meinem letzten Tag am Lake Nerka begleitete ich Schindler und George Pess zu einer Rotlachsbeobachtung am Allah Creek. Pess zählte die toten Fische, Schindler die lebenden. Man konnte die lebendigen Exemplare nicht übersehen, sie waren leuchtend rot und entschlossen, sich flussaufwärts auf den Weg zu machen. Einige waren kurz vor dem Ende, hatten keine Energie mehr und verloren ihre leuchtenden Farben. Die Toten waren wie schmutzige graue Spüllappen, die über Äste gehängt oder in Wirbeln herumgeworfen wurden.

Wir gingen durch einen Tunnel aus Erlen, Pappeln und Weißfichten, zwischen denen ab und zu Weidenröschen standen. Ungefähr alle 150 Meter hielt Schindler an und notierte die Anzahl mit seiner sauberen Handschrift in seinem Notizbuch. Das Verhältnis von lebenden zu toten Tieren betrug etwa zwei zu eins.

Ich habe die Paarung zweier Lachse am vielleicht letzten Tag ihres Lebens beobachtet. Sie waren am Ende einer epischen Reise angekommen. Nach zwei oder drei Jahren im Meer hatten sie keine Nahrung mehr, kämpften gegen Strömungen, überwanden kleine Wasserfälle und schwammen viele Meilen flussaufwärts. An anderen Stellen überwindet der Rotlachs fast 1500 Kilometer und eine Höhendifferenz von 2100 Metern.

Es ist immer noch nicht ganz klar, wie Lachse ihre Geburtsströme lokalisieren. Die Königslachse, enge Verwandte des Rotlachses, geben vielleicht einen Hinweis. Sie scheinen das Erdmagnetfeld zu nutzen, um die Flussmündung zu finden. Daher geht man davon aus, dass auch die Erinnerungen der Lachse an Gerüche, die für bestimmte Böden und Vegetation einzigartig sind, ihnen dabei helfen, sie zu ihren Geburtsgewässern zu führen.

Fressen, fasten, laichen, sterben – in dieser Reihenfolge, wenn sie Glück haben. Oder wie die Kolumnistin Maureen Dowd es ausdrückte: »Der Zeitpunkt Ihres Abtretens kann Ihren Platz in den Geschichtsbüchern bestimmen.« In diesem Fall bestimmte der Zeitpunkt, zu dem jeder Lachs abtrat, seinen Platz in Schindlers sorgfältig geschriebenem Feldnotizbuch.

Schindler war ebenso entschlossen wie der Lachs, stromaufwärts zu gelangen. Der Kies war voller Algen, und Pess und ich hatten

Mühe, mitzuhalten. Wir waren dankbar für die Wanderstöcke, die Schindler uns gegeben hatte, als wir aus dem Boot gestiegen waren. Ungefähr alle 80 Meter kamen wir an einer Bärenküche vorbei, einige waren ein glitschiges Durcheinander, übersät mit Fischgräten und Eiern, andere nur ein zerstörter Pfad durch das Unterholz. In der Nähe einer der Küchen sahen wir leuchtende Eier auf dem Moos und einen kopflosen Kadaver voller Maden im Schlamm, mit Zahnspuren auf dem Rücken. Die Kadaver waren nun Freiwild für Fliegen und andere Insekten.

»Hey, Bär!«

Wir machten Mittagspause auf einer Kiesbank in der Nähe einer Bärenküche. Schindler fischte mit seinen Crackern etwas Hering aus einer Dose. Er spülte die Dose im Fluss aus, steckte sie in seinen Rucksack und schlug vor, eine Abkürzung für den Rückweg zu nehmen. »Es ist ein bisschen Kletterei.«

Pess und ich schauten zu einer Wand aus braunem Geröll hinauf. Vielleicht perfekt für einen Grizzly. Aber für uns?

Schindler fand Halt in einer Vertiefung, die wie die Pfotenabdrücke eines Bären aussah, und begann, sich den Hügel hinaufzukämpfen. Ein Autor von *Science* beschrieb einmal, dass Schindler eine unheimliche Ähnlichkeit mit einem Grizzly habe, und ich konnte es hier sehen: die muskulösen Schultern, die schweren Brauen über den eng stehenden Augen und das bärenbraune Haar, das unter seiner Baseballkappe hervorschaute. Aus unserem Blickwinkel sah der Hang unglaublich steil aus, vielleicht 30 Grad. Pess und ich sahen, wie das Geröll immer mehr und schneller zu rutschen begann. Die Erde bebte, und es schien, als würde der halbe Berg um uns herum einstürzen. Die herabfallenden Steine wurden immer größer. Nachdem mich einer fast an der Brust getroffen hatte, gingen Pess und ich zurück in den Bach.

Schindler spähte über den Hügelkamm. Jetzt war ich dran.

Sämtliche Anzeichen von Bärenspuren oder einem möglichen Halt am Abhang waren weggekratzt worden, also beschloss ich, an den Erlen entlang von Ast zu Ast hinaufzuklettern und dabei meine Stiefel in das Geröll einzugraben. Als ich fast oben angekommen war, musste ich es noch über den offenen Hang auf die andere Seite schaffen, wo Schindler wartete.

Ich zögerte, dann wagte ich den Sprung, wühlte mich in einen von Schindlers Fußabdrücken oder vielleicht den eines Bären. Ich klammerte mich an das moosbewachsene Ufer und ließ mich bäuchlings auf den Grat fallen wie ein uralter Flugsaurier, der zum ersten Mal Land erkundet.

Unter uns zitterten die Erlen. Es sah so aus, als käme ein Bär auf uns zu, aber es war Pess, der sich mit der Entschlossenheit eines bedrängten Lachses, der versucht, über einen letzten, mit Holz gefüllten Wasserfall zu gelangen, durch die Zweige kämpfte. Er verlor den Halt, als das Geröll in der Rinne herabstürzte. Schindler streckte die Hand aus, ergriff das Ende von Pess' Wanderstock und führte ihn zur Klippe.

»Deshalb bin ich zuerst gegangen«, neckte Schindler uns.

Pess und ich folgten ihm über die Hügel, auf denen langes Gras die Grasnarbe verdeckte. Ich hatte mir vor Kurzem den Knöchel verstaucht und konnte mich des Gedankens nicht erwehren, dass eine Verletzung hier ein Albtraum wäre. Die Vorstellung, die Nacht zwischen Farnen und Birken zu verbringen und auf einen Rettungseinsatz zu warten, war nicht gerade verlockend, nicht einmal mit meiner Dose Bärenspray. Unsere Wanderung schien stundenlang zu dauern.

»Wie viel länger dauert diese Abkürzung?«, fragte ich.

Wir gingen über eine weite Wiese mit einem Bärensumpf und rutschten dann einen schlammigen Bach hinunter, bevor wir wieder zum Hauptbach zurückkehrten. Es sah aus, als wären wir für den Nachmittag fertig – sicher, es war eine Menge Aufwand für 30 Datenpunkte gewesen, aber das liegt oft in der Natur der Feldarbeit.

Doch Schindler hatte andere Ideen. Auf unserem Weg den Allah hinunter sagte er, wir würden 220 halb verfaulte Fische sammeln und ihre winzigen Otolithen für eine spätere Analyse entfernen. Die »Ohrsteine« würden zeigen, ob es sich bei den Lachsen um Zwei- oder Drei-Meer-Fische handelte (das heißt, ob sie zwei oder drei Jahre im Meer verbracht hatten) und wo sie gelaicht hatten.

»Willst du sie einsammeln«, fragte Schindler mit einem scharfen Messer in der Hand, »oder würde das deine Ostküsten-Gefühle verletzen?«

Ich arbeitete mich den Bach hinunter und reihte die toten Tiere auf Kiesbänken und in Bärenküchen auf.

»Bringt eure Toten raus«, rief Pess, während er die Köpfe einschlug und die Otolithen herausholte.

Bei diesem *Totentanz* befanden sich die Lachse in verschiedenen Verwesungsstadien. Viele waren offensichtlich hinüber, ihre roten Körper waren jetzt grau. Einigen von ihnen waren die Augen von Möwen ausgepickt worden. Andere sahen aus, als stünden sie am Rande des Todes – ein Männchen, immer noch leuchtend rot, verfolgte mich in diesem idyllischen Land: Es bewegte seine Kiefer, während ich es neben die anderen hinlegte. Die am stärksten verwesten, von Maden befallenen wurden »Cracker« genannt und weitgehend gemieden. Wir sammelten 110 Weibchen und 110 Männchen. Als wir wieder am Boot ankamen, war ich mir ziemlich sicher, dass ich nie wieder einen toten Lachs sehen wollte.

Später am Abend bereitete ein Student aus Japan einen wunderschönen Teller Lachs-Sashimi zu, der unser Gespräch kurzzeitig unterbrach. Holtgrieve hatte am See Rotlachse gegrillt. Sie haben ziemlich gut geschmeckt.

Als der Bau im Jahr 1910 begann, sollte der Elwha-Staudamm die wirtschaftliche Entwicklung auf der Olympic-Halbinsel in Washington fördern, indem er die wachsende Gemeinde Port Angeles mit Strom versorgte. Es handelte sich um einen der ersten Staudämme mit großer Fallhöhe in der Region, bei dem das Wasser mehr als 30 Meter vom Stausee in den darunterliegenden Fluss strömte. Vor dem Bau des Staudamms gab es im Fluss zehn anadrome, also flussaufwärts gerichtete Fischläufe. Alle fünf Arten des pazifischen Lachses – Buckellachs, Ketalachs, Rotlachs, Königslachs und Silberlachs – sowie die Stierforelle und die Regenbogenforelle wurden im Fluss gefunden. In einem guten Jahr stiegen Hunderttausende Lachse zum Laichen zum Elwha River hinauf. Aber die Bauunternehmer haben die versprochenen Fischtreppen nie fertiggestellt. Infolgedessen hat der Elwha River den größten Teil des Wassereinzugsgebiets vom Meer und 90 Prozent des Lebensraums der wandernden Lachse abgeschnitten.

Tausende Dämme blockieren die Flüsse der Welt, dezimieren die Fischpopulationen und verstopfen die Nährstoffadern vom Meer bis zur Bergquelle. Einige Dämme haben Fischtreppen. Andere transportieren Fische über Betonwände. Viele von ihnen stellen für Tausende von Arten dauerhafte Migrationshindernisse dar.

In den 1980er-Jahren gab es wachsende Bedenken hinsichtlich der Auswirkungen des Elwha auf einheimische Lachse. Die Populationen waren um 95 Prozent zurückgegangen, was verheerende Folgen für die lokale Tierwelt und indigene Gemeinschaften hatte. Flusslachse sind für die Kultur und Wirtschaft des Stammes der Lower Elwha Klallam von wesentlicher Bedeutung. 1986 reichte der Stamm bei der Federal Energy Regulatory Commission einen Antrag ein, die Erneuerung der Betriebserlaubnis für den Elwha-Damm sowie für den Glines-Canyon-Damm zu stoppen, einen flussaufwärts gelegenen Staudamm, der noch höher als der Elwha war. Indem sie die Lachswanderung blockierten, verstießen die Dämme gegen den Vertrag von Point No Point aus dem Jahr 1855, in dem die Klallam einen großen Teil der Olympic-Halbinsel unter der Bedingung abtraten, dass sie und alle ihre Nachkommen »das Recht hätten, dort Fische in den üblichen und gewohnten Gründen zu fangen«. Der Stamm arbeitete mit Umweltgruppen zusammen, darunter dem Sierra Club und der Seattle Audubon Society, um Druck auf lokale und bundesstaatliche Beamte auszuüben, die Dämme zu entfernen.

Im Jahr 1992 verabschiedete der Kongress den Elwha River Ecosystem and Fisheries Restoration Act, das den Rückbau des Elwha-Damms und des Glines-Canyon-Damms genehmigte.

Der Abriss des Elwha-Damms war das größte Dammentfernungsprojekt in der Geschichte der USA; es kostete 350 Millionen Dollar und dauerte etwa drei Jahre. Ab September 2011 leiteten provisorische Kofferdämme, auch Fangdämme genannt, das Wasser zur Seite, als der Elwha-Staudamm stillgelegt und zerstört wurde. Der Glines Canyon war anspruchsvoller. Laut Pess war ein »riesiger Presslufthammer auf einem schwimmenden Lastkahn« erforderlich, um den 60 Meter hohen Staudamm abzureißen. Der Lastkahn funktionierte nicht, wenn das Wasser niedrig war, also wurde neue Ausrüstung per Helikopter herbeigeschafft. Bis 2014 war der größte Teil des Damms niedergerissen, aber Steinschlag blockierte immer noch die Fischpassage. Es dauerte ein weiteres Jahr, um Steine und Beton zu entfernen, bis die Fische vollen Zugang zum Fluss hatten.

Die Fische reagierten schnell, zufriedenstellend und manchmal sogar überraschend. Die Stierforellen des Elwha-Flusses, mehr als ein Jahrhundert lang im Binnenland eingesperrt, schwammen wieder zurück ins Meer. Die Zahl der Königslachse im Wassereinzugsgebiet stieg von durchschnittlich ungefähr 2000 auf 4000. Viele der Königslachse seien Nachkommen von Brutfischen, erzählte mir Pess beim Abendessen in Nerka. »Wenn 90 Prozent Ihrer Population vor der Dammentfernung aus einer Brutstation stammen, können Sie nicht einfach davon ausgehen, dass sofort eine vollständig natürliche Population erscheint.« Die Anzahl der Regenbogenforellen, die bis dahin auf ein paar Hundert zurückgegangen war, ist nun auf über 2000 gestiegen.

Innerhalb weniger Jahre war eine größere Mischung aus Wildfischen und einheimischen Brutfischen in die Wasserscheide von Elwha zurückgekehrt. Und auch die umliegende Tierwelt reagierte. Die Amerikanische Wasseramsel, ein Flussvogel, ernährte sich von Lachseiern und Insekten, die mit den neuen Nährstoffen aus dem

Meer angereichert waren. Ihre Überlebenschancen stiegen, und die Weibchen, die Zugang zu Fisch hatten, wurden gesünder als diejenigen ohne einen solchen Zugang. Sie fingen an, mehrere Bruten zu haben, und mussten für ihre Nahrung nicht so weit fliegen; vielleicht eine Rückkehr zum Leben vor dem Damm. Eine Studie im nahe gelegenen British Columbia zeigte, dass die Häufigkeit und Vielfalt der Singvögel mit der Anzahl der Lachse zunahmen. Sie fraßen den Fisch aber nicht – tatsächlich waren sie während der Lachswanderung nicht einmal anwesend. Sie profitierten jedoch von der Zunahme an Insekten und anderen Wirbellosen.

Ebenso aufregend war, dass durch die Beseitigung der Dämme Migrationsmuster wiederbelebt wurden, die inaktiv geworden waren. Das Pazifische Neunauge begann, den Fluss hinaufzuwandern, um dort zu brüten. Stierforellen, die Generationen im Stausee hinter dem Damm verbracht hatten, begannen, ins Meer zu wandern. Zum ersten Mal seit Jahrzehnten schwammen Regenbogenforellen den Fluss auf und ab. Im Laufe der Jahre begann der Fluss fast natürlich auszusehen, da die Sedimente, die sich hinter den Dämmen angesammelt hatten, flussabwärts gespült wurden.

Der Erfolg am Elwha River könnte der Beginn von etwas Großem sein und den Rückbau anderer in die Jahre gekommener Staudämme fördern. Es gibt Pläne, den Enloe-Staudamm zu entfernen, eine 18 Meter hohe Betonmauer im Norden Washingtons, die 360 Kilometer Flusslebensraum für Regenbogenforellen und Königslachse freigeben würde. Die vom Aussterben bedrohten Schwertwale stromabwärts vor der Küste des pazifischen Nordwestens würden von diesem Anstieg der Lachsbestände profitieren, und da es nur noch 70 Exemplare gibt, brauchen sie jeden Fisch, den sie kriegen können.

Der Zug der Königslachse im Frühjahr am Klamath River in Nordkalifornien ist seit dem Bau von acht Dämmen im 20. Jahrhundert um 98 Prozent zurückgegangen. Auch der Silberlachs ist stark rückläufig. In den nächsten Jahren sollen vier Dämme fallen, um die Lachswanderung wieder zu ermöglichen. Weiter nördlich könnten die Staudämme des Snake River durchbrochen werden, um den gefährdeten Lachs im Bundesstaat Washington zu retten. Wenn das passiert, könnten die historischen Bestände an Lachsen zurückkehren – zusammen mit den vielen Arten, die auf die Energie und Nährstoffe angewiesen waren, die die Lachse flussaufwärts transportieren.

Im Westen werden andere Dämme errichtet – Dämme aus Stöcken, Steinen und Schlamm. Biberdämme helfen Lachsen, indem sie neue Lebensräume mit langsam fließendem Wasser schaffen, die für junge Lachse von entscheidender Bedeutung sind. In Washington kühlen Biberteiche die Bäche und machen sie so produktiver für Lachse. In Alaska sind die Teiche wärmer, und die Lachse nutzen sie, um ihre Nahrung zu verstoffwechseln. Im Gegensatz zu den riesigen Betonstaumauern, die auf Stabilität ausgelegt sind, sind Biberdämme dynamische, heterogene Landschaften, durch die Lachse problemlos wandern können. Biber fressen, sie bauen Dämme, sie kacken, sie ziehen weiter. Wir Menschen möchten vielleicht, dass die Dinge stabil sind, aber die Erde und ihre Geschöpfe sind dynamisch.

***

Auf der anderen Seite des Kontinents werden Antigravitationskräfte durch die Reproduktion einer anderen Art angetrieben. Im Frühling kommen Millionen Meeresschildkröten aus dem Meer, um ihre Eier abzulegen.

Karen Bjorndal, Direktorin des Archie Carr Center for Sea Turtle Research an der University of Florida, hat einen Großteil ihres Lebens damit verbracht, über Meeresreptilien nachzudenken. Sie beobachtete sie zum ersten Mal auf den Galapagosinseln während eines Sommerstipendiums, als sie am College war; sie lebte drei Monate lang auf der Insel Santa Fe, auf der es keine anderen menschlichen Bewohner gab. »Ich habe dort alleine in einem kleinen Zelt gelebt und das Sozialverhalten von Landleguanen studiert«, erzählte sie mir, »aber ich stellte schnell fest, dass die Landleguane nicht viel machten.« Da sie niemanden hatte, der ihr Gesellschaft leistete, verbrachte sie ihre Freizeit damit, auf das Meer hinauszustarren und die vorbeischwimmenden und zum Atmen auftauchenden Meeresschildkröten zu beobachten. »Ich war fasziniert von dem Gefühl, dass sie sich in zwei verschiedenen Welten befinden«, sagte sie – sie überbrückten die Kluft zwischen Meer und Luft.

Bjorndal bewarb sich bald darauf erfolgreich als Mitarbeiterin beim legendären Meeresschildkrötenbiologen Archie Carr an der University of Florida. Sie und ihre Kollegen verbrachten Jahre an Bruststränden von Tortuguero in Costa Rica bis zu den Bahamas und verfolgten die überwiegend positive Entwicklung der Populationen vieler Meeresschildkröten nach katastrophalen Rückgängen in den vergangenen Jahrzehnten. Sie beobachteten, wie Hunderte und in einigen Fällen Tausende von Schildkröten nachts aus dem Meer auftauchten, um ihre Eier zu legen. Nach etwa acht oder zehn Wochen Beobachtung grub Bjorndal die Nester aus und zählte die Eier und Schalen, um den Bruterfolg zu überprüfen. Wie viele Nestlinge waren aufgetaucht? Wie viele waren im Sand gestorben? Sie war fasziniert davon, wie die Meeresschildkröten Seegras, in dem es nur wenige Weidetiere gibt, in diese »mit Stickstoff angereicherten Partikel – andere sagen dazu Eier – umwandeln konnten.

»Es ist ein extrem stinkender Job«, sagte sie. Die Nester riechen, Sie ahnen es schon, nach faulen Eiern. »Aber wenn man all diese Biomasse durchstöbert, kommt man nicht umhin zu denken: *Wow, da ist noch viel zu holen.*« Sogar die Nester, von denen aus die meisten Jungtiere ins Meer gelangten, waren mit Schleim gefüllt.

Ihren Verdacht, dass das Nistverhalten von Meeresschildkröten einen Nährstofftransfer vom Meer zum Land darstellte, behielt sie bei, bis sie eine Fakultätsstelle an der University of Florida bekam. Dort machten sie und Sarah Bouchard, eine Masterstudentin, sich daran, die Menge an Stickstoff und Lipiden zu messen, die sich in den Nestern von Unechten Karettschildkröten in Florida ablagert. Sie wollte herausfinden, wie viele Nährstoffe zurück in den Ozean gelangten und wie viele in der Nähe des Nestes verblieben. »Wir waren überrascht, dass nur etwa ein Drittel aller Nährstoffe in Form von Jungtieren ins Meer zurückkehrte«, erzählte mir Bjorndal. Zehntausende Grüne Meeresschildkröten und Unechte Karettschildkröten wandern jedes Jahr von reichhaltigen Nahrungsgebieten zu nährstoffarmen Stränden in Florida. Meeresschildkrötennester könnten eine entscheidende Quelle für Energie, Fette, Stickstoff und Phosphor für diese Küstenökosysteme sein.

Die Florida-Schwarzbären lieben sie sicherlich. Frühe Naturforscher schrieben, dass die Bären die Schildkröten zwar ignorierten, aber deren Eier verehrten, da sie leicht zu finden und voller Fett und Nährstoffe waren. Bären sind gute Gräber und großartige Esser und verschlingen an einem Tag, was die meisten Menschen in einer Woche essen. Während sich die Bären durch die Landschaft bewegen, transportieren sie die Meeresnährstoffe noch weiter vom Ufer weg.

Ein anderer Student verfolgte Bouchards Studie mit stabilen Isotopen und zeigte, dass diese Nährstoffe aus Meeresschildkröteneiern von Plattährengras in den Dünen absorbiert wurden. Dies hatte Auswirkungen auf die Strandstruktur. Durch die Stabilisierung der Dünen tragen die in den Nistplätzen abgelagerten Nährstoffe dazu bei, den Lebensraum für zukünftige Generationen von Meeresschildkröten zu erhalten, die wie Lachse und Wale eine hohe Anhänglichkeit an den Ort haben, an dem sie geschlüpft oder aufgewachsen sind. Dies hilft auch den Menschen. Wir mögen sichere Dünen, besonders in Zeiten von Hurrikanen oder steigenden Meeresspiegeln.

Eines Nachmittags am Lake Nerka saß ich an einem Bach und beobachtete das vorbeiströmende Wasser. Es gab Hunderte von Lachsen, einige erwischte es knapp unter einem kleinen Wasserfall. Gelegentlich fand ein Lachs seinen Weg flussaufwärts. Ich konnte sehen, wie die Lachse vor meinen Augen auseinanderfielen und ihre helle Haut in den Bach flutschte. »Im Moment vor dem Tod«, schrieb der Neurobiologe David Eagleman in *Sum*, »bestehen wir immer noch aus denselben Abertausend Billionen von Atomen wie im Augenblick nach dem Tod – der einzige Unterschied ist, dass deren nachbarschaftliches Netz sozialer Interaktionen zum Stillstand gekommen ist. In diesem Moment beginnen die Atome auseinanderzudriften, und sie sind nicht länger der Aufgabe unterworfen, eine menschliche Gestalt aufrechtzuerhalten.«

Oder, in diesem Fall, eine Lachsgestalt. Wie der Fischbiologe Gary Lamberti es beschrieb: »Sie haben so viele ihrer Körperelemente in ihre Gameten investiert, die Geschlechtszellen, und gleichzeitig so viel ausgeschieden, dass das, was übrig bleibt, eine Art starrer Körper ist.« Die meisten guten Stoffe waren bereits in Form von Eiern und Spermien sowie den Stoffwechselabfällen freigesetzt worden, die beim Aufwärtsschwimmen ohne Nahrung entstehen.

In den Monaten vor und nach meiner Reise las ich Dutzende Artikel über Lachswanderung, Nährstoffsubventionen und Foliar-N^{15}, das chemische Signal, das anzeigte, dass Stickstoff vom Lachs in die Bäume gelangt war. Die Integrität dieser Geschichte geriet ins Wanken, als Schindler und Holtgrieve einige ihrer wesentlichen Pfeiler herausrissen, aber keiner der beiden leugnete die weitreichende Wirkung von Lachs auf die Tiere, die in den Wäldern des Nordpazifiks leben.

Lachse prägen Ökosysteme auf überraschende Weise. Mindestens 20 Arten wurden beim Lachsfressen gesichtet, darunter Adler, Raben, Krähen, Nerze, Marder, Kojoten und Wölfe. Schmeißfliegen, zahlenmäßig die häufigsten Lachsfresser, planen ihr Erscheinen so, dass es mit der Rückkehr des Rotlachses synchronisiert ist. Das ergibt Sinn, wenn man bedenkt, dass Schmeißfliegen, auch Aasfliegen genannt, etwa 85 Prozent ihrer Nahrung aus Lachskadavern beziehen. Normalerweise sind sie die ersten Insekten, die einen Lachskadaver besiedeln, und eine Schmeißfliege mit leuchtend roten Augen und einem Körper, der blau wie ein neues Auto blitzt, legt etwa 150 bis 200 Eier auf einen Lachskadaver. Diese schlüpfen etwa acht Stunden später. Sobald sie nach gut einer Woche ausgewachsen sind, ernähren sie sich von Blüten und dienen als Bestäuber. Schindler und Peter Lisi, einer seiner Doktoranden, fanden heraus, dass die Engelwurz – eine häufige vorkommende Bachuferblume, die vage an ein Spitzendeckchen von Queen Anne erinnert – ihre Blütezeit so ausrichtet, dass sie dem Lauf der Lachse und dem Auftauchen der Schmeißfliege folgt. Mehr Fliegen bedeuten mehr Bestäubung und mehr Samen.

Braunbären sind in weiten Teilen ihres Verbreitungsgebiets auf Lachse angewiesen. In Alaska sind diese fischenden Bären auch wichtige Verteiler von Saat. Bären sind üppige und große Fresser, die eine Saat ausscheiden, welche keimfähig ist. Ich hatte einige schlammbraune Bärenkotstücke mit roten schimmernden Flecken gesehen, von denen ich annahm, dass sie von Lachseiern stammten. Es stellte sich heraus, dass es Preiselbeeren waren. Bären verbreiten auch Blaubeersamen, bis zu 37 000 in einem einzigen Wurf, und Tausende Samen von Igelkraftwurz, Himbeeren und Johannisbeeren in Tundramoor, Wäldern und anderen Lebensräumen. Kleine Säugetiere wie Wühlmäuse fressen den Kot und transportieren die Samen noch weiter.

Eine oft zitierte Studie, die im Great Bear Rainforest in British Columbia durchgeführt wurde, ergab – im Widerspruch zum bisher Dargelegten –, dass Bäche mit vielen Lachsen die Pflanzenvielfalt verringert haben. Moment – mehr Lachs bedeutet weniger Arten? Genau wie in Surtsey kann die Zugabe großer Mengen an Nährstoffen – sei es aus Vogelkot, totem Lachs oder Bärenurin – einige dominante Arten begünstigen. Im Falle des kanadischen Regenwaldes verdrängte in Gebieten mit hohen Laichdichten die bekannte Lachsbeere, eine Pflanze, die in stickstoffreichen Umgebungen gedeiht, Azaleen und Blaubeeren.

Im Einzugsgebiet des Mokelumne River in Kalifornien, nördlich von San Francisco, bestehen die wichtigsten Uferkulturen aus Weintrauben. Forscher fanden in den Weinreben in der Nähe von Lachsbächen einen erhöhten Gehalt an Meeresstickstoff. Etwa ein Viertel des Stickstoffs in den Weinbergen entlang des Mokelumne stammt aus dem Meer. In diesem Fall sind es nicht die Bären, die es aus den Flüssen in den Boden transportieren. Braunbären sind aus der Region längst verschwunden und wurden in Kalifornien unerbittlich gejagt, bis 1922 der letzte Bär im Tulare County getötet wurde. Heutzutage sind Truthahngeier die häufigsten Lachsfresser in der Gegend. Ich habe versucht, einen Jahrgang mit Lachsnote zu finden, den es aber bei keinem Winzer in der Nähe gab. Sofern ein Lachs-*Terroir*, eine Lachs-»Lage«, existiert – ein *Merroir*? –, konnte ich sie nicht ausfindig machen.

***

Ich sehnte mich nach der Einfachheit von Surtsey, wo die Ankunftsdaten und Häufigkeitsdaten nahezu jeder Art gut dokumentiert waren. Komplexe Ökosysteme wie der pazifische Nordwesten mit Tausenden von Arten sind da eine ganz andere Geschichte, mit Milliarden direkter und indirekter Interaktionen zwischen den Arten. Ein direkter Effekt ist relativ einfach zu beobachten. Wenn ein Bär einen Lachs frisst, gewinnt der Bär, und der Lachs verliert. Aber indirekte Effekte wirken sich auf das Nahrungsnetz, auf Tiere, Pflanzen und Pilze aus – ein toter Lachs beeinflusst die Bestäubung einer Pflanze am Flussufer und die Produktivität eines Baumes.

Der Lachs, die Bären und die Bäume ergeben eine wunderschöne Geschichte, die genau in den Rahmen dieses Buches passt. Eine Geschichte, die relativ ordentlich und übersichtlich ist. Und obwohl es eine ganze Reihe von Daten gibt, die dies belegen, gibt es auch starke Gründe für Skepsis. Die Ökologie ist chaotisch, und die Werkzeuge, die wir verwenden, wie die Untersuchung von leichtem und schwerem Stickstoff, sind manchmal grob und durch Finanzen, Jahreszeiten, Wetter und sogar Pandemien limitiert. Wissenschaftliche Forschung ist, wie fast jedes menschliche Unterfangen, komplex, anfällig für Interpretationen, sogar für Betrug, und manchmal von Voreingenommenheit aller Art durchdrungen. Menschen suchen nach einfachen Antworten, auch wenn es keine gibt.

Neue Entdeckungen gehen oft mit einer rasenden Aufregung einher, der bald Debatten und kritische Nachfragen folgen, wenn sich Wissenschaftler verschiedener Disziplinen und Standorte in den Kampf einmischen und die ursprüngliche Idee in Zweifel ziehen. Mit Zeit und Recherche sollte daraufhin ein tieferes Verständnis entstehen. Dann tauchen neue Unsicherheiten auf, und der ganze Zyklus geht von vorn los. Wie der Neuroendokrinologe Robert Sapolsky über seine Forschungen an Pavianen sagte: »Die Debatte tobt weiter und bewahrt Primatologen vor der Sozialhilfe.«

Als ich Naiman von Schindlers Skepsis erzählte, die dieser der These entgegenbrachte, dass aus Lachsen gewonnener Stickstoff in Bäume gelangt, war Naiman überrascht. »Ich habe Daniel seit einigen Jahren nicht gesehen«, sagte er, »und er denkt tief über die Dinge nach. Aber er geht oft einen Weg, der weniger beschritten wird, und er stellt schwierige Fragen.« Es war eine herzliche Antwort, und ich musste sofort daran denken, wie Schindler wie ein Grizzlybär auf dem Geröll nach oben gekrabbelt war. Naiman wies mich auf eine Studie hin, die zeigt, dass die Menge an Nährstoffen aus dem Meer in den Bäumen nach dem Bau von Dämmen in Washington und Oregon zurückging. Als die Forscher die Bäume entkernten, stellten sie fest, dass die Wachstumsraten der Bäume zwei Jahre nach dem Bau des Staudamms immer noch nicht wieder auf demselben Niveau wie davor waren. »Sie hatten keine Einbringungen mehr aus den Lachskadavern«, erklärte Naiman. Das war vielleicht kein Paukenschlag – und die Daten kamen mir etwas chaotisch vor –, aber es war doch immerhin ein konkreter Hinweis, der die zahlreichen Veröffentlichungen untermauerte, in denen aus Lachs gewonnene Nährstoffe untersucht wurden.

Als ich einer Freundin in der Gegend von Seattle von den Debatten rund um die Lachse in den Bäumen erzählte, winkte sie ab. Der organische Lachsdünger, den sie in ihrem Garten verwendet hatte, habe Wunder für ihr Gemüse gewirkt, erzählte sie mir. Ich erinnerte mich an die Geschichten, die die Freizeitfischer aus Alaska mit nach Hause brachten. Sie waren mindestens genauso wichtig wie das gefrorene Fleisch, das sie ergattert hatten. Und nun fragte ich mich, ob nicht in selber Manier der Glaube meiner Bekannten an den erhöhten Wert des Lachs-Düngemittels mehr auf der Schönheit ihrer Geschichte beruhte als auf tatsächlichen Daten – oder ob ihr Glaube einer Kombination aus beidem entsprang.

»Ökologie ist kein Hexenwerk«, hatte Schindler am Ende unserer Wanderung auf dem Church Mountain gewitzelt. »Sie ist noch viel schwieriger.«

4

KERNLAND

An einem regnerischen Montagmorgen Mitte Juni klopfte es an der Tür meines Hotelzimmers in Cooke City, nicht weit vom nordöstlichen Eingang zum Yellowstone-Nationalpark. Es war der Manager der Elk Horn Lodge.

»Ich weiß nicht, ob Sie es mitbekommen haben, der Park ist geschlossen und die Straße nach Silver Gate überflutet.« Ich hatte den Morgen damit verbracht, E-Mails zu beantworten, auf den Regenguss zu schauen und darauf zu warten, dass das Wetter sich bessert.

Seit ich am Tag zuvor angekommen war, waren mehr als zehn Zentimeter Regen gefallen, die den Schnee auf den Bergen schmelzen ließen, wodurch der Abfluss des Regens selbst verstärkt wurde. Die Stadt rechnete mit Stromausfällen und der Verunreinigung des Trinkwassers.

Ich machte einen Spaziergang durch die regennasse Stadt. Es schüttete; ein schlammiger Bach, der die Hauptstraße entlangfloss, reichte mir bis zu den Knöcheln. Bei manchen der tief liegenden Häuser stand das Wasser bis zu den Fenstern.

Ich wollte noch nicht wieder weg von hier. Ich war mehr als 24 Stunden unterwegs gewesen, um nach Yellowstone zu gelangen und einige Bison-Biologen ein paar Tage ins Hinterland zu begleiten. Ich dachte, das könnte ich durchhalten.

Ich traf auf den Besitzer der Lodge, der auch Ersthelfer war, und er erzählte mir, dass das Wasser bis zu den Brücken auf der Straße zur Red Lodge reichte, dem einzigen Ausweg. In der Nacht zuvor war in der Stadt kein Zimmer frei gewesen; jetzt waren die Straßen wie ausgestorben. Während wir uns unterhielten, verließen die letzten Mietwagen die Stadt. Rettungskräfte rückten an.

»Sie sollten von hier abhauen.«

Ich saß mit Rick McIntyre, der zu Caniden forschte, im Lamar Valley, als ein schwarzer Wolf aus dem Nebel hervortrat. Das war der Tag, bevor es an die Tür klopfte, und ich war versucht gewesen, auszuschlafen. Das Wetter sah nicht toll aus, ich war gerade in der Stadt angekommen und hatte fünf Tage für den Park eingeplant, einschließlich einer Nacht im Hinterland. Warum also sich beeilen? Trotzdem stand ich aus irgendeinem Grund um 3:30 Uhr auf und traf McIntyre in der Nähe seiner Hütte am Silver Gate, die sich unweit des nordöstlichen Eingangs von Yellowstone befand.

Sagen Sie niemals Nein zu einem Tag auf dem Wasser oder einem Morgen auf dem Feld, besonders wenn er mit McIntyre stattfindet. Ich bin froh, dass ich nicht Nein gesagt habe. Wir hatten zu diesem Zeitpunkt noch keine Ahnung, dass es der letzte reguläre Tag der Saison sein würde.

Ich hatte McIntyre und seine Wölfe mehr als ein Jahrzehnt zuvor besucht, im Jahr 2008, um einen der großen Erfolge – und Kontroversen – des Endangered Species Act zu sehen. Wölfe waren nach fast 70-jähriger Abwesenheit wieder im Yellowstone angesiedelt worden. McIntyre sagte damals, dass die Wolfsbeobachtungen in jenem Jahr ihren Höhepunkt erreichten und sich das Gleichgewicht zwischen den größten Pflanzenfressern des Tals, Elchen und Bisons, zu verändern begann.

So erinnere ich mich an den ersten Tag dieser Reise im Jahr 2008: Das Innere der Welt lag offen im flimmernden Sonnenlicht. Rick McIntyre und ich saßen zwischen lauter Elchknochen und blickten auf den Zusammenfluss von Lamar River und Soda Butte Creek. Es war Juni; McIntyre saß auf einem Klappstuhl, die langen Beine ausgestreckt unter einem Stativ, auf dem sein Spektiv montiert war, und das Tal breitete sich vor uns aus wie ein aufgeschlagenes Lehrbuch. Rechts der gewölbte Specimen Ridge, Schnee schlängelte sich durch die nördlichen Täler; links die weiße Kappe des Mount Norris. Großer Salbei bedeckte die Hänge wie ein alter fusseliger Pullover. Der von der Schneeschmelze angeschwollene Lamar floss gleichmäßig. Abgestorbene Bäume lagen verstreut am Ufer zwischen lebenden Pappeln und Weiden. Entlang der Überschwemmungsebene zogen Büffel langsam weiter. Die Kühe häuteten sich, ihr Fell hing in Fetzen herab; aus dem hellen, frischen Gras ragten die Jungtiere hervor, wie rauchender Ocker. Mit ihren Schneepflugköpfen und Minotaurus-Schultern waren sie unglaublich schön.

Eines Nachmittags auf dieser ersten Reise beobachtete ich eine Herde Bisons, die gegen das örtliche Rudel von Druid-Peak-Wölfen kämpfte, die es darauf abgesehen hatten, ein verwaistes Kalb zu erbeuten. Da die Mutter tot war, war auch der Tod des Kalbes zu diesem Zeitpunkt vorherbestimmt. Bisons säugen nur ihre eigenen Kinder, daher würde das Kalb bestenfalls verhungern. Aber der Kampf wurde tapfer geführt, und als die Dunkelheit hereinbrach, stand das Kalb noch. Am nächsten Tag jedoch war es nur noch ein ferner Hügel aus Fell und Knochen. Raben, vielleicht Amerikas größte Aasfresser, waren herangekommen.

Damals war das Lamar Valley im Nordosten von Yellowstone noch ziemlich verschlafen. Die Leute wussten von den Wölfen, aber es gab nur wenige Unternehmen, die Wölfe beobachteten. Der Großteil des Tourismus drehte sich immer noch um Old Faithful und West Yellowstone.

14 Jahre später lehnte McIntyre an einem Felsbrocken und erzählte mir Geschichten über Wölfe, die er gekannt hatte, und über die Tapferkeit im Leben der Wölfe. Er beschrieb die letzten Tage von Wolf 911, einem Alphamännchen, dem er jahrelang gefolgt war

und das auf ein rivalisierendes Rudel getroffen war. »Die Wölfe haben ihn bis auf das andere Ufer hinübergejagt«, sagte McIntyre. »Sie starrten ihn über den Bach hinweg an, acht gegen einen. Das Klügste für ihn wäre gewesen, seine Beute aufzugeben, die Straße zu überqueren und dorthin zu gehen, wo seine Familie war, dann wäre er in Sicherheit gelangt. Aber das hat er nicht getan. Er blieb standhaft, und schließlich schwammen die anderen Wölfe hinüber und umzingelten ihn. Er ließ sie deutlich erkennen, dass er kein Problem damit hatte, mit ihnen zu kämpfen, obwohl er so mitgenommen und alt war. Sie haben ihn angegriffen, und er hat sich gut gewehrt. Aber kein einziger Wolf kann acht Gegner besiegen, und sie haben ihn getötet.

»Später dachte ich: *Warum hat er sich nicht einfach gerettet?*« McIntyre fuhr fort. »Er hätte zwar die Straße überqueren und mit seiner Familie wieder zusammenkommen können. Aber in dieser Nacht hätten die gegnerischen Wölfe seiner Duftspur folgen können; die hätte sie direkt zu seiner Familie geführt, und dann hätte dort der Angriff stattgefunden und nicht hier draußen.«

Ich denke, man kann mit Sicherheit sagen, dass McIntyre mehr Zeit mit der Beobachtung von Wölfen verbracht hat als jeder andere Mensch in der Weltgeschichte. Als ich ihn im Jahr 2022 besuchte, waren es insgesamt 9020 Tage. »Nicht, dass ich zähle«, scherzte er. Er hatte einmal 6175 aufeinanderfolgende Tage erreicht, bevor er wegen einer Herzoperation aufhören musste.

»Warum Urlaub?«, fragte er und guckte über den Lamar hinweg. »Wohin sollte ich denn gehen?« Wir blickten auf die Höhle des Wolfsrudels vom Druid Peak, und ich musste ihm zustimmen; der Park ist wirklich einer der schönsten Orte, die ich je gesehen habe.

Als ich McIntyre zum ersten Mal traf, hatte er mir erzählt, dass er vorhabe, ein Buch über Yellowstone-Wölfe zu schreiben, aber zu dieser Zeit verbrachte er etwa neun Stunden am Tag im Park. Ich bezweifelte, dass seine akribischen Notizen es jemals auf eine gedruckte Seite schaffen würden. Wie falsch ich damit lag. Seitdem hat McIntyre das geschrieben, was ich als die Hundeversion von Durrells Alexandria-Quartett oder von Ferrantes neapolitanischen Romanen bezeichne: *Der Aufstieg des Wolfes 8*, *Die Herrschaft des Wolfes 21*, *Die Erlösung des Wolfes 302* und *Der weibliche Alpha-Wolf*. Er erzählte von den Schlachten und Blutfehden, die sich zwischen Rudeln entwickelten, und von der tiefen Hingabe der Alphawölfe. Da jedes Jahr ein neues Buch herauskommt und er viele Stunden im Park verbringt, könnte McIntyre eines Tages Balzac mit einer *Wölfischen Komödie* Konkurrenz machen.

Kurz nach Sonnenaufgang begann es leicht zu regnen. Ich war überrascht, wie viele Wohnmobile, Autos und Wolfsbeobachtungstransporter sich entlang des Lamar River schlängelten. Das war hier keine verschlafene Ecke des Yellowstone mehr, sondern ein Muss beim Besuch des Nationalparks. Yellowstone ist der einzige Ort in den Vereinigten Staaten, an dem Bisons ununterbrochen gelebt haben, seit sie im 19. Jahrhundert dem Aussterben gefährlich nahe kamen. Und seitdem es wieder Wölfe gibt, gibt es im Park die meisten wichtigen Wildtiere, die es auch schon vor der Ankunft der Menschen gab: Braunbären, Pumas, Elche, Gabelböcke, Kojoten, Biber, Wölfe und Bisons. Yellowstone scheint ein idealer Ort zu sein, um zu beobachten, wie große Tiere Ökosysteme aufbauen können.

Der Regen wurde stärker und durchnässte unsere Stiefel, als wir über das Gras gingen. Wir machten eine Pause bei einem Bison-Fladen. Ich griff nach unten und brach ein Stück davon ab. Es war braun, wie der meiste Kot von Säugetieren, eine Mischung aus verdauter Nahrung – in diesem Fall hauptsächlich Gras – und toten Blutkörperchen. Es roch nach frischer Erde mit einem leichten Hauch von gemähtem Gras. An einer Seite des Fladens wuchsen Pilze. Ich hatte gehört, dass die Pilze unbedenklich und möglicherweise sogar halluzinogen seien. Kot ist uneinheitlich. Er ist vergänglich. Pilze müssen sich schnell vermehren, und viele benötigen dazu Partner, oft Verwandte. Dung-assozierte Pilze können Psilocybin als Waffe nutzen, um ihren Fäkalienbereich zu verteidigen, indem sie die Konkurrenten und Raubtiere betäuben – meist Insekten –, die von den Rohstoffquellen von Bisons und anderen Tieren angezogen werden.

Auf dieser zweiten Reise bemerkte ich mehr Bisons, als ich meiner Erinnerung nach 2008 gesehen hatte. Sie grasten auf Kentucky-Bluegrass, Klee und Löwenzahn und offenbarten die landwirtschaftliche Geschichte des Lamar Valley. Die Wölfe schienen weniger sichtbar zu sein; vielleicht, meinte McIntyre, weil sich die Alpha-Weibchen des örtlichen Rudels in einem Machtkampf befanden und die Territorien daher fließend und unsicher waren.

Wir machten eine Pause, um ein neues Schild auf der Straße zu lesen, das den Wolfseffekt erklärte:

Die Wiedereinführung der Wölfe veränderte ein Ökosystem, das sich fast 70 Jahre lang ohne Wölfe entwickelt hatte. Obwohl Wölfe keinen *unmittelbaren* Einfluss auf das Leben um sie herum haben, beeinflussen sie möglicherweise dennoch die gesamte Nahrungskette. Diese Hypothese wird als trophische Kaskade bezeichnet.

Da es keine Wölfe gab, so die Gedenktafel weiter, entwickelten sich im Park unnatürlich große Elchherden. Als die Wölfe zurückkehrten, wurden die Elchherden kleiner und stärker. Und Wölfe schufen eine Landschaft der Angst; Elche hielten sich seltener an Bächen auf, und als Folge davon wurden einheimische Weiden, Espen und Pappeln größer. Vögel fanden in diesen Uferbäumen mehr Nistplätze, und Biber kehrten zurück. Und die Veränderungen kamen auch den Fischen zugute, die von kühleren, schattigen Gewässern angezogen werden. Ebenso waren neu angelegte Biberteiche gut für einheimische Wasservögel, für Amphibien und Reptilien.

Ich habe McIntyre nach dem Wolfseffekt gefragt. Hatte er diese Veränderungen bemerkt?

»Es gibt definitiv eine erfolgreichere Regeneration von Espen und Weiden«, sagte McIntyre. Kurz nach der Wiederansiedlung der Wölfe in der Gegend wurde in Crystal Creek eine Biberkolonie wieder eingesetzt. Und obwohl die Biber im Laufe der Zeit flussaufwärts wanderten, gab es für sie immer noch genügend Espen und Weiden als Nahrungsquelle und für den Dammbau. Ein neues Wolfsrudel hatte sich in der Gegend gebildet.

McIntyre erfuhr, dass in der Nähe von Soda Butte ein Wolf gesichtet worden war, also packten wir unsere Ausrüstung. Selbst nachdem er mehr als 9000 Tage lang Wölfe im Yellowstone verfolgt hatte, rannte er immer los, um auch noch den nächsten zu sehen. Seine Aufzeichnungen sind wertvoll, da er nahezu jeden Yellowstone-Wolf gesehen und jede noch so flüchtige Sichtung gemeldet hat.

Im Gegensatz zum erhöhten Bisonaufkommen schien es weniger Elche zu geben als bei meinem letzten Besuch. Lag es an den Wölfen? »Das ist schwer zu sagen«, meinte McIntyre. Wahrscheinlich handelte es sich um selektive Raubtiere: »Gesunde Elche und Bisons können auf sich selbst aufpassen, aber Wölfe wittern die Angst und folgen jedem, der davonlaufen könnte.« Populationen verändern sich kaum, wenn Raubtiere es auf ganz junge oder ältere Tiere abgesehen haben, die eine geringere Fortpflanzungsrate haben als Tiere in ihrer Blütezeit. Doch seit 2008 gab es in Montana im Norden des Parks einen stärkeren Jagddruck, was sich möglicherweise auf die Elchpopulationen ausgewirkt hat. Die Elche und das Ökosystem hatten sich seit der Ankunft der Wölfe verändert, doch die Ursachen dieser Veränderungen waren kompliziert.

Laut dem Biologen Matt Kauffman aus Wyoming hatte die Wiederansiedlung von Wölfen kaum Auswirkungen auf das Verhalten der Elche. Während er an seiner Doktorarbeit arbeitete, erhielt er ein Stipendium, um die Hypothese zu untersuchen, dass Wölfe Elche von Orten verscheuchen könnten, an denen Bäume überweidet sind, und die Bäume würden sich danach erholen. Aber nachdem er mit den Experimenten begonnen hatte, sah er, wie lückenhaft die These war. Wo immer er und seine Kollegen die Espen mit Zäunen schützten, gediehen die Bäume prächtig. Kauffman sah jedoch kaum Unterschiede zwischen den Gebieten, in denen Wölfe Elche getötet hatten, und Gebieten, in denen dies nicht der Fall war. »Es gab keinen Unterschied zwischen riskanten und sicheren Orten«, sagte er. Er glaubt, dass dies zum Teil daran liegt, dass Elche nicht jeden Tag mit Wölfen zusammenleben. »Es stellt sich heraus, dass ein Elch bis auf einen Kilometer an einen Wolf herankommen muss, bevor man eine Verhaltensänderung oder Änderung in seiner Bewegung erkennt.« Das passiert bei vielen Elchen nur einmal alle neun Tage und bei manchen nur etwa einmal im Monat, was nicht ausreicht, um ihr tägliches Verhalten zu ändern. Einige Gebiete im Yellowstone könnten vom Verlust der Elche profitiert haben, diese Veränderungen konnten jedoch nicht direkt auf die Rückkehr der Wölfe zurückgeführt werden. Nach der Ankunft der Wölfe ging die Anzahl der Elche zurück, aber gleichzeitig nahm die Jagd durch Menschen zu, und in der gesamten Region kam es außerdem zu einer schweren Dürre.

Wir waren früher schon einmal hier gewesen. Ich vertraute Kollegen auf beiden Seiten dieser Debatte und rief daher Os Schmitz an, einen Professor an der Yale University, der die Landschaft der Angst – oder, technischer ausgedrückt, »verhaltensvermittelte trophische Kaskaden« – seit Jahren in kontrollierten Feldexperimenten untersuchte. Was hielt er von den Yellowstone-Studien? Er hatte eine differenzierte Sichtweise: »Als Yellowstone die Wölfe wieder einführte, waren die Elche schon so lange nicht mehr dieser Art von Raubtier ausgesetzt gewesen, dass sie das Risiko nicht abschätzen konnten. Sie waren hypervigilant: hatten eine erhöhte Wachsamkeit.« Mit anderen Worten: Als die Wölfe zum ersten Mal ankamen, waren die Elche höchst alarmiert und hielten ständig Ausschau nach den neuen Raubtieren, was ihre Zeit zum Äsen verkürzte. Diese Veränderungen wirkten sich positiv auf den Baumbestand und möglicherweise auf die Biber und andere Arten aus, die sich am Flussufer aufhalten. Doch der Elch fand bald heraus, wie er mit der neuen Bedrohung umgehen sollte. Da Wölfe in der Morgen- und Abenddämmerung am aktivsten sind, haben die Elche gelernt, während der Hauptzeit der Wölfe das Äsen in Risikogebieten zu vermeiden. Ein ruhender Wolf hingegen ist kein Grund zur Sorge, sodass Elche tagsüber relativ sicher fressen können. Nachdem sie sich angepasst hatten, war es nicht das Verhalten der Elche, sondern der Tod selbst, der die Landschaft veränderte.

Entlang des Lamar begann es stärker zu regnen, und McIntyre und ich beschlossen, den Nachmittag zu beenden. Als ich den Park verließ, kam ich an einer großen Büffelwiese vorbei, die neu war im Tal.

Viele Pflanzenfresser, von Nonnengänsen über Maultierhirsche bis hin zu Elchen, steuern ihre Wanderungen jedes Jahr so, dass sie dem Wachstum neuer Pflanzen folgen. Diese grüne Welle – das Fortschreiten der Frühlingsbegrünung von niedrigen zu hohen Lagen – bestimmt das Tempo der Migrationen auf der ganzen Welt. Junge Vegetation bietet das beste Futter, sodass Pflanzenfresser dieser Welle folgen.

Der Bison des Greater Yellowstone war dieser Welle kürzlich auf die Weideflächen des Lamar gefolgt. Man kann sie sich leicht als Fressmaschinen vorstellen, aber Bisons beeinflussen auch das Grasland, wenn sie kacken und sterben. »Kot ist der Haupteffekt«, sagte mir die Bisonbiologin Lauren McGarvey, »zusammen mit dem Prozess des Weidens selbst. Wir schauen hier auf Pflanzen, die sich über Hunderttausende von Jahren durch Beweidung entwickelt haben.« Im Gegensatz zu Bäumen, die in ihrem oberen Bereich wachsen, wachsen Gräser und Seggen von unten nach oben. Durch die Beweidung werden Pflanzen zum weiteren Wachstum angeregt.

Natürlich ist das nicht die einzige Symbiose, die im Spiel ist. Unter Auszehrung versteht man oft einfach die Entfernung von Biomasse oder Nährstoffen aus der Umwelt, aber es ist viel komplexer, wie wir bei unterschiedlichen Arten, von den Möwen bis den Walen, gesehen haben. Bisons sammeln Nährstoffe beim Grasen und scheiden sie dann wieder auf der Wiese aus, wenn sie kacken. Einige dieser Gräser werden kurz vor der Alterung der Pflanzen verzehrt, sodass sie durch die Beweidung insgesamt jung und grün bleiben.

Und diese von Bisons gelieferten Nährstoffe liegen in einer leichter zugänglichen Form vor, als wenn sie einfach von abgestorbenen oder verwesenden Pflanzen abgelagert würden. Der Stickstoff aus dem Bisonkot kann schnell durch den Boden zirkulieren und von Pflanzen und schließlich auch anderen Tieren effektiver aufgenommen werden. »Bisons stimulieren also tatsächlich die Pflanzenproduktion«, sagte mir McGarvey, »und beschleunigen die Geschwindigkeit, mit der Stickstoff durch das System zirkuliert.«

Zusätzlich zu seiner Arbeit über Wölfe hat Kauffman die Bewegung von Tieren kartiert. Für ihn ist Migration so etwas wie die Schrittfolge in einem saisonalen Tanz. »Die Maultierhirsche choreografieren ihre Bewegungen mit dem Frühling«, sagte er. Sie folgen im Laufe des Frühlings dem Auftauchen neuer Gräser, oft in höheren Lagen; ein Muster, das als »Surfen auf der grünen Welle« bezeichnet wird. Doch als Kauffman und seine Kollegen den Bison beobachteten, stellten sie fest, dass er nicht wie andere Weidetiere auf der Welle surfte; die Tiere blieben längere Zeit an einem Ort, obwohl die grüne Welle immer weiter die Berge hinaufzog. *Wow, darin sind sie wirklich nicht besonders gut*, dachte Kauffman zunächst. Doch dann vermutete sein Kollege Chris Geremia, dass große Bisonherden das Grasland verändern konnten: Indem sie die längeren Halme fraßen, hielten sie die Gräser vor Ort in einem jungen, nährstoffreichen Zustand.

»Wenn die Musik aufhört«, sagte Kauffman, »können sie ihre eigene machen.« Es war eine erweiterte Version der grünen Welle. Indem die Nährstoffe durch ihren Kot und Urin wiederverwertet werden, sorgen Bisons dafür, dass ihre Weiden stabil und grün bleiben und die Böden reich an Stickstoff und Phosphor sind. Das Grasland und der Bison sind weniger anfällig für saisonale Veränderungen.

Anfang Mai geraten Bisons in Aufregung. »Obwohl ihre körperliche Verfassung aufs ganze Jahr gesehen dann die schlechteste ist«, sagte mir Rick Wallen, der bis zu seiner Pensionierung im Jahr

2018 der leitende Bisonbiologe im Yellowstone war, »ist ihr Energieniveau hoch. Der Tag ist länger. Und ich denke, dass der Anblick der neuen kleinen roten Kälber alle Bisons in Aufregung versetzt. Sie rennen viel mehr im Kreis herum und jagen sich gegenseitig. Sie wollen alle vorbeikommen und sich die Kälber anschauen.« Mit fortschreitender Saison verlagert sich dieses Gefühl der Erneuerung hin zur Fortpflanzung. Im Yellowstone bilden sich dann riesige Gruppen von bis zu 800 Bisons, wobei die Männchen die Weibchen jagen. Man hört das Brüllen und das viele Scharren auf dem Boden, und man sieht riesige Staubwolken. Wie die Männchen ihre Aufmerksamkeit auf die Weibchen in der Brunst richten, kam Wallen bekannt vor: »Das ist die Art von Mann-Frau-Interaktionen, die man in den örtlichen Bars im ganzen Land kennt.« Aber ohne die Toiletten.

»Es ist nicht nur der Bisonkot«, fügte McGarvey hinzu, »es ist auch der Urin. Man könnte diesen Sommer hingehen und einen sehr grünen Fleck sehen, nur einen kleinen Kreis, und daraus schließen, dass es sich um einen Urinfleck vom vergangenen Sommer handelt – einen kleinen Stickstoffausstoß genau an dieser Stelle.« Manchmal geht es beim Urinieren aber um mehr als nur die tägliche Erleichterung. Die Paarung von Bisons kann spektakulär sein: »Der Bulle steckt seine Schnauze in den Strahl des Urins der Kuh«, schrieb der Ökologe Dale Lott in *American Bison*, »und hebt dann seinen Kopf, die Oberlippe eingerollt, die Zunge flatternd in seinem Maul. Sein ganzes Verhalten suggeriert die Wertschätzung eines Sommeliers. Wenn er vom Lippenkräuseln zu Zärtlichkeiten übergeht, stehen die Chancen gut, dass die Kuh irgendwann an diesem Tag trächtig wird.«

In der Tat ein erlesener Wein, dessen Wirkung auch in der nächsten Generation von Bisons anhält und die Weideflächen von Yellowstone noch lange grün erstrahlen lässt.

Ausserhalb von Yellowstone und einigen abgelegenen Gebieten im Westen und Mittleren Westen könnten Sie Tausende von Kilometern zurücklegen, ohne jemals einen Bison zu sehen. Das war noch nicht so, als europäische Siedler zum ersten Mal die Great Plains überquerten. Im Jahr 1871 bemerkte Colonel Richard Dodge von der US-Armee, dass er 40 Kilometer durch eine einzige riesige Herde ritt, die nach Norden zog: »Das ganze Land erschien wie eine große Büffelmasse.« Der Naturforscher William Hornaday schrieb, dass Bisons »so zahlreich waren, dass sie häufig Boote in den Flüssen stoppten, Reisende in der Ebene zu überwältigen drohten und in späteren Jahren Lokomotiven und Waggons zum Entgleisen brachten, bis Eisenbahningenieure aus Erfahrung lernten, dass es klug war, ihre Züge zu stoppen, wann immer Büffel die Strecke überquerten.«

Wenn man sich das historische Verbreitungsgebiet der Bisons in Nordamerika ansieht, fällt es schwer, einen Ort zu finden, an dem sie nicht umhergestreift sind. Der Waldbüffel breitete sich bis in den Norden von Saskatchewan und British Columbia aus. Die südliche Herde reichte bis nach Durango in Mexiko, mehr als 450 Kilometer südlich des Rio Grande. Sie lebten entlang der Marschenküsten von North Carolina und westlich bis zum Rand der Cascades in Oregon. Als die ersten Europäer ankamen, war Amerika ein Kontinent mit Dutzenden Millionen Bisons.

Das änderte sich bald. Im 19. Jahrhundert wurden in den Great Plains mehr als 30 Millionen Bisons getötet. Um 1875 war die große Herde des Südens, die einst Millionen gezählt hatte, verschwunden. »Einige kleine Gruppen von Nachzüglern führten noch einige Jahre länger eine prekäre Existenz im Quellgebiet des Republican River und im Südwesten von Nebraska«, schrieb Hornaday in *Extermination of the American Bison.* Ein paar Dutzend hielten in Texas durch. Einige dieser Tiere wurden lebend gefangen, aber auch dieser »erbärmliche Rest« verschwand schließlich. Nachdem er ein Jahr in Kansas verbracht hatte, schrieb Dodge: »Wo es im Jahr zuvor unzählige Büffel gegeben hatte, gab es jetzt unzählige Kadaver. Die Luft war von einem widerlichen Gestank erfüllt, und die weite Ebene, in der es noch vor knapp zwölf Monaten nur so von Tieren wimmelte, glich einer toten, einsamen, fauligen Wüste.«

»Ihr Massaker war kriminell, riesig und nutzlos«, schrieb William F. Cody. Den Spitznamen »Buffalo Bill« hatte er sich 15 Jahre zuvor verdient, als er als Vertragslieferant von Fleisch für die Eisenbahngesellschaften, die Gleise bauten, 4000 Büffel getötet hatte. Nachdem die Bisons getötet worden waren, so notierte es Michael Punke in seinem Buch *Die letzten Bisons*, wurden sie zweimal eingesammelt: »Einmal von den Felljägern; dann von den Knochensammlern.« Die zu kirchengroßen Hügeln aufgetürmten Kadaver wurden als Dünger verkauft und zu Knochenkohle verkohlt, dem dunkelsten Pigment der damaligen Zeit. Um 1894 waren sogar die Knochen verschwunden. Es gab keine Herden mehr, die sie ersetzen konnten.

Was war dadurch verloren gegangen? Natürlich die Choreografie der Bisons, die Suhlen, die sie bildeten, die Beziehungen zu Wölfen und anderen Raubtieren und die Fernwanderungen. Nachdem der Bison verschwunden war, begann auch die Prärie zu verschwinden. Sie hatte mit den Hornträgern ihre Ökosystemingenieure verloren, außerdem die Feuer, die indigene Völker seit Tausenden von Jahren gelegt hatten, Feuer, die Wälder öffneten und dadurch Prärien, Waldränder und feuertolerante Eichen förderten sowie Kastanien und Hickory-Walnussbäume. Nachdem die Bisons verschwunden und die Prärien geschrumpft waren, führte eine Welt ohne Feuer und Weiden zu dem falschen Glauben, die Natur habe sich stabilisiert. Während eines Großteils des 20. Jahrhunderts glaubten die Menschen, dass Ökosysteme zwangsläufig zu Klimaxgesellschaften werden, mit tief verwurzelten Pflanzen und Bäumen, die wenig Veränderungen hervorbringen.

Der Wunsch, diese vermeintliche Stabilität aufrechtzuerhalten, hat es für Bisons schwieriger gemacht, in Gebiete außerhalb von Nationalparks zurückzukehren. Die Anzahl der Bisons im Yellowstone wuchsen von einer frei laufenden Herde von weniger als 25 Tieren in den 1870er-Jahren bis auf etwa 3000 in den 1980ern und auf 5000 bei meinem Besuch an. Manchmal wurden sie geschützt; zu anderen Zeiten wurden sie getötet. Ihre Zahl im Greater Yellowstone-Ökosystem könnte sogar noch höher sein, wenn die Manager die Migration aus dem Nationalpark nicht einschränken würden, um die Ausbreitung von Brucellose zu verhindern, einer bakteriellen Krankheit, die durch Rinder eingeführt und jetzt von Bisons übertragen wird. Ungefähr 900 Bisons wurden geschlachtet oder gefangen, als sie 2021 den Park verließen. Es gibt auch eine Lebensraumbegrenzung.

»Die Gebiete, die Bisons lieben, die Talgründe«, sagte mir McGarvey, »sind auch die Gebiete, die wir für Wohnsiedlungen und Ranches lieben.« Wir müssen woanders suchen, wenn wir ihre historische Rolle in den Prärien wiederherstellen wollen.

»Wir haben immer noch all die Lieder, Geschichten und Zeremonien, aber wenn man sich da draußen umschaut, ist kein Büffel zu sehen«, erzählte mir eines Nachmittags Leroy Little Bear, der zum Stamm der Niitsitapi beziehungsweise Blackfeet gehörte und Wissenschaftler an der University of Lethbridge in Alberta war, über sein Zuhause in Saskatchewan. Obwohl Büffel (das Wort, das viele indigene Gruppen für *Bison-Bison* verwenden) eine zentrale Rolle im Leben seines Volkes spielten, gab es ein Problem. Büffel besetzten nur ein Prozent ihres historischen Verbreitungsgebiets. Es sei, als wäre man ein Christ, sagte Little Bear, »und alle Kirchen um die Ecke sind verschwunden.«

Die Menschen, die seit Jahrtausenden in den Great Plains lebten, hatten diese riesigen, reichlich vorkommenden Tiere in ihr Leben integriert – sie schliefen auf Gewändern aus Büffelfell, wickelten ihre Tipis in Büffelhäute und hackten mit den Knochen der Tiere. In den baumlosen Ebenen wurde mit getrocknetem Büffelmist Feuer gemacht. »Die Prärieindianer wurden auf einer Büffelhaut geboren und bei ihrem Tod in eine Büffelhaut gehüllt«, schrieb Punke. Büffel bildeten die Grundlage ihrer Wirtschaft und Kultur, ebenso wie Lachse für die indigenen Völker des pazifischen Nordwestens. Die hiesigen Indigenen benutzten Büffelschwänze, um Fliegen zu erschlagen, so wie es auch die ursprünglichen Besitzer der Schwänze getan hatten.

»Offensichtlich ist der Büffel ein großartiges Tier zum Lebensunterhalt«, sagte mir Little Bear. »Wir bezeichnen ihn als Verwandten. Er ist auch unser Lehrer. Die Ältesten fassen dies in unseren Liedern, unseren Geschichten und unseren Zeremonien zusammen. Wenn Sie den Büffeln bei ihren Bewegungen zuschauen, erkennen Sie Ähnlichkeiten zu unseren Zeremonien. Sie ziehen immer im Uhrzeigersinn umher, und es ist so, als würden sie im Frühling einen großen Kreis um die Berge machen, weiter in die Ebene ziehen und im Winter zurückkommen, wo sie in der Nähe der Berge Schutz finden können.«

Im Jahr 2009 gründete eine Gruppe von Ältesten, darunter Little Bear und Paulette Fox, die auch als Natowaawawahkaki bekannt ist, was so viel wie Heilige wandelnde Frau bedeutet, unter den Nationen der Blackfoot-Konföderation die Iinnii-Initiative, um die einheimischen Pflanzenfresser wieder anzusiedeln und junge Menschen wieder mit ihrer Kultur zu verbinden. Aus dieser frühen Initiative entwickelte sich der Buffalo-Vertrag mit mehr als 40 Unterzeichnern, darunter die Blackfeet, die Assiniboine und Sioux sowie der Blood Tribe. Ziel dieses ersten grenzüberschreitenden indigenen Vertrags ist die Wiederherstellung des Büffelbestands auf mehr als zweieinhalb Millionen Hektar Land im Westen.

»Der Büffel spielt kulturell und ökologisch eine Schlüsselrolle«, sagte Little Bear. Kleine Säugetiere und Vögel nutzen die dicke braune Bisonwolle als Nester. Insekten brüten in den Suhlen, den Vertiefungen, die die Büffel beim Rollen im Staub bilden. Dieses Rollen trägt dazu bei, Schädlinge zu reduzieren, im Fell der Büffel enthaltene Samen zu verbreiten und neue Lebensräume für Insekten und Vögel zu schaffen. Büffel bewirtschaften ihr Revier. »Man sieht sie herumlaufen, und bevor man es merkt, ist es fast so, als hätten sie die Felder mit ihren Hufen gepflügt, damit es neues Wachstum gibt. Sie sind das, was wir als Öko-Ingenieure bezeichnen – sie erwecken Pflanzen zum Leben, die für medizinische Zwecke und zur Ernährung verwendet werden«, sagte Little Bear. Jüngste Studien über Bisonsuhlen haben gezeigt, dass in den von den gigantischen Pflanzenfressern geschaffenen Gebieten mehrere Nutzpflanzen früher indigener Amerikaner in die Höhe wuchsen. Als spätere indigene Gruppen den Bisonpfaden folgten, stießen sie auf Kürbis, Sumpfkraut, Gerste und Sonnenblumen, die bereits in den frühen Tagen der Landwirtschaft vor mehreren Tausend Jahren domestiziert worden waren. »Als der Büffel zurückkam, konnte man fast sofort eine Anpassung der Pflanzen und ihrer Reifung beobachten«, fuhr Little Bear fort. Als die Büffel weiterzogen, blieben die Menschen direkt hinter ihnen. Diese traditionellen Lehren nahmen die neuesten wissenschaftlichen Erkenntnisse über die Choreografie der grünen Welle und das Auftauchen alter Nutzpflanzen in Suhlen vorweg.

Wenn ich mit Wissenschaftlern sprach, hörte ich oft die gleichen Geschichten, die mir Little Bear erzählt hatte, aber aus etwas anderen Blickwinkeln. Große Pflanzenfresser wie Büffel sind wichtig – sie legen größere Entfernungen zurück, zudem in größeren Herden als viele kleinere Arten. Sie weiden mehr Gras, fressen mehr Bäume ab und kacken mehr Kot als jeder andere einheimische Pflanzenfresser in der Region. Bisons schaffen abwechslungsreiche Landschaften, indem sie ein Gebiet zerstören und alles bis auf den Boden abfressen, während sie andere Teile der Prärie gänzlich in Ruhe lassen. Nachdem die Konza-Prärie in Kansas drei Jahrzehnte lang von Bisons beweidet worden war, veränderte sie sich. Die Zahl der einheimischen Pflanzen hat sich verdoppelt. Das von Bisons beweidete Grasland beherbergte weniger invasive Arten und war widerstandsfähiger gegen Dürre. Im Gegensatz dazu gehen Rinder bei der Beweidung systematischer vor und haben keinen so großen Einfluss auf die Pflanzenvielfalt. Und im Gegensatz zu Rindern wiederum, die zum Verzehr gezüchtet werden, hinterlassen wilde Büffel bei ihrem Tod große Kadaver, die Aasfresser anlocken und Nährstoffe zurück in die Prärie bringen.

Die wiederangesiedelten Bisons von Konza sind eingezäunt, aber bei neuen Umsiedlungen in Stammesgebiete wird mit offeneren Grenzen experimentiert. Stämme im ganzen Westen haben Tausende von Büffeln bekommen, darunter Tiere aus den Herden, die ich im Yellowstone gesehen habe. »Ich glaube, sie haben Bisons an 19 Stämme geschickt«, erzählte mir McGarvey. Im Jahr 2020 wurden drei Bisonbullen per FedEx an einen Stamm auf Kodiak Island in Alaska verschickt. Ziel war es, die genetische Vielfalt in einer Herde von 70 Tieren zu erhöhen, die auf einer nahe gelegenen unbewohnten Insel frei umherstreiften. »Es hat mir geholfen zu erkennen, wie wichtig Bisons für die Stämme sind«, sagte McGarvey. »Sie waren bereit, etwa 30 Riesen hinzublättern, um drei Bisons in ihr Stammesland zu transportieren.«

Mehrere indigene Nationen haben damit begonnen, Büffel als kulturelle Herden einzuführen, also Tiere, die nicht für den kommerziellen Verkauf gezüchtet werden. »Es passiert einfach überall«, sagte Little Bear, »fast in exponentiellem Ausmaß.« In den Vereinigten Staaten gibt es auf Stammesgebieten mehr als 20 000 Büffel in 65 Herden. Er feierte diese Rückkehr.

Viele Studien über Bisons wurden in geschützten, relativ isolierten Gebieten wie Konza und Yellowstone durchgeführt. Laut einer Gruppe indigener Völker, Naturschützer und politischer Entscheidungsträger erfordert die ökologische Erholung jedoch große Herden, die sich über ausgedehnte und vielfältige Landschaften bewegen, darunter Hochgrasprärien, Halbwüsten und Savannen. »Wenn man darüber nachdenkt, geht es vor allem um das Überleben der Menschheit«, sagte Little Bear. »Wir verdanken unsere Existenz dem Büffel.«

Als ich fragte, ob ich etwas tun könne, sagte er: »Sagen Sie den

Leuten, sie sollen Bison-Burger essen.« Es schien nur eine kleine Sache zu sein, aber vielleicht war es ein erster Schritt zur Wiederherstellung alter Gegebenheiten und zur Choreografie einer neuen grünen Welle.

Als ich an diesem Sonntagabend im Jahr 2022 in Cooke City außerhalb von Yellowstone zu Bett ging, schien die Welt normal zu sein, wenn auch leicht durchnässt. Ich freute mich auf einen entspannten Morgen am nächsten Tag, bevor ich mich auf den Weg machen würde, um den Nachmittag im Lamar Valley zu verbringen und Bisons, Wölfe und Braunbären zu beobachten.

Als ich jedoch am Montagmorgen aufwachte, verkündeten Reporter, dass der Niederschlag in den letzten 24 Stunden der höchste seit Beginn der Aufzeichnungen in der Region gewesen sei. Er hatte die fünf Zentimeter Schnee zum Schmelzen gebracht, die am Wochenende auf die Berge gefallen waren, und das ganze Wasser strömte nun bergab. Schlamm und Steine stürzten mit nach unten. Auf der Suche nach neuen Wegen traten die Flüsse über ihre Ufer und überschwemmten lange Straßenabschnitte, die noch wenige Stunden zuvor von Wolfsbeobachtern gesäumt worden waren. Die Straße, die ich mit McIntyre nach Yellowstone genommen hatte, war weggespült. Abwasserleitungen brachen. Der Höchststand des Yellowstone River erreichte 4,20 Meter, mehr als 60 Zentimeter höher als der vorherige Rekord aus dem Jahr 1918.

Der Park wurde evakuiert, Urlaube wurden abgebrochen, die Feldarbeit verzögerte sich. Die nördlichen Eingänge wurden geschlossen. Neun Brücken wurden aus ihren Stützen gerissen, wodurch McGarvey und andere Biologen in der Gemeinde Gardiner isoliert wurden. Mehrere Yellowstone-Mitarbeiter verloren ihr Haus, nachdem es in den Yellowstone River rutschte und flussabwärts schwamm. Der Parkverwalter Cam Sholly nannte das Geschehen ein Ereignis, das alle 1000 Jahre eintritt, und fügte hinzu: »Was auch immer das bedeutet.«

Flusssysteme sind dynamisch, und Überschwemmungen sind nicht nur schlimm. Sie können isolierte Lebensräume wiederherstellen, indem sie diese mit dem Hauptarm eines Flusses verbinden und Fischen, Amphibien und Insekten die Fortbewegung ermöglichen. Es gab jedoch sofort Bedenken, dass der Klimawandel eine Rolle beim Sturm im Juni gespielt haben könnte, was bedeutete, dass das Unwetter nur ein Vorgeschmack auf das bevorstehende Chaos war: größere Brände, höhere Temperaturen, längere Dürren und größere Überschwemmungen. Es ist schwierig, die Schäden eines Ereignisses allein dem Klimawandel zuzuschreiben, aber Wissenschaftler erwarten eine geringere Schneedecke, mehr jährliche Niederschläge und trockenere Sommer, was die Brandgefahr im Greater Yellowstone erhöhen kann.

Rettungsboote wurden von Osten herbeigeholt, über die einzige Straße außerhalb der Stadt. Der Hotelbesitzer bot mir an, mir mein gesamtes Geld zurückzugeben, wenn ich die Stadt verließe. Ich hatte geplant, eine Woche zu bleiben, aber wenn ein erfahrener Einheimischer, insbesondere einer, der zufällig ein Ersthelfer ist, Ihnen sagt, dass es Zeit ist zu gehen, dann ist es wohl wirklich Zeit zu gehen.

Andskotinn, hörte ich meinen inneren Isländer fluchen.

Wir rumpelten in einem Land Rover über eine verdreckte Straße in der Masai Mara. Abgesehen von gelegentlichen Schlammpfützen war die Savanne knochentrocken. Wir hielten an einem Abschnitt des Mara-Flusses an. An den Seiten hatten sich einige steile Ufer gebildet.

Amanda Subalusky und ihr Mann Chris Dutton arbeiten seit 15 Jahren in Kenia. Sie haben als Techniker begonnen, die die Wasserqualität im Mara River untersuchten. In frühen Studien haben sie festgestellt, dass die Flussabschnitte, die durch die Schutzgebiete des Nationalparks flossen, einen höheren Stickstoffgehalt und eine höhere Bakterienzahl aufwiesen als in Städten und im Ackerland. Das ergab zunächst keinen Sinn. (Weitaus mehr Entdeckungen beginnen mit einem »Huch, ist das komisch« als mit einem Aha-Moment, wie ein Kollege einmal bemerkte.) Das Muster war das Gegenteil von dem, was wir in Nordamerika beobachten, wo Bauernhöfe und Rasenflächen oft den größten Abfluss von Stickstoff- und Phosphor aufweisen. Sollten wilde Gebiete also nicht reiner sein und weniger Nährstoffe und Fäkalbakterien enthalten?

Und dann ging ihnen ein Licht auf (ich stelle es mir gerne wie einen braunen Blitz vor): Flusspferde sind wie Rasenmäher, die langsam ihre riesigen Köpfe bewegen, während sie sich von der Savanne ernähren und große Flusspferdrasen mit kurzem, gut geschnittenem Gras schaffen. Sie sind dafür bekannt, Kot zu versprühen, wobei ihre Schwänze wie Hubschrauberblätter herumwirbeln. »Sie kacken sich quasi gegenseitig ins Gesicht«, sagte Subalusky und zeigte auf ein paar Fäkalien am Weg. Sie ziehen jeden Tag etwa eine Meile von der Savanne zu den Flüssen, um sich in Flusspferdbecken auszuruhen und abzukühlen. »Es gibt *so* viel Nilpferddung«, fuhr sie fort, »er bedeckt einfach den Grund des Flusses. Die Felsen sind damit bedeckt.« Es war ein regelrechtes Nilpferd-Förderband.

Die Nährstoffe im Dung fördern das Wachstum von Algen und Pflanzen im Fluss. Es war unklar, ob es die Algenblüte der Nährstoffe oder der Kot selbst war, der die Fische und Wirbellosen anlockte, aber Subalusky und Dutton hatten zumindest einen Hinweis.

»Wir haben diesen 80 Zentimeter langen Wels gefangen, ein großes Flussmonster«, sagte Subalusky vom Beifahrersitz aus; sie trug ein hellrosa Shirt, und auf ihrem Kopf saß eine Sonnenbrille. »Als wir in seinen Bauch geschaut haben, war da nur Nilpferdscheiße.«

Ein paar Flusspferde saßen an der Oberfläche und sonnten sich. Eines gähnte mitten im Fluss. Ein Nilkrokodil schwamm flussabwärts. Und dann gab es eine Panne. Die Tiere verschwanden.

»Tut mir leid, Joe«, sagte Subalusky zu mir. »Lass mich mal sehen, ob ich dich umdrehen kann.« Dutton, mit einem dicken, drahtigen Bart, wurde auf dem Fahrersitz sichtbar. Subalusky hielt mich auf Armeslänge direkt neben den Seitenspiegel.

Unsere Verbindung brach für einen Moment ab. Ich war über FaceTime mit ihnen unterwegs. Bald nachdem klar wurde, dass meine Pläne, die Yellowstone-Bisonbiologen ins Hinterland zu begleiten, durch die Überschwemmungen zunichtegemacht worden waren, hatte ich Subalusky und Dutton kontaktiert. Sorgen wegen Kohlenstoffausstoß, COVID-19, annullierten Flügen, Familie und Reisemüdigkeit nach drei Monaten Unterwegs-Sein ließen mich zu Hause bleiben. Ich war in der Masai Mara und zugleich in meinem Büro; der Hund bellte oben in der Küche, weil er rauswollte.

Subalusky und Dutton stellten später fest, dass die Flusspferde, die wir beobachteten, dem Fluss mehr als nur Nährstoffe lieferten. »Der Nilpferddung und die gastrointestinalen Mikroben haben den Fluss zu einem guten Ort für Darmmikroben gemacht«, sagte Subalusky. Die mikrobiellen Gemeinschaften in den Gewässern außerhalb der Flusspferdbecken stammten aus verschiedenen Quellen und waren sehr vielfältig, aber die Gemeinschaften am Grund der Flusspferdbecken, schwarz vom Dung, ähnelten eher denen innerhalb der Flusspferde selbst. Die Flusspferde verrichteten ihren Stuhlgang in der Wasserstelle und tranken das Wasser und formten so eine riesige mikrobielle Gemeinschaft, die Dutton und Subalusky als *Metagut* bezeichneten, als Metadarm. Das Mikrobiom des Flusspferds war auch noch funktionsfähig, nachdem ein Teil davon ausgeschieden wurde; es zerkleinerte Gräser, und seine biogeochemischen Prozesse liefen weiter. Nachdem die Wasserstelle ausgeschwemmt war, würde die mikrobielle Gemeinschaft für eine Weile dem Rest des Flusses ähneln. Dann würden die Flusspferde zurückkehren, und der Prozess würde von vorne beginnen.

Die Flusspferde übten, wie Wale und Seevögel, über ihren Kot einen regelmäßigen Einfluss aus. Aber es gab auch etwa einmal im Jahr einen unerwarteten zusätzlichen Nährstoffschub. »Eines Tages sind wir am Fluss aufgetaucht, und da waren all diese Gnu-Kadaver«, sagte Subalusky, »die einfach nur in der Strömung des Flusses hingen.« Subalusky und Dutton kannten die Gnu-Wanderung, eine der größten der Welt, bei der jedes Jahr etwa eine Million Gnus durch die Serengeti und die Masai Mara ziehen. Doch mit einem Massensterben hatten sie nicht gerechnet. Die Kadaver stapelten sich. Geier flogen heran. Nachts fraßen Hyänen.

Vor 75 Jahren waren solche Überquerungen selten. Gnu-Populationen verschwanden Mitte des 20. Jahrhunderts fast vollständig, nachdem sie der Rinderpest ausgesetzt waren, einem Virus, das damals bei Nutztieren weitverbreitet war. Die Behandlung der Krankheit und ihre Ausrottung im Jahr 2011 führten zu einem exponentiellen Anstieg der Zahl der Gnus. Sie haben breite Hörner und eine breite Brust und Gesichter wie Abraham Lincoln – so ähnlich singt Laurie Anderson über sie. Die Überlebenden ziehen zusammen mit Hunderttausenden Gazellen und Zebras jedes Jahr durch die afrikanischen Ebenen. Ihre Beweidung trägt zum Wiederaufbau des Kohlenstoffs im Erdreich der Serengeti bei; nicht abgeweidete Gräser können dagegen große Mengen an Brennstoff ansammeln, die weite Gebiete feuergefährdet machen. Die Rückkehr der Gnus führte zu weniger Bränden. Insekten halfen dabei, Kohlenstoff aus ihrem Dung in den Boden zu transportieren. Das Serengeti-Ökosystem hat sich von einer großen Kohlenstoffquelle, die durch Brände freigesetzt wird, zu einer Kohlenstoffsenke entwickelt, die jährlich mehrere Millionen Tonnen Kohlendioxid absorbiert.

Die meiste Zeit des Jahres gibt es in dieser Gegend nur wenige Gnus, doch im Juni ändert sich alles. »Es ist, als würde man eines Morgens aufwachen, und alles ist mit schwarzem Pfeffer bestreut«, sagte Subalusky. »Man kann es nicht wirklich verstehen. Wir werden an einige Aussichtspunkte kommen, wo es buchstäblich Gnus gibt, so weit das Auge reicht.«

Die Gnus überqueren mehrmals im Jahr den Mara-Fluss. Wenn das Wasser im Fluss niedrig steht, bekommen sie höchstens nasse Knöchel. Doch bei hohem Wasserstand ist das Übersetzen gefährlich. Einzelne Tiere schrecken am Ufer zurück und beäugen das Wildwasser, aber sobald eines von ihnen springt, setzt sich der Herdentrieb durch. Gnus sind keine guten Schwimmer. Viele schaffen es nie auf die andere Seite.

»Der gefährlichste Zeitpunkt für die Entnahme von Wasserproben ist, kurz bevor die Gnus auftauchen«, sagte Subalusky. »Nilkrokodile wissen, wo die Gnus den Fluss überqueren, und Sie werden sehen, wie sie sich versammeln – 30 oder 40 große Krokodile, die sich an den Übergangsstellen einfinden.«

Subalusky und ihre Kollegen untersuchten das Wasser, fingen Fische und analysierten Mikroben. »Plötzlich«, erinnerte sie sich, »saßen wir am Ufer des Flusses und sahen Hunderte von Gnu-Kadavern im Fluss.«

Es gab also Raubtiere und Aasfresser, die sich an den Übergangsstellen einfanden. Und es stank. Der Geruch des Todes besteht zum größten Teil aus der Chemikalie Ethylmercaptan. Der Mensch reagiert so empfindlich auf diese Schwefelverbindung, dass er sie bei einem Molekül unter einer Milliarde wahrnehmen kann. (Sie wird auch dem Propan Ihres Gasherdes zugesetzt, damit Sie wissen, dass der Hahn aufgedreht ist, und kein Streichholz in unmittelbarer Nähe anzünden. Und man erzählt sich, dass Ölarbeiter in Kalifornien bemerkt haben, wie sich Truthahngeier bei Gaslecks versammelten, weil sie den Geruch als Aas identifizierten, weshalb man die dortige Öl-Verbindung später mit geruchlosen Kraftstoffen gemischt hat. Wir fügen also den Geruch des Todes hinzu, um den Tod zu vermeiden.) Der Geruch von verwesendem Fleisch könnte Menschen dazu bringen, die Nase zu rümpfen, aber der Geruch zieht Geier, Fliegen und andere Aasfresser an. Ethylmercaptan und weitere flüchtige Geruchsstoffe sind so attraktiv, dass einige Blumen, wie zum Beispiel das Drachenmaul, sie nutzen, um Schmeißfliegen zur Bestäubung anzulocken.

Welche Auswirkungen hat es, wenn sich Hunderte von Gnu-Kadavern im Fluss stapeln? Subalusky und Dutton nutzten Kamerafallen, um Aasfresser zu zählen. Geier flogen aus meilenweiter Entfernung herbei; Hyänen drängten sich in den Fluss. Und dann waren da noch die Fliegen, die Ibisse und Mungos anlockten. »Ich habe ein Foto von einem jungen Krokodil, das sich auf diesen Gnu-Kadavern sonnt«, sagte sie dem *Atlantic*, »und ich finde, es sieht überglücklich aus.«

Subalusky schätzte, dass der Knochenbestand in der Mara eigentlich immer dem von etwa 50 Blauwalen entspricht. Als die Skelette zerfielen, gelangte Phosphor in den Fluss, und Welse ernährten sich von den Algenmatten, die die Knochen bedeckten. Kommt Ihnen das bekannt vor? Sie haben es erraten. »Ich war mit der Lachswanderung sehr vertraut«, sagte Subalusky. Bob Naiman wurde ihr Mentor, als sie an ihrem Master arbeitete, daher hatte sie viel über Lachs gelesen.

Subaluskys Arbeit über Tiereinbringungen in Afrika veranschaulicht auf wunderbare Weise den Fluss von Nährstoffen, der sich wie ein Kreislaufsystem in Impulsen um den Planeten bewegt. Als sie Gnus beobachtete und frühe Berichte aus Nordamerika las, dachte sie über einen weiteren Langzeitmigranten nach. Im Frühjahr ertranken Bisons in den Great Plains häufig in Massen, insbesondere wenn die Wege der Tiere über Flüsse führten. Im Jahr 1795 verbrachte der Pelzhändler John Macdonell einen Tag damit, Kadaver von Bisons zu zählen, die im Assiniboine River in Manitoba ertrunken waren. Er zählte insgesamt 7360 Tiere, bevor er auf dem Rücken der Kadaver den Fluss überquerte und dort übernachtete. Subalusky erkannte in ihm einen Seelenverwandten. Sie und ihre Kollegen schätzten, dass jedes Jahr etwa 200 000 Bisons in den Flüssen der Great Plains starben, als noch zig Millionen Bisons über die Flüsse wanderten. Das wären etwa 100 000 Tonnen Bison pro Jahr; abhängig von Ihrer bevorzugten Maßeinheit sind das etwa 120 000 Blauwale oder vier Freiheitsstatuen. Die von ihnen zurückgelassenen Knochen waren, genau wie die Gnu-Knochen in der Mara, langfristige Phosphorspeicher, die langsam ausgelaugt und jedes Jahr ersetzt wurden.

Und was ist mit Tierwanderungen rund um den Globus? Martin Wikelski, der Direktor der Abteilung Migration des Max-Planck-Instituts, gab ein Seminar in Yale, als Subalusky dort Doktorandin war. »Es hat ein Feuer in mir entzündet, das immer noch brennt«, sagte Subalusky. Auf Wikelskis Website Movebank können Sie Daten von mehr als zwei Milliarden Standorten visualisieren, mit Tausenden von Sendern, die an allen Arten von Tieren angebracht sind, von Meeresschildkröten über Blauwale bis hin zu frei laufenden Hunden. Ihre Bewegungen durchziehen den Globus in Neonlinien von der Arktis bis zur Antarktis und überall dazwischen. Jeder Punkt, jede Linie ist ein bestimmtes Tier, wie eine Zelle im Blutkreislauf – ein Wolf, der sich um den Denali bewegt, den höchsten Berg der USA in Alaska; ein Seehund, der durch schottische Gewässer schwimmt. Sie können den Weg verfolgen, den Princess, ein Weißstorch, jedes Jahr eingeschlagen hat, wenn er von Deutschland nach Südafrika und zurück flog: von 1994, als er noch ein jugendlicher Vogel gewesen war, bis zu seinem Tod im Jahr 2006.

»Jedes Mal, wenn ich das sehe, bekomme ich eine Gänsehaut«, schwärmte Subalusky. Sie hat darüber nachgedacht, wie diese Bewegungen auf der ganzen Welt Tiereinbringungen ermöglichen. Es gibt ein Spenderökosystem, das oft sehr produktiv und nährstoffreich ist – für Seevögel könnte es das Meer sein, für Wale hohe Breitengrade und für Flusspferde Grasland. Viele Tiere ziehen in diese Gebiete hinein und verlassen sie wieder, vielleicht weil es an ihren gewohnten Wohnstätten zu viele Raubtiere gibt oder weil sie einen Ort zum Ausruhen, Paaren, Nisten oder Säugen brauchen. Das Empfängerökosystem ist tendenziell weniger nährstoffreich; es könnte eine Insel, ein Fluss, ein tropischer Strand sein. Die Tiere kacken, pinkeln und gebären vielleicht sogar oder sterben in diesem neuen Lebensraum und bereichern so das Ökosystem.

»Milliarden von Tieren sind an ein Wanderleben angepasst«, schrieben die schwedischen Biologen Thomas Alerstam und Johan Bäckman in *Current Biology*, »sie wandern regelmäßig zwischen mehr oder weniger entfernten lebenden Stationen auf der Erde hin und her, indem sie schwimmen, fliegen, rennen oder gehen.« Die Gnus und Flusspferde der Masai Mara waren nur ein kleiner Teil dieses Kreislaufsystems. Und so wie eine schlechte Durchblutung zum Verlust von Gliedmaßen führen kann, können der Rückgang der Tierpopulationen und der Migration die Nährstoffversorgung in einigen der reichhaltigsten Lebensräume der Welt unterbrechen, wodurch diese weniger produktiv und dafür anfälliger für den Klimawandel werden.

Die Stürme, die Yellowstone heimgesucht haben, haben zu den stärksten Überschwemmungen aller Zeiten geführt, und es scheint wahrscheinlich, dass der Klimawandel und globale Unregelmäßigkeiten dazu beigetragen haben – die Zunahme wetterbedingter Extreme, von Überschwemmungen über Eisstürme bis hin zu Hurrikanen … Als das Wasser stieg, zog ich mich nach Cody zurück, in die Heimat von Buffalo Bill. Bis zum Rand der Clarks-Fork-Brücke stand das Wasser. Ein Baumstamm drückte bedrohlich gegen die Stützmauer.

Die Überschwemmung war schlimm für die Bewohner, die ihr Eigentum oder ihre Sommereinnahmen verloren haben. Aber sie könnte gut für die Tierwelt sein, die durch den Sturm nicht direkt geschädigt wurde. Als ich weiterfuhr, stellte ich mir vor, wie die Bisons, Wölfe und Grizzlys sich fragten, was zum Teufel mit all den Autos passiert war, die am Tag zuvor durch das Lamar Valley gefahren waren. Vielleicht waren sie jetzt weniger gestresst, wie die Glattwale nach dem 11. September 2001, als der Schiffsverkehr zum Erliegen gekommen war und auf den Ozeanen eine Zeit lang Ruhe geherrscht hatte. McGarvey fragte sich, ob die Wölfe und Grizzlys neue Gebiete erkundeten und dabei über menschenerrichtete Straßen streiften, wie es möglicherweise während der COVID-Lockdowns der Fall gewesen war.

Als ich auf dem Chief Joseph Highway aus Yellowstone nach

Südosten fuhr, sahen die großen schwarzen Rinder, die auf den Hügeln ruhten, aus der Ferne wie Bisons aus und hoben sich dunkel von den grün geformten, fast kahlen Hügeln ab. Aber spielten sie hinter dem Stacheldraht, der sie umzäunte, die gleiche ökologische Rolle wie ihre einst wilden, wandernden Verwandten? »Rinder fressen sicherlich Gras«, erzählte mir Rick Wallen, der sich in seinem Haus am Bozeman Pass befand, »aber Rinder sind keine Beute für Raubtiere, weil Viehzüchter diese Raubtiere erschießen.« Rinder nutzen die Landschaft nicht auf die gleiche Weise wie Bisons in großer Zahl. Sie sind durstiger und verbringen mehr Zeit an Flüssen und Bächen, was Erosion und Abfluss verstärkt. Die Menschheit hat große Gebiete im Westen der Vereinigten Staaten verschlungen, zum Nachteil der Erhaltung und Wiederansiedlung der Bisons.

»Eine Herde Bisons, die eine Autobahn überquert, ähnlich wie Colonel Dodge es im späten 19. Jahrhundert beschrieben hat, als Bisons über eine Eisenbahnstrecke gelaufen waren« – eine Herde, die 30 Kilometer lang und dreieinhalb Kilometer breit war – »würde heute eine völlig andere soziale Wirkung haben.« Wallen glaubt nicht, dass die Gesellschaft wilde Bisons außerhalb von Orten wie Yellowstone, von Stammesgebieten und den neuen amerikanischen Präriereservaten entlang des Missouri River tolerieren würde. Die Auseinandersetzungen darüber, ob Bisons im Millionen Hektar großen Charles M. Russell National Wildlife Refuge im Norden Montanas wieder angesiedelt werden sollen, gehen weiter. Dieser Plan wird von indigenen Gruppen unterstützt, aber von einigen Viehzüchtern abgelehnt. »Es ist eine harte Auseinandersetzung«, meinte Wallen. »Ich bin pessimistisch, was die Möglichkeit angeht, dass unsere polarisierte Gesellschaft zusammenkommt, um etwas Wichtiges zu tun, so wie wir es im Yellowstone getan haben, aber ich habe die Hoffnung noch nicht verloren.«

Die Wiederansiedlung wilder Tiere könnte diese Kreaturen zu einem regelmäßigen Nachrichtenthema machen, ähnlich dem Wetter, da ihr Wirken so zuverlässig ist wie das der Jahreszeiten, aber was passiert, wenn das Klima selbst unberechenbar wird? So wichtig Tiere an einem Ort wie Yellowstone auch sind, das Klimachaos – sintflutartige Regenfälle, verfrühte Schneeschmelzen, ausgedehnte Dürren – könnte ihren Einfluss in den Schatten stellen. In den letzten Jahren kam es im ältesten Park der USA zu einem spannenden Aufschwung von Bisons, Wölfen, Bibern und anderen einheimischen Arten, der Hilfe bei der Wiederherstellung von Ökosystemen und Landschaften verspricht, doch extreme Ereignisse rütteln an Grundpfeilern der Artenerhaltung. Im Jahr 2070 wird es im Yellowstone-Nationalpark voraussichtlich fünf bis sechs Grad wärmer sein als im Jahr 2000, und bis zum Ende des Jahrhunderts werden es bis zu zehn Grad mehr sein. Einige Tiere im Yellowstone-Nationalpark werden sich dem anpassen, andere werden weiterziehen, und wieder andere könnten ganz verschwinden.

Können Tiere jemals wieder so mächtig sein wie vor der Herrschaft der Menschen über den Planeten? Es lohnt sich, darüber nachzudenken, wie wir an den Punkt gekommen sind, an dem die Antwort auf diese Frage ungewiss ist.

5

PLANET DER HÜHNER

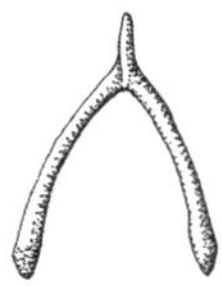

Als ich neulich mein Büro verließ, waren die Autohupen lauter als das Vogelgezwitscher. Ich hörte eher das Klopfen von Hämmern als von Spechten. Die einzige Bewegung, die ich sah, war die von Pendlern auf ihren Fahrrädern oder in ihren Lastwagen oder Autos.

Man könnte meinen, dass die meisten großen Tiere von der Erde verschwunden sind, aber rein gewichtsmäßig gibt es heute mehr Säugetiere auf dem Planeten als vor der Zeit, als der Mensch auf den Plan trat. Das Problem dabei? Die meisten Tiere sind die Vierbeiner, die wir so gerne verzehren. Kühe, Schweine, Schafe und andere Tiere, die wir essen, machen 60 Prozent aller Säugetiere auf der Erde aus, was einem Gewicht von etwa 90 Millionen Tonnen entspricht. Wir Menschen erreichen 36 Prozent oder 54 Millionen Tonnen. Und die Gesamtbiomasse wild lebender Säugetiere? Nur sechseinhalb Millionen Tonnen oder 4 Prozent.

Als ich das zum ersten Mal in den Protokollen der *National Academy of Sciences* las, rieb ich mir die Augen. War es wirklich möglich, dass wir Menschen und unser Vieh die Anzahl der Nashörner, Flusspferde, Elefanten, Elche, Seeotter, Bären und sogar der großen Wale im Verhältnis von 25 zu 1 übertrafen?

Globale Biomasse von Säugetieren: Menschen machen gewichtsmäßig 36 Prozent aller Säugetiere aus, Haustiere 60 Prozent und wilde Säugetiere, einschließlich großer Wale, nur 4 Prozent.

Es stimmt: Seit wir die afrikanischen Savannen erobert haben und um die Welt gewandert sind, hat unsere Art etwa 85 Prozent aller wild lebenden Säugetiere gejagt. Als die großen Tiere verschwanden – was vor etwa 10 000 Jahren geschah –, wurden sie von Menschen durch Haustiere ersetzt. Kein Wunder, dass wilde Tiere als Ökosystemingenieure eine immer kleinere Rolle spielen. Im Anthropozän – also der heutigen Ära, die anfing, als der Mensch einen überwältigenden Einfluss auf die Umwelt und auf den Planeten auszuüben begann – sind wilde Säugetiere kaum mehr als ein Rundungsfehler.

Dasselbe gilt auch für Vögel. Hühner, Truthähne und Enten überwiegen ihre wilden Verwandten – darunter alle Strauße, Kondore,

Kaiserpinguine, Eissturmvögel, Weißkopfseeadler, Streifenkäuze, Silbermöwen, Drosseln, Meisen und Heuschreckensperlinge – im Verhältnis von drei zu eins. Zwar ist der Wildanteil bei Vögeln nicht ganz so dünn wie bei Säugetieren, doch auch hier sind es eben nur etwa 30 Prozent der Vogelbiomasse.

Diese Veränderungen haben ökologische Konsequenzen. Viele Tiere werden in Intensivbetrieben statt auf Weiden oder Grünland gehalten. Gülle aus diesen Massentierhaltungen gibt Ammoniak in die Atmosphäre ab, eine Ursache für sauren Regen und Stickstoffverschmutzung; und Gülle kann das Grundwasser mit Nitraten verunreinigen. Kühe fermentieren Zellulose und Getreide auf den Feldern, Futterplätzen und Milchställen dieser Welt; als Nebenprodukt dieser chemischen Reaktion gibt jede Kuh jährlich mehr als 90 Kilo Methan in die Atmosphäre ab. Das summiert sich. Die Rindfleisch- und Milchproduktion ist für mehr als ein Drittel der vom Menschen verursachten Emissionen von Methan verantwortlich, das etwa 80-mal stärker wirkt als das Treibhausgas Kohlendioxid.

Wir haben die Welt so sehr verändert, dass wir ein Grundgesetz des Ozeans gebrochen haben. Im gesamten Größenspektrum, von Mikroben bis hin zu Walen, war die Biomasse jeder Klasse von Meereslebewesen historisch gesehen gleich. Das heißt, wenn Sie das Gewicht des gesamten kleinen Zooplanktons auf dem Planeten berechnen würden, von dem jedes einzelne Stück normalerweise weniger als 30 Gramm wiegt, würde es der Masse aller Organismen in der nächsthöheren Größenklasse entsprechen – beispielsweise den Futterfischen – und so weiter, hinauf bis zur Megafauna wie den Haien und Walen. Dieses Muster, dass die Häufigkeit eines Organismus umgekehrt proportional zu seiner Körpergröße ist, wird als Sheldon-Spektrum bezeichnet. Anders ausgedrückt: Krill ist 10 000-mal kleiner als Kabeljau, kommt aber auch 10 000-mal häufiger vor als Kabeljau. Die industrielle Fischerei und der Walfang haben das alles verändert. Die größeren Tiere wurden vom Menschen weitgehend ausgerottet, die kleineren Tiere dominieren die Ozeane. Wale, andere Meeressäugetiere und die größten Fische sind seit 1800 um fast 90 Prozent zurückgegangen. Ganz zu schweigen vom Anthropozän – wir sind in das eingetreten, was der Meeresökologe Daniel Pauly das Myxozän nennt, das »Zeitalter des Schleims« (*muxa* bedeutet »Schleim«). Ein Ozean ohne Fische, Haie, Seevögel, Wale und große Wirbellose ist eine Welt ohne Meeresreisende, ein Ozean, der weder Ehrfurcht erweckt noch essbare Kreaturen beinhaltet.

Trotz dieser Veränderungen haben die Menschen kein »unabhängiges souveränes Königreich« errichtet, wie der Umwelthistoriker Donald Worster feststellte. »In Wahrheit gibt es kein Entkommen aus der ökologischen Matrix.« Ehe wir die Wildnis eingezäunt und mehr als 80 Prozent der Säugetiere, Fische und Vögel getötet haben, gab es ein Gleichgewicht zwischen Stickstoff und Phosphor einerseits, die flussabwärts ausgespült wurden, und andererseits dem, was über den Globus flog, schwamm, rannte oder kroch; Tiere verteilten diese Nährstoffe in Form von Kot, Fleisch und Knochen.

Nachdem wir dieses Gleichgewicht verloren haben, mussten wir uns anderswo nach diesen Nährstoffen umsehen.

Im Jahr 1802 erreichte der preußische Entdecker Alexander von Humboldt nach jahrelanger Reise durch Amerika die Pazifikküste Perus. Er hatte kürzlich den Vulkan Chimborazo bestiegen, der damals als der höchste Berg der Welt galt. Obwohl er auf den schroffen Aufstieg nicht vorbereitet gewesen war, hatten er und seine Gefährten die höchste jemals von Menschen gemessene Höhe erreicht: 5917 Meter. Als er auf dem Chimborazo stand, blickte Humboldt, wie Andrea Wulf schrieb, auf die sich verändernden Vegetationstypen, denen er auf jeder einzelnen Ebene begegnet war, und sah Pflanzen auf eine neue Art und Weise, indem er »die Natur als globale Kraft mit interagierenden Klimazonen [betrachtete], die quer über die Kontinente verteilt waren« …

Zurück auf der Erde näherte sich Humboldt einer Seevogelinsel, die von den Inkas als Düngemittelquelle geschätzt wurde. Die Seevögel auf der Insel kackten regelmäßig, kurz bevor sie zum Flug absetzten, und die Einheimischen hatten über Jahrzehnte und Jahrhunderte die Ansammlung von Exkrementen, Eierschalen und Kadavern beobachtet. Sie nannten die kalkhaltige Substanz *Wanu*, das Quechua-Wort für »Vogelscheiße«. *Wanu* war so wertvoll, dass nach dem Inka-Gesetz die Störung oder Tötung von Seevögeln während ihrer Brutzeit zu jeder Jahreszeit mit dem Tode bestraft wurde.

Humboldt mag die Art und Weise, wie wir die Natur sehen, wohl revolutioniert haben, aber er war ein schlechter Ornithologe, so Gregory Cushman, Autor von *Guano and the Opening of the Pacific World.* Humboldt betrachtete das trockene Substrat, das die Einheimischen gesammelt hatten, und stellte deren Interpretation, dass es von den Vögeln komme, infrage; er betrachtete es vielmehr als das Ergebnis einer antiken Katastrophe, in etwa wie die Kohlelagerstätten Europas. Obwohl der Ammoniakgeruch entlang der Docks so stark war, dass er Niesanfälle bekam, war Humboldt neugierig genug, etwas südamerikanisches Guano nach Frankreich zurückzubringen. Er übergab es einem engen Freund, dem Chemiker Louis Vauquelin, der feststellte, dass es überraschend hohe Konzentrationen an stickstoffreicher Harnsäure aufwies, und er erkannte das Potenzial von Guano zur Steigerung der Bodenfruchtbarkeit. Spätere Experimente zeigten, dass Guano ein weitaus besserer Dünger war als Schweine- oder Kuhdung, aber Humboldt und seine Kollegen waren sich des Ursprungs dieser Substanz immer noch nicht sicher.

Europa war zu diesem Zeitpunkt seit Jahrhunderten verzweifelt auf der Suche nach Nährstoffen für Böden. Im mittelalterlichen England durften Bauern ihre Schafe auf dem Land des Adels weiden lassen, doch wehe, sie entfernten den Kot der Tiere, dann drohten ihnen schwere Strafen. Und wenn Bauern in die Stadt zogen, wurden ihr Urin und ihre Fäkalien im städtischen Gebiet freigesetzt. Die Folge waren allerdings Infektionskrankheiten, was schließlich zur Revolution der Sanitärversorgung führte: Abwässer wurden fortan aus den Städten abgeleitet – in Seen, Flüsse und schließlich in die Ozeane. Der wertvolle Stickstoff und Phosphor wurden mit dem Abwasser ausgeleitet. Tierkadaver, die einst auf ländlichen Feldern zurückgelassen worden waren, wurden zu städtischen Metzgereien und Vorratskammern transportiert. Lumpensammler streiften durch die Straßen der Stadt. Die Knochen, die sie einsammelten, wurden zerhackt, zu Leim verarbeitet, zu Dünger gemahlen oder zum Raffinieren von Zucker verwendet; die Lumpen wurden hauptsächlich zur Papierherstellung benutzt.

Im 19. Jahrhundert reisten englische Grabräuber und Knochensammler weite Strecken und gruben Tausende von Skeletten von Soldaten und Pferden aus, die in den Schlachten von Leipzig, Waterloo, Austerlitz und anderswo gestorben waren. England wurde zum größten Menschenknochenhändler der Welt, seine Bürger verschleppten ganze Generationen von Skeletten aus den Katakomben Siziliens sowie Mumien aus ägyptischen Gräbern. Viele wurden zum Hafen von Hull verschifft und in den Knochenmühlen von Yorkshire gemahlen.

Die Zahl menschlicher Knochen, die in Europa ausgegraben werden konnten, war begrenzt, aber die Guano-Vorräte schienen – zumindest zunächst – endlos zu sein. Die Inkas Südamerikas hatten schon immer recht gehabt – Guano war eine lebende Ressource. Millionen peruanischer Kormorane, Pelikane und Tölpel ernährten sich von den nährstoffreichen Gewässern des Pazifiks. Ihre Jungtiere bildeten kraterförmige Ringe aus Guano, die die Inka *quillairaca* nannten – »die Vagina des Mondes«. Auf den Seevogelinseln herrschte ein heißes, fast regenfreies Klima, sodass ein großer Teil des Kots an Land blieb und nicht ins Meer gespült wurde, wodurch eine natürliche Mineralablagerung entstand.

Im Laufe der Jahre nahmen die Vogelkotspritzer an Masse zu und ähnelten bald den Felsen selbst. Auf einigen peruanischen Inseln waren die Guanoschichten 65 Meter hoch – 18 Stockwerke aufgeschichteter Seevogelmist. Unter diesen Seevogelkolonien wurden die höchsten jemals auf der Erdoberfläche gemessenen Konzentrationen an Stickstoff und Phosphor gefunden.

Cushman setzt den Beginn des Anthropozäns auf das Jahr 1830, in dem die erste Lieferung von Nitratdünger verzeichnet wurde. Bald darauf folgte Guano, den man von Südamerika nach England transportierte. Guano wurde mit einer Spitzhacke aus dem Boden geholt, auf Karren geladen und zu wartenden Schiffen gebracht. Als der internationale Guano-Handel zunahm, wurden Zehntausende von Arbeitern aus China geholt, um neben einheimischen Sträflingen und Schuldnern zu arbeiten, oft unter sklavereiähnlichen Bedingungen. Schon bald liefen amerikanische, britische und deutsche Schiffe die peruanische Küste an, begierig darauf, ihre Laderäume mit dem Dünger zu füllen.

Guano war für die industrielle Revolution ebenso wichtig wie fossiler Brennstoff, argumentiert Cushman, wobei die europäische Entdeckung einen entscheidenden Moment in der Geschichte der Menschheit markierte. Als sie seinen Wert erkannten, betrachteten Humboldts Kollegen den Export von Guano als eine moralische Mission; die Verbreitung von Stickstoff und Phosphor käme allen Menschen zugute. Mit Guano angereicherter Boden brachte eine ressourcenintensive Landwirtschaft in Gang, steigerte die Produktivität von Acker- und Weideflächen und ermöglichte Wachstum und Gedeihen der städtischen Bevölkerung. Ein im 19. Jahrhundert verbreitetes Sprichwort lautete: »Lass zwei Grashalme dort wachsen, wo zuvor einer gewachsen ist.« Guano hat dazu beigetragen, dass dies möglich wurde. Der Dünger erreichte Europa am Ende einer langen Ära der Menschheitsgeschichte, einer Zeit der Stabilität, der Kleinstädte und der Subsistenzlandwirtschaft, und trug dazu bei, eine neue Ära in Gang zu bringen – eine, die bald von der maschinellen Produktion, der Dampfmaschine und der für städtische Märkte produzierenden Landwirtschaft dominiert wurde.

Das 19. Jahrhundert war das Zeitalter des Guanos, und die Suche nach diesem wirksamen Dünger trieb den globalen Handel voran, angefangen an den alten Küsten Perus bis hin zu einigen der entlegensten Inseln der Welt. Die Bedeutung dieses Handels kann kaum genug betont werden. Im Jahr 1841 importierte Großbritannien etwa zwei Tonnen peruanischen Guano. Vier Jahre später wurden fast 220 000 Tonnen eingeführt. Der Transport von Nährstoffen dominiert auch heute noch die Lebensmittelproduktion. Dünger aus Guano veränderte den Stickstoffkreislauf in der nördlichen Hemisphäre und löste eine Weidelandrevolution in den Außenposten Australiens und Neuseelands aus. Die Weiden im Süden wurden fruchtbarer, und die mit Vogelmist gezüchteten Lämmer und Rinder wurden nach Europa, in die Vereinigten Staaten und in den Nahen Osten exportiert. »Der peruanische Guano diente hauptsächlich den nördlichen Konsumenten von Fleisch und Zucker«, schrieb Cushman. Es ging nicht darum, den Hunger auf der Welt zu bekämpfen.

Eine Zeit lang waren Perus Seevögel die wertvollsten auf dem Planeten – Milliarden-Dollar-Vögel. Der Guano-Höchststand trat etwa 1870 ein. Schließlich wurden durch Überfischung die Sardellenbestände, auf die Perus Seevögel angewiesen waren, dezimiert, und Ratten, Katzen und Schweine vernichteten viele Vögel auf den Guano-Inseln im Zentralpazifik. Im 20. Jahrhundert wurden abgelegene Inseln als Atomteststandorte beliebt; Tausende nistende Seevögel wurden getötet, einige wurden völlig ihrer Federn beraubt, anderen verbrannten die Augen in ihren spitzen Köpfen. Millionen Vögel wurden in den Jahren nach dem Zweiten Weltkrieg wiederholt Atomtests ausgesetzt.

Schon bevor Überfischung und das Atomzeitalter diese fernen Inseln erreichten, war klar, dass es nicht genug Guano gab; von nichts gab es jemals genug. Wieder einmal griffen die Menschen beim Dünger auf Tiere zurück, doch dieses Mal waren die Knochen uralter Lebewesen die Phosphorquelle. Im späten 19. Jahrhundert entwickelte sich Floridas Bone Valley, reich an Fossilien von

Säugetieren und Meereslebewesen aus dem Miozän, zu einem Zentrum der Gewinnung: Zahlreiche Minen und Phosphatverarbeitungsanlagen entstanden sowie hoch aufragende kalkweiße Gipsformationen – Gips war der Abfall aus den Minen. Der frühe Abbau erfolgte per Hand mit Spitzhacke und Schaufel. Zora Neale Hurston beschrieb die Arbeit, die hauptsächlich von schwarzen Männern geleistet wurde, in ihrer Autobiografie so: »Sie gehen in die Phosphatminen und holen den feuchten Staub der Knochen prähistorischer Monster hoch, um an weit entfernten Orten fruchtbares Land zu schaffen, damit die Menschen dort essen können. Aber es ist nicht alles Staub. Riesige Rippen, sechs Meter vom Bauch bis zum Rückgrat … Haifischzähne, so breit wie die Hand eines Arbeiters.« Zehn bis zwölf Stunden am Tag verbrachten die Arbeiter knietief im Wasser, während Dynamit Steine von den Wänden schleuderte. Bewaffnete Wachen patrouillierten zu Pferd, um sicherzustellen, dass niemand zu einem lukrativeren Job woanders abwanderte – und dass Sträflinge, die vom Staat Florida für die Arbeit in den Minen angeheuert worden waren, nicht entflohen.

Im 21. Jahrhundert wächst die Sorge, dass der Phosphor-Höchstwert erreicht ist. Die Vereinigten Staaten liegen beim Phosphatabbau hinter China und Marokko zurück, und Guano wird immer noch in Peru und Chile geerntet und verkauft. Aber die Quellen des Elements, egal ob alte oder neue Ablagerungen, könnten erneut zum Engpass für die Landwirtschaft werden. Die Debatten darüber, wann oder ob eine globale Phosphorkrise eintreten wird, halten an, doch Seevögel düngen weiterhin Inseln, Küsten und Korallenriffe, auch wenn ihre Zahl zurückgegangen ist. Einem Bericht zufolge wird der Transport von Phosphor und Stickstoff in Küstenökosysteme auf 473 Millionen US-Dollar pro Jahr geschätzt; auf bis zu 1,1 Milliarden US-Dollar, wenn man Tourismus und Fischerei mit einbezieht. Peruanische Kormorane, Pelikane und Tölpel sind nicht mehr so verbreitet wie früher, aber zusammen mit anderen Seevögeln sind sie immer noch Milliarden-Dollar-Vögel.

Wir leben im Zeitalter des Vogels. Doch mittlerweile sind sie größtenteils flugunfähig geworden, und viele erblicken nie das Tageslicht. Weltweit werden jedes Jahr etwa 50 Milliarden Hühner geschlachtet und in den Vereinigten Staaten jedes Jahr mehr als acht Milliarden Masthähnchen gezüchtet. Im Brathähnchen-Gürtel – einem Gebiet, das sich von Maryland bis Texas erstreckt, obwohl auch in Kalifornien viele Vögel gezüchtet werden – leben Hühner, die zum Schlachten aufgezogen werden, oft in Herden von 10 000 oder mehr; sie verbringen ihr ganzes Leben drinnen. (Das trifft nicht nur auf Hähnchen zum Verzehr zu, sondern auch auf Eier legende Hühner: Legehennen leben oft in winzigen Drahtkäfigen, die nebeneinander oder übereinander gestapelt sind.) Vom Schlüpfen bis zum Tod kommen sie nie an die frische Luft oder an natürliches Licht; ihre gesamte Existenz spielt sich in einer kargen Umgebung aus Geflügel, Scheiße und Futter ab. »In dem Moment, in dem man eines dieser Lagerhäuser betritt, trifft dich dieser giftige Gestank wie eine Tonne Ziegelsteine – die Luft ist beißend und erstickend«, sagte mir Leah Garcés, Präsidentin von Mercy for Animals. »Sie husten, Ihre Augen tränen, Sie können nicht atmen. Man kann sich nicht vorstellen, das länger als eine kurze Zeit zu ertragen, geschweige denn das ganze Leben hier zu verbringen.«

Dennoch sind diese Masthähnchen Lebewesen, aber sie ähneln kaum ihren Vorfahren. In den 6000 Jahren, seit Hühner in Südostasien domestiziert wurden, haben wir ihre Skelette, Gene und Epidemiologie verändert. Ihre Knochen sind dreimal so breit und doppelt so lang wie die des roten Dschungelhuhns, ihrer wilden Artgenossen. Sie wachsen dreimal so schnell wie ihre wilden Verwandten und sterben viel früher, weil sie nach etwa sechs Wochen geschlachtet werden. Im Mittelalter verdoppelte sich die Größe der Hühner durch selektive Zucht auf den Bauernhöfen. Im 20. Jahrhundert hat sich ihre Größe verfünffacht. Haushühner haben eine geringere genetische Vielfalt als ihre wilden Verwandten und außerdem eine Mutation in einem bestimmten Hormonrezeptor durchgemacht, die es ihnen ermöglicht, das ganze Jahr über Eier zu legen. Genmanipulation und intensive, industrielle Landwirtschaftspraktiken haben zu einer Welt geführt, in der es Hühnerfleisch in Hülle und Fülle gibt – und erschreckend günstig, wenn man die wahren Kosten ihrer Produktion außer Acht lässt.

Fast eine halbe Milliarde dieser Tiere schafft es nie in die Schulkantine oder zwischen die Brötchen von Fastfood-Ketten – sie sind zu krank oder zu schwach, um die sechs oder sieben Wochen bis zur Schlachtung zu überleben. Selbst diejenigen, die dies schaffen, werden von Krankheiten und Verletzungen geplagt. »Zehntausende scheißende Vögel, von denen viele durch unnatürlich schnelles Wachstum geschwächt sind, haben keine andere Wahl, als sich in ihrem eigenen Kot zu wälzen, der sich von Herde zu Herde ansammelt«, fuhr Garcés fort. Ihre Füße und ihre Brust werden wund und weisen Dekubitus-ähnliche Verbrennungen auf. »Wenn Sie Hühnchen zum Verzehr in einem Restaurant oder Lebensmittelgeschäft kaufen, essen Sie genau das.«

Für diese Hühner und ebenso für die Kühe, Schweine und anderen Tiere, die in Industriebetrieben gezüchtet werden, findet das Leben in einem Drahtkäfig, einer Metallkiste, einer Superherde mit wenig Bewegungsfreiheit statt; ihnen wird der Nachwuchs weggenommen, sobald es landwirtschaftlich sinnvoll erscheint. Und bei einer so großen Anzahl auf engem Raum können die Tiere natürlich auch zu Brutkästen und Superspreadern von zoonotischen Krankheiten wie der Vogelgrippe werden.

Wir haben so viele Mülldeponien mit diesen übergroßen Hühnerknochen vollgestopft, dass Hähnchenkeulen, Gabelbeine und Flügel im Fossilienbestand wahrscheinlich ein Schlüsselmerkmal unseres Zeitalters sind. Diese Knochen können auch die Migration früherer Menschen belegen. An einer archäologischen Stätte in Chile fanden Forscher einen einzelnen Hühnerknochen, den sie auf das Jahr 1400 n. Chr. datierten. Die DNA-Sequenz stimmte mit der von Hühnern überein, die in Vanuatu und anderen südpazifischen Inseln gefunden worden waren. Der Knochen ist ein Beweis für die Migration von Menschen aus Polynesien nach Südamerika und zeigt, dass Hühner schon vor den spanischen Konquistadoren im Jahr 1532 nach Peru gelangten.

Man kann unsere Erde einen Hühnerplaneten nennen. Man kann ihn einen Kuhplaneten nennen. Aber egal wie man es betrachtet, das Leben wurde domestiziert. Die Geschichte der Ausbreitung des Menschen und seines Einflusses auf Südamerika und den Rest des Planeten reicht viel weiter zurück als 1532.

Als Chris Doughty im Jahr 2010 an der Universität Oxford als Postdoktorand über die Dynamik von Kohlenstoffwäldern arbeitete, stieß er im Fossil Way, der gelb gemauerten Eingangshalle des Museum of Natural History in London, auf das Skelett eines riesigen Bodenfaultiers. *Megatherium*, dieser ehemalige Bewohner Südamerikas, war über vier Meter lang, hatte lange Krallen und einen großen, markanten Kiefer.

Riesenfaultiere waren größer als Elefanten und überragten die Vorfahren der Tapire und Nabeltiere, die es heute noch in Südamerika gibt. Im Gegensatz zu ihren modernen, auf Bäumen lebenden Verwandten waren Riesenfaultiere nicht langsam. Diese riesigen Vegetarier bewegten sich frei in den Savannen und waren wahrscheinlich auf die Gärung im Vorderdarm angewiesen, um die Zellulose in ihrer Nahrung abzubauen, ähnlich wie Bisons, Flusspferde und andere Weidetiere. Diese Art der Fermentation funktioniert im Allgemeinen nicht bei Lebewesen, die größer als ein Nilpferd sind; das ist zum Teil auch deshalb so, weil die Methanansammlung im Darm gefährlich werden kann. Riesenfaultiere waren so groß – bis zu 6000 Kilo –, dass es erstaunlich ist, dass sie nach einer großen Blattmahlzeit nicht explodierten, scherzte ein Biologe.

Doughty fragte sich: Wie haben diese Riesenfaultiere, die bis zu fünf Meter über den Boden reichen konnten, mit all ihrem Fressen, Kacken und Sterben die Wälder und Savannen strukturiert?

Er wunderte sich nicht nur über die sich schnell bewegenden Faultiere. Bevor die Menschen Afrika verließen, wurde die Erde von Riesen beherrscht: riesigen Schildkröten, Elefantenvögeln, Moas (flugunfähige Riesenvögel), gepanzerten Glyptodonen – teils Gürteltier, teils VW-Käfer – und anderen Geschöpfen, die wie Gestalten aus Kinderbüchern wirken. Laut Doughty sah das Toxodon aus wie eine Mischung aus Flusspferd und Nashorn. Ohne Hörner, mit großen Maultierzähnen und struppigem Fell waren sie einst das häufigste Hufsäugetier in Südamerika. Auch in ganz Amerika hatte es Raubtiere, Säbelzahnkatzen, amerikanische Löwen, riesige Bären und Wölfe sowie flugunfähige Terrorvögel gegeben, die eine Größe von 2,70 Meter erreichten und ihre Beute mit einem einzigen Schlag töten konnten. Die Tiere kämpften um jeden Bissen. Im Fossilienbestand zeigte sich, dass die Zähne vieler Fleischfresser bis auf die Knochen abgenutzt waren, wahrscheinlich weil sie verzweifelt nach dem Knochenmark gesucht hatten.

Profil einiger pleistozäner Arten Amerikas, darunter das Riesenfaultier (ganz rechts), das Glyptodon (unten rechts), das Mammut (mit Stoßzähnen), das ausgestorbene Kamel Aepycamelus (Mitte) und der pferdeartige Moropus. Der Bison auf der linken Seite war kleiner als die meisten dieser Megapflanzenfresser. Bisons sind die einzigen Tiere in dieser Grafik, die das Aussterben im Pleistozän überlebt haben.

Neben den elefantengroßen Faultieren gab es auch viele echte Elefanten. Die Vielfalt der Rüsseltiere erreichte ihren Höhepunkt vor etwa drei Millionen Jahren, als 33 Elefantenarten und ihre Verwandten die Welt durchstreiften. Es gab Mammuts, Mastodons, Gomphotherien und Tetralophodons, die drei Meter groß waren und lange Stoßzähne und kleine Ohren hatten. Die reichlich vorhandenen und ökologisch innovativen Mitglieder dieses großen Zweigs des Evolutionsbaums gediehen, bis er vor etwa 100 000 Jahren ausstarb, als Klimaveränderungen und die menschliche Jagd zu einem katastrophalen Rückgang der globalen Vielfalt führten und nur wenige Arten überlebten.

Wie wirkten sich die täglichen Bewegungen und saisonalen Wanderungen dieser Riesen, die Millionen von Jahren kackten und starben, auf die Landschaft aus? Doughty und seine Kollegen begannen in Südamerika zu forschen, dem Land der Faultiere und Toxodonen. »Es gab überall Gefälle in der Konzentration von Nährstoffen«, sagte er. Große Säugetiere und andere Tiere können sich über weite Strecken über diese Gefälle hinwegbewegen, von Gebieten mit hoher Nährstoffkonzentration zu Gebieten mit weniger Nährstoffen, ähnlich wie Wale, die Nährstoffe von hohen in niedrige Breiten transportieren. »Ich betrachte das immer als ein integriertes System – es gibt bestimmte Elemente, wie Phosphor, die von Pflanzen aufgenommen und von Tieren benötigt werden«, erzählte mir Doughty von seinem Büro an der Northern Arizona University aus, wo er jetzt außerordentlicher Professor ist. »Und das ist der entscheidende Punkt. Zuerst muss man verstehen, wie effizient sich die Elemente vom Boden zu den Blättern und dann von den Blättern zu den Tieren bewegen. Sobald die Tiere das Laub gefressen haben, gehen sie ein Stück spazieren und kacken es aus.«

Doughty quantifiziert diese letzte Bewegung als Φ oder Phi, der Diffusionsbegriff für Dung – die seitliche Übertragung von Nährstoffen durch Tiere von einem Ökosystem in ein anderes. In neueren Gebieten wie Surtsey ist Stickstoff tendenziell limitierend, da

Vulkangestein reich an Phosphor ist, in älteren Regionen jedoch, etwa in Gebirgsketten wie den Appalachen und tropischen Wäldern wie am Amazonas ist eher der Phosphor rar. »Im Grunde handelt es sich dort nur um alte Böden«, sagte er. Nach Millionen von Jahren ist ein Großteil des Vorrats in die Flüsse und schließlich ins Meer gelangt.

Neuer Phosphor kann durch natürliche Verwitterung, durch die Erosion von Gestein und Mineralien durch Wasser, Eis und Wind freigesetzt werden, was sinnträchtig als äolischer Staub bezeichnet wird. Eine der wenigen Möglichkeiten – abgesehen von einem neuen Vulkan oder günstigen Winden –, Phosphor wieder bergauf und flussaufwärts zu transportieren, sind der Dung, das Fleisch und die Knochen von Tieren.

Der Kot von Obstfressern ist oft reich an Samen, wie Chips in einem warmen Teig aus Stickstoff- und Phosphordünger. Auch die oft tonnenschweren Kadaver von Riesenfaultieren, Gomphotheren und Toxodonen waren riesige Nährstoffpakete, allerdings mussten Zersetzer und Pflanzen erst auf den Tod dieser langlebigen Arten warten.

»In den Tropen gibt es sehr niedrige Phosphorverlustraten, weil alles darauf ausgelegt ist, Phosphor wirklich gut zu recyceln«, fuhr Doughty fort. Sie können dieses Spiel im Amazonas sehen. Wenn Sie nach dem Mittagessen in den Urwald kacken, ist der Kot schon vor dem Abendessen verschwunden, zersetzt von Insekten und Feuchtigkeit. An einem trockenen Ort wie der Kalahari-Savanne könnten die Fäkalien wahrscheinlich monatelang herumliegen. In tropischen Regenwäldern wird der von Tieren transportierte Phosphor schnell wieder in umliegende Pflanzen eingebaut.

Aber warum machen wir uns schon wieder Gedanken um Phosphor an Orten wie den Tropen? »Ohne Phosphor verlangsamen sich die Wachstumsraten«, sagte Doughty. »Pflanzen sind weniger produktiv. Es gibt weniger Früchte und Blumen. Aber sobald man Phosphor hinzufügt, steigt die Fotosynthese, und die Wachstumsraten ziehen an.« Und Pflanzen können mehr Energie für die Fortpflanzung aufwenden.

Natürlich brauchen auch Tiere Phosphor, aber sie nehmen nur das auf, was sie brauchen, und geben den Rest regelmäßig über Kot und Urin ab. Tiere mit großem Körper sind große, konzentrierte Nährstoffquellen mit viel Phosphor in ihren Knochen, aber sie können lange leben, und wenn sie sterben, kann es eine Weile dauern, bis sich ihr Körper zersetzt. Kadaver bieten möglicherweise einen größeren Nährstoffimpuls als Kot, aber Doughtys Phi-Berechnungen zeigten, dass die Bewegungen von Phosphor und anderen Nährstoffen über Dung den Nährstofffußabdruck eines Kadavers bei Weitem überwog.

Soweit ich weiß, war Doughty der Erste, der diese Nährstoffwege als das Kreislaufsystem der Welt betrachtete. Wie wir gesehen haben, sind Tiere das schlagende Herz des Planeten. Riesenfaultiere, Gürteltiere und Mastodons trugen dazu bei, Phosphor, Stickstoff und andere lebenswichtige Nährstoffe über die Kontinente zu verteilen, oft von Nährstoff-Hotspots aus. Heutzutage schwimmen Wale mit den Nährstoffen über die Ozeane, Seevögel fliegen sie an Land, und Insekten bewegen sie über die Felder.

Als sich der *Homo sapiens* vor etwa 300 000 Jahren erstmals von unseren früheren menschlichen Vorfahren absetzte, gab es auf der Erde mehr Tier-, Pflanzen- und Pilzarten als in sämtlichen 4,5 Milliarden Jahren zuvor. Der Mensch ist sowohl ein jugendliches Produkt der Artenvielfalt als auch die Hauptursache für deren Untergang.

Die Zahl der Arten auf dem Planeten – darunter Vögel, Amphibien, Fische, Reptilien, Wirbellose und Pflanzen und andere – ist seit dem Auszug des Menschen aus Afrika zurückgegangen. Die intensive Ausrottung großer Pflanzenfresser in Amerika begann im späten Pleistozän: Der Höhepunkt des Aussterbens, insbesondere bei Savannentieren wie Riesenfaultieren, Glyptodons, Mammuts und Mastodons, ereignete sich vor etwa 12- bis 13 000 Jahren, als der

Mensch auftrat und sich das Klima stärker veränderte. 178 große Säugetiere – die terrestrische Megafauna – starben am Ende des Pleistozäns aus. Mit dem Verschwinden dieser Arten verschwanden auch ihre Raubtiere, wie die großen Säbelzahnkatzen. Und die Arten, die auf diese großen Tiere angewiesen waren, die vielleicht auf ihrer Haut oder in ihren Eingeweiden lebten, verschwanden ebenfalls, ebenso diejenigen, die von ihren angelegten Suhlen oder dem von ihnen gepflegten Grasland profitierten. Auch Vampirfledermäuse, die das Blut der größten Tiere tranken, Mistkäfer, die sich von ihrem riesigen Kot, und Geier, die sich von den Kadavern ernährten, verschwanden bald. Ökologen nennen diese Verluste Koextinktionen – und sie waren enorm.

Obwohl es beim Aussterben im Pleistozän Meinungsverschiedenheiten über die Rolle des Klimawandels im Vergleich zur Ausrottung gibt, finde ich die Arbeit von Jens Svenning an der University of Aarhus und Felisa Smith an der University of New Mexico und vielen anderen überzeugend: Die Beweise deuten darauf hin, dass die Ausrottung durch den Menschen der Hauptgrund für das Aussterben der Megafauna am Ende des Pleistozäns ist. »Ich denke, die Debatte wird nie aufhören«, warnte Svenning, »genauso, wie die Leute immer wieder darüber diskutieren, warum die Dinosaurier ausgestorben sind.« Doughty beschrieb den Streit als »Blutfehde«.

Dass unsere Vorfahren Mammuts töten konnten – von denen viele viel größer waren als die heutigen Elefanten in der afrikanischen Savanne –, indem sie Gruben aushoben und Speere schärften, *ist* ein Wunder. Alle sieben Mammutarten starben nach der Ankunft des Menschen aus, und der Verlust großvolumiger Säugetiere aus Ökosystemen ist ein wichtiges Zeichen für menschliche Migration. Der letzte große Showdown zwischen aufrecht gehenden Affen und Rüsseltieren fand laut Doughty in Südamerika statt. Bis vor etwa 12 000 Jahren war es der einzige große Kontinent ohne Menschen. Die Gomphotheren, ein entfernter Verwandter des modernen Elefanten, verloren die Schlacht und starben vor etwa 11 000 Jahren aus.

Wie Doughty bemerkt hat, bereisten wir die Welt entlang den Rändern der wilden Megafauna, vom Bodenfaultier bis zum Mastodon. Wir suchten nach den größten Tieren, töteten sie und arbeiteten uns dann weiter nach unten vor; die Größe der Landtiere schrumpfte in Afrika, dann in ganz Eurasien, Australien und Amerika im Zuge der menschlichen Ausbreitung. Und als die Landtiere weg waren, nutzten wir ihre Lebensräume für Nahrung. Organismen konkurrieren um Ressourcen – der ökologische Begriff lautet *Konkurrenzausschlussprinzip* –, und als die großen Tiere verschwanden, begann der Mensch, sie, zumindest geologisch gesehen, bald durch Kühe, Hühner und Schafe zu ersetzen. Es gibt nur eine begrenzte Menge Sonneneinstrahlung, um Pflanzen und Tiere, ob wild oder heimisch, zu unterstützen. Das Aussterben von Mammuts, Bodenfaultieren, Glyptodonen und anderen Ökosystemingenieuren des Pleistozäns bereitete der modernen Welt der Menschen den Boden.

In einem Land ohne Mastodonten ist der Weißwedelhirsch König. Dieses Muster der Verkleinerung wilder Tiere sollte sich schließlich auch auf die Ozeane erstrecken. Landratten und Seehunde leben gleichermaßen in einer Variation des Schleimzeitalters.

Wir sehen diesen Populationsrückgang im Fossilienbestand, aber auch in den Genen lebender Tiere. Svenning und seine Kollegen untersuchten die Genome von mehr als 100 überlebenden Großsäugetierarten. Die Populationsgeschichte von Tieren bleibt in ihrer DNA verschlüsselt – wir können immer noch Hinweise auf einen Populationsengpass beim Menschen finden, der vor etwa 70 000 Jahren auftrat. Bei vielen großen Säugetieren wie Bären, Pumas, Bisons und Hirschen deuten genetische Variationen darauf hin, dass die Populationen etwa eine Million Jahre lang auf und ab schwankten. Vor etwa 100 000 Jahren ging die mit der Populationsgröße verbundene genetische Variation zurück. Genau zu diesem Zeitpunkt betraten die Menschen die globale Bühne. Zusätzlich zum weitverbreiteten Aussterben vieler der größten Arten erlebten auch andere Arten auf dem Planeten einen Populationsengpass, der bis heute anhält. Über die Zeit vor der Ankunft des Menschen sagte Svenning: »Ökosysteme auf der ganzen Welt waren auf eine Weise mit Tieren besiedelt, die wir uns nicht einmal vorstellen können.« Mittlerweile aber betrachten wir Landschaften ohne große Tiere als selbstverständlich.

In Südamerika starben am Ende des Pleistozäns 70 Prozent der Tiere mit einem Gewicht von mehr als neun Kilo aus (also Beagle-Größe oder mehr), darunter Gomphotherien, Riesenfaultiere und Glyptodons. Auch ihre Welten – ihre Heimatgebiete – wurden kleiner. Kleinere Tiere haben einen kürzeren Magen-Darm-Trakt, sodass die durchschnittliche intestinale Passagezeit – also die Zeit, die vom Fressen bis zum Kacken vergeht – drastisch verkürzt wurde. Kleinere Tiere haben ein kürzeres Leben. Die durchschnittliche Lebensdauer wurde um ein Drittel verkürzt. Im Pleistozän betrug die durchschnittliche Entfernung zwischen Essen und Kacken etwas mehr als acht Kilometer oder etwa 110 Häuserblocks. Nach dem Aussterben waren es nur noch eineinhalb Kilometer.

Die großen Tiere Südamerikas waren für die Savannen und Wälder von wesentlicher Bedeutung und verbreiteten durch ihre täglichen Bewegungen und saisonalen Wanderungen Nährstoffe. Sie verbreiteten auch Samen: Sie können den längst verschwundenen Tieren für Ihre Guacamole und die dunkle Schokolade danken; diese Pflanzen haben sich wahrscheinlich gemeinsam mit den großen Säugetieren entwickelt und waren auf sie angewiesen, weil sie ihre voluminösen Samen verbreiteten. Die tiefe Verbindung zwischen Pflanzenproduzenten und Tierkonsumenten war auf anderen Kontinenten ebenso wichtig, von Eurasien bis Afrika, Nordamerika und Australien.

Nach dem Verschwinden der pleistozänen Riesen ging Phi um 98 Prozent zurück, von einer typischen Entfernung von etwa fünf

Kilometern auf nur noch 30 Meter pro Jahr. 10 000 Jahre später sind im Amazonasgebiet noch immer Spuren dieser Wege zu sehen, aber sie verblassen allmählich. Die großen menschlichen Einflüsse auf die globalen biogeochemischen Kreisläufe reichen bis weit vor die Anfänge der Landwirtschaft, vor den Aufstieg des Guanohandels, die Gewinnung fossiler Brennstoffe und die Atombomben zurück. Doughty und seine Kollegen stellten fest, dass einige Aspekte des Anthropozäns wie verstopfte Nährstoffarterien und Phosphormangel im Amazonasgebiet möglicherweise mit diesem Aussterben im Pleistozän begonnen haben.

Wenn die Ankunft des Menschen auch dem Ausbruch einer Herzerkrankung im tierischen Kreislaufsystem gleicht, so war diese Krankheit zwar eine Schwächung, aber sie endete nicht tödlich. Und sicherlich könnte man einen Regenwald heutzutage leicht mit einem Haufen Stöcke, Stämme und Blätter verwechseln. Aber es wäre unfair, die aktuelle Tierwelt im Amazonasgebiet – Affen, Tukane, Nabelschweine, Tapire, Jaguare, Blattschneiderameisen und andere – als irrelevant abzutun. (Gebiete ohne solche Arten weisen einen um 90 Prozent niedrigeren Ammoniakgehalt auf als Gebiete mit ihnen.) In Südamerika sind viele Arten ausgestorben. Und es gibt nicht mehr allzu viele Tiere, die noch im Laub rascheln. Es könnte der letzte Ort sein, an dem Sie suchen würden, wenn Sie beweisen möchten, dass Tiere auf ökologischer Ebene eine Rolle spielen. Bis man genauer hinschaut – und die Tierpfade unter den Bäumen erkennt.

Nach dem Aussterben im Pleistozän kam es auch zu globalen Veränderungen. Als die Mammuts vor fast 13 000 Jahren verschwanden, hörten diese riesigen, organischen Motoren auf zu grasen und machten ihrem methanreichen Rülpsen ein Ende. Das Ergebnis: Weniger Treibhausgase, was zu einem Temperatursturz von zehn Grad führte, was wiederum eine Eiszeit nach sich zog, die 1300 Jahre andauerte. Wir machen uns natürlich keine Sorgen mehr über Eiszeiten, aber der Verlust von Tieren birgt für uns alle das Risiko, wichtige Ökosystemfunktionen und -leistungen zu verlieren. Um diese Systeme wiederherzustellen, müssen wir großen Tieren wie Bisons, Tapiren und anderen einheimischen Pflanzenfressern helfen, in die Prärien, Graslandschaften und Wälder zurückzukehren.

Doch ist das außerhalb von Nationalparks und Wildreservaten nur schwer zu bewerkstelligen. In Afrika halten viele Parks ihre Wildtiere eingezäunt. Nach der massiven Wilderei im 20. Jahrhundert überlebt weniger als jeder zehnte Savannenelefant. »Ich beneide dich um deine Wale«, sagte Doughty zu mir. »Für große Tiere ist kein Platz mehr. Elefanten töten immer noch Menschen.«

Lassen Sie Ihre Muskeln spielen. Es ist wahrscheinlich, dass die Hälfte des Stickstoffs in Ihrem Bizeps in einer Industrieanlage hergestellt wurde. Der Stickstoff, der Ihren genetischen Code bildet? Aus dem Nichts erfunden. Die RNA, die den Code übersetzt und die Proteine aufbaut? Hergestellt aus anorganischem Stickstoff, der einst für Tiere unzugänglich war, es sei denn, er wurde von einer Pflanze, einer Mikrobe oder einem Blitz aufgegriffen.

Der peruanische und chilenische Guano veränderte die Welt durch wirtschaftliche und landwirtschaftliche Expansion. Einige der ozeanischen Nährstoffe aus dem Südpazifik könnten in Clotted Cream aus Cornwall, Merinowolle aus Australien oder einem Stück Parmigiano-Reggiano aus Italien gelandet sein. Aber das ist noch nicht genug. Nichts ist jemals genug.

Die aus dem Meer stammenden Nährstoffe ernährten Menschen, trugen aber in Form von Nitraten auch dazu bei, Menschen zu töten. Kaliumnitrat oder Salpeter war nämlich neben Holzkohle und Schwefel ein wesentlicher Bestandteil von Schießpulver. Die letzten beiden Inhaltsstoffe waren im 19. und 20. Jahrhundert leicht zu finden, Kaliumnitrat war jedoch relativ selten. Viele Schießpulverfabriken waren auf Guano als oxidierende Verbindung angewiesen.

Guano-Händler waren nicht wählerisch; sie verkauften es zu Beginn des Ersten Weltkriegs nach Deutschland, England und in die Vereinigten Staaten. Doch als eine britische Seeblockade die Lieferungen aus Chile unterbrach, suchte Deutschland verzweifelt nach neuen Formen von Stickstoff für Sprengstoffe. Im Jahr 1905 hatte Fritz Haber, ein physikalischer Chemiker in Karlsruhe, eine neue Methode zur Synthese von Ammoniak entwickelt, indem er Stickstoff aus der Luft mit Wasserstoffgas kombinierte, unter Verwendung von Hochdruck und Osmium, einem seltenen Katalysator. Osmium war jedoch zu teuer für einen weitverbreiteten Einsatz und seine Anwendung deshalb begrenzt. Carl Bosch, ein Industriechemiker, entwickelte schließlich eine Methode zur Massenproduktion von Ammoniak unter Verwendung von billigem und weitverbreitetem Eisen als Katalysator. Frisch mit Sprengstoff bewaffnet kämpften Deutschland und seine Verbündeten noch weitere vier Jahre. Während der Krieg andauerte, fand Haber Möglichkeiten, Chlorgas und andere Gifte zu Waffen zu machen, und half im April 1915 dabei, diese an der Front in Belgien einzusetzen. (Seine Frau, ebenfalls Chemikerin, beging zehn Tage später Selbstmord.) Drei Jahre darauf erhielt Haber den Nobelpreis für Chemie.

Das Haber-Bosch-Verfahren revolutionierte die Landwirtschaft, indem es Stickstoffgas in Ammoniak für Düngemittel umwandelte.

$N_2 + 3\,H_2 \rightarrow 2\,NH_3$

Der britische Physiker Mark Sutton und seine Kollegen nennen den Haber-Bosch-Prozess »das größte Einzelexperiment im globalen Geo-Engineering, das jemals von Menschen durchgeführt wurde«. Der Vorteil: Millionen Hektar nährstoffarmes Land blieben fruchtbar. Landwirte bringen in der Regel etwa 90 Pfund synthetischen Dünger pro 0,5 Hektar mit aktiven Nutzpflanzen wie Mais aus. (Biobetriebe verwenden keinen synthetischen Dünger, sondern setzen auf Fruchtwechsel, züchten Feldfrüchte und Vieh zusammen oder verwenden organischen Dünger und Kompost; die Produktionsraten sind oft niedriger.)

Wir erzeugen mehr reaktive Formen von Stickstoff wie Ammoniak als alle natürlichen Prozesse zusammen, etwa 150 Millionen Tonnen pro Jahr. Infolgedessen wird etwa die Hälfte der Weltbevölkerung durch Haber-Bosch ernährt. Das Verfahren war ein Grundstein in den Bemühungen des amerikanischen Agronomen Norman Borlaug, die Landwirtschaft zu industrialisieren und den Hunger zu reduzieren. Der Chef der U. S. Agency for International Development nannte die neuen Entwicklungen die »Grüne Revolution«. Zwei Jahre nach dieser Aussage erhielt Borlaug den Friedensnobelpreis.

Aber es gab auch Verluste. Millionen Hektar kaum produktiver Wälder und Prärien gingen unter dem Pflug verloren, und Milliarden Liter fossiler Brennstoffe wurden verbrannt, um Ammoniak zu synthetisieren. Die Grüne Revolution, mit der die moderne Landwirtschaft Schwung aufnahm, wurde zumindest teilweise durch die Umstellung von natürlichem Kot – Mist, Knochen und Guano – auf industriell hergestellte Formen von Stickstoffdünger vorangetrieben. Sicher, man kann die Auswirkungen der Surtsey-Seevögel und der Bisons im Yellowstone sehen, aber die Auswirkungen von Haber-Bosch treten in einem viel größeren Ausmaß auf. Das Stickstoffdepot in der Atmosphäre hat sich in einigen Gebieten verzwanzigfacht, was zu einer Veränderung des Nährstoffgleichgewichts in Ökosystemen führt, die an Stickstofflimitierung gewöhnt sind. Dies ist vielleicht am deutlichsten in Küstengebieten zu beobachten, wo Algenblüten zu einer Verschlechterung der Wasserqualität geführt haben. Düngemittelabflüsse von Farmen und Städten im Mittleren Westen entlang des Mississippi fließen in den Golf von Mexiko und verursachen dort so große und intensive Algenblüten, dass diese die Sauerstoffzufuhr unterbrechen und Totwasserzonen von der Größe von Connecticut bilden können. Fische, Meeressäugetiere und Seevögel sind weitergezogen oder verendet. Auch die Fischerei durch Menschen versiegte.

So wie die Hälfte unseres Stickstoffs aus Laboren stammt, stammen mittlerweile etwa 50 Prozent des Phosphors, den wir verbrauchen, aus Phosphatminen. Im Gegensatz zu Stickstoff liegt Phosphor unter den üblichen Bedingungen auf der Erde nicht gasförmig vor und zirkuliert nicht in der Atmosphäre. Er kann weder hergestellt noch zerstört werden. In den kommenden Jahrzehnten – Schätzungen reichen von 30 bis 300 Jahren – könnte die Phosphorknappheit die Nahrungsmittelproduktion gefährden, da die Erzvorkommen erschöpft sind. Und selbst wenn uns die Phosphate nie ausgehen, werden sie irgendwann vielleicht so teuer, dass sich die Landwirte sie nicht mehr leisten können.

Das Oulad-Abdoun-Becken in Marokko beherbergt schätzungsweise 24 Milliarden Tonnen Phosphat, eine marine Sedimentablagerung mit Fossilien von Fischen, Haien, Schildkröten, Krokodilen und anderen Wirbeltieren, die sich über einen Zeitraum von etwa 25 Millionen Jahren angesammelt haben. Schaufelradbagger, die zu den größten jemals gebauten Fahrzeugen gehören, fördern das Gestein. Sobald es zu Dünger verarbeitet ist, kann es verschifft und auf Feldern und Rasenflächen, vor allem in europäischen Ländern, ausgebracht werden. Phosphor kann im Boden gebunden werden, in Feldfrüchten und Nutztieren landen, als Dünger recycelt werden oder – allzu oft – als Abfluss in Bäche, Flüsse und andere Wasserstraßen gelangen, wo es schädliche Algenblüten begünstigt. Mehr als 22 Millionen Tonnen Phosphor fließen aus dem Süßwasser jedes Jahr in die Ozeane, und mehr als 14 Millionen gehen durch erosionsanfällige Böden verloren. Eine erneuerbare Ressource ist nichterneuerbar geworden und hängt eher von alten Quellen als von recycelten ab.

Überall auf der Welt haben wir die Kreisläufe von Stickstoff und Phosphor über die Grenzen dessen verschoben, was unser Planet kompensieren kann, und nun treten irreversible, großflächige Veränderungen ein. Wir sind zu einer geologischen Kraft geworden. Der Mensch hat sich vom Auslöser des *biologischen* Wandels – durch das Zerstören von Nahrungsnetzen, das Plündern von Ökosystemen und das Vernichten der Artenvielfalt – zu einem Auslöser des *geologischen* Wandels entwickelt, der die Kohlenstoff-, Phosphor- und Stickstoffkreisläufe direkt beeinflusst. Wenn Sie nicht glauben, dass Tiere die Welt verändern können, argumentiert der Ökologe Joseph Bump, dann werfen Sie einen Blick auf Haber-Bosch.

Die Tiere sind wir.

6

JEDER KACKT – UND STIRBT

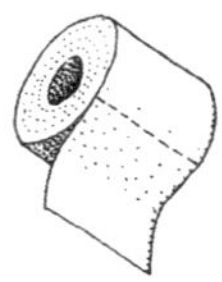

Eine Ladung Scheiße rumpelte vor mir her. Wie ein gepanzerter Dinosaurier zog ein schmutziger schwarzer Traktor mit blinkenden gelben Lichtern einen schweren Miststreuer durch den Regen. Kuhkot lief über die Seiten des Lastwagens und bedeckte die Hauptstraße in unsere Kleinstadt.

Es war Mitte Mai im ländlichen Vermont. Die Schlammsaison war vorbei. Die Bäume erstrahlten im Hellgrün ihrer Blätter, und das Chlorophyll leuchtete immer mehr. In der Luft hing der Geruch von Kuhkot: ein wenig Gras, ein wenig Verfall, ein Hauch von Schwefel. Ein Streifen Mist färbte den Rand eines Heufeldes am Fluss braun. Wenn Sie einen Milchviehbetrieb besuchen, werden Sie angesichts der Gerüche, der Beförderung von Gülle und der langen Transportwege für Milch und Fleisch keinen Zweifel daran haben, dass Tiere wichtig sind.

Unsere Nachbarn nutzen Traktoren und fossile Brennstoffe, um den Kot vom Milchviehstall auf die Weiden und Maisfelder zu transportieren. Am Rande des Feldes, entlang des Winooski River und versteckt hinter einigen sorgfältig gepflanzten Bäumen, entfaltet die Kläranlage ihre Wirkung. Das Leben im Anthropozän bedeutet Abfallwirtschaft – nicht nur für Kühe, sondern auch für uns Menschen.

Alle kacken. Die einfache Wahrheit ist, dass Stuhlgang und Urinieren oder Kacken und Pinkeln für fast alle Tiere zu den täglichen Ritualen gehören, zu den Zyklen der Ökologie, die das Leben durchziehen. Wenn Tiere das Kreislaufsystem des Planeten sind, dann sind die Magen-Darm-Trakte, vom Mund bis zum Anus, die Pumpen, die den Nährstofffluss aufrechterhalten. Ein Großteil der Drecksarbeit im Ökosystem unseres Darms wird von Mikroben erledigt. Bakterien, Pilze und andere Mikroorganismen, die im Magen, Darm und Dickdarm leben, bauen die komplexen Kohlenhydrate, Proteine und Fette, die Tiere aufnehmen, ab und machen sie für den Wirt verfügbar. Diese Mikroben machen uns aus, wir bilden einen Superorganismus, der teils Tier, teils mikrobieller Wanderzirkus ist. Ohne einander können wir nicht überleben – wobei ich eher auf die Mikroben wetten würde, falls die Beziehung scheitern sollte.

»Essen, defäzieren, wiederholen.« Wie könnte »Hydrodynamics of Defecation«, die »Hydrodynamik der Defäkation« – ein Artikel, der 2017 in der Zeitschrift *Soft Matter* erschien –, mit einem solchen Aufmacher keinen Anklang finden? Ich habe ein paar der Autoren angerufen.

»Zunächst einmal: Was ist weiche Materie?«, habe ich Patricia Yang gefragt. Sie hatte kürzlich eine akademische Stelle in ihrer Heimat Taiwan angenommen, nachdem sie an der Georgia Tech promoviert und als Postdoktorandin in Stanford gearbeitet hatte.

»Vor langer Zeit gab es nur Flüssigkeiten und Feststoffe«, erzählte sie mir. Die Feststoffmechanik hatte ihre eigenen Techniken, die Strömungsmechanik andere. Aber später kamen Praktiker beider Bereiche zu dem gleichen Schluss: »Oh, es gibt etwas, das wir beide nicht verstehen können – etwas dazwischen, wie Ketchup, Zahnpasta und Knete.« Zuerst nannten sie das Fachgebiet »Polymerwissenschaft« und konzentrierten sich auf Substanzen, die wie Flüssigkeiten wirkten – oft große Moleküle mit vielen kleinen Untereinheiten wie DNA und Proteine –, aber das war zu eng. Das Fachgebiet selbst war fließend – es umfasste Chemie, Biologie und Maschinenbau –, weshalb sich die Forscher einen neuen, lockereren Begriff einfallen ließen. »Okay, wir geben auf«, sagte Yang. »Diese Substanzen sind weiche Stoffe. Weiche Materie.«

Yang und ihr akademischer Berater, der Mathematiker David Hu, hatten ein besonderes Interesse an diesem Thema. Sie wollten die fluide Dynamik und Biomechanik von Fäkalien untersuchen, als Erweiterung ihrer früheren Arbeiten zum Urinieren (dazu kommen wir gleich). »Seit Jahren«, bemerkten Hu und Yang, »zeichnen Tiertracker die Formen und Größen des Kots einer Reihe von Tieren auf, doch es gibt keine einheitliche Sicht auf die Prozesse, die Kot erzeugen.« Der Stuhlgang wurde qualitativ und subjektiv anhand seiner Häufigkeit und seines Aussehens beurteilt. Es gibt verschiedene Möglichkeiten, diesen Stuhl zu klassifizieren, einschließlich der Bristol-Stuhlformen-Skala für Menschen, von den harten Klumpen bei Verstopfung bis zur flüssigen Konsistenz bei schwerem Durchfall. Die Wurst ist der Goldstandard, glatt oder gebrochen.

Hu, Yang und ihre Kollegen wollten die Kräfte, Größen und Mengen des von Säugetieren produzierten Kots quantifizieren. Aber woher sollten sie ihre Proben bekommen? Yang ging in den Zoo Atlanta, um Tiere beim Stuhlgang zu beobachten und zu filmen, und sie sah sich viele Videos von Arten an, die nicht im Zoo lebten. Sie sammelte Messungen von Elefanten, Pandas, Löwen, Warzenschweinen und Gorillas sowie von stubenreinen Arten wie Kaninchen, Katzen, Hunden und Menschen. »Der Wirbelschwanz des Flusspferds hat es mir besonders angetan«, erzählte sie mir; ähnlich war es mir auf meiner FaceTime-Safari in der Masai Mara ergangen.

Yang bemerkte, dass viele Tiere zylindrischen Kot hatten und dass das Kacken unabhängig von der Größe des Tieres etwa gleich lange dauerte. Elefanten produzieren täglich sieben Kilo Kot – 100-mal mehr als ein Hund. Wie kann es sein, dass der Stuhlgang genauso lange dauert? Elefanten haben einen schnellen Stuhlgang – etwa 7,5 Zentimeter pro Sekunde, sechsmal schneller als der eines Hundes (Menschen produzieren im Durchschnitt etwas weniger als 2,5 Zentimeter pro Sekunde). Yang begann mit dem Bau eines Modells.

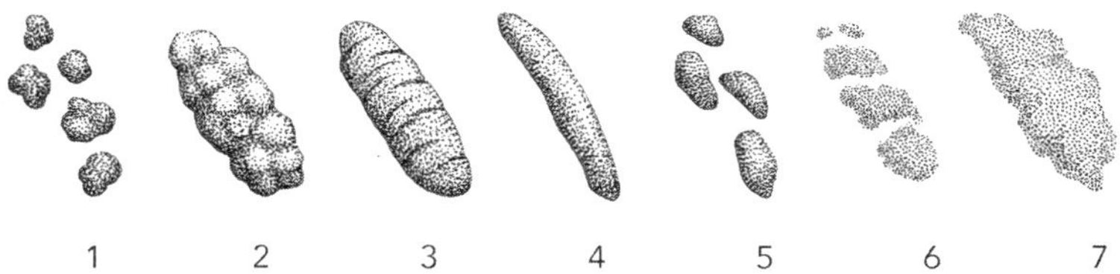

Eine Typologie des Kots. Die Bristol-Stuhlformen-Skala ordnet den Kot nach seiner Viskosität ein, von harter Verstopfung (1) bis hin zu flüssigem Durchfall (7). Die Nummern 3 und 4 gelten als normale, gesunde Formen.

»Es gibt eine Transportmethode dieses Kotstrangs, der herausgedrückt werden muss«, sagte mir Hu. Er war zu Hause, trug ein weißes T-Shirt und schwarze Kopfhörer. »Der Körper hat bereits einen gewissen inneren Druck, und dann drückt man nach unten, was den Druck weiter erhöht.«

Für einen Moment war er abgelenkt und blickte hinter dem Computerbildschirm aus dem Fenster. »Ähm, tut mir leid, meine Frau versucht, unser Auto aus der Einfahrt zu fahren. Und sie wird mich anschreien, weil ich es zu dicht geparkt habe«, sagte er mit einem katzenartigen Lächeln. »Die treibenden Kräfte sind der Druck«, fuhr Hu fort, »und die Widerstandskräfte sind die Wechselwirkungen mit den Mauern um ihn herum.«

Die Dauer ist bei Elefanten, Katzen und Menschen gleich. »Die magische Zahl beträgt zwölf Sekunden«, sagte Hu. Zuerst waren sie überrascht, denn der Mastdarm eines Elefanten ist drei Meter lang. Sie diskutierten darüber, ob Fäkalien eher wie eine Flüssigkeit oder wie ein Feststoff wirkten. Es gab kein klares Modell, nach dem man arbeiten konnte. »Materialien haben Persönlichkeit«, so

Hu. »Moleküle ordnen sich neu. Einige von ihnen haben ein Gedächtnis. Nimmt man Erdnussbutter aus dem Glas, behält sie ihre Form. Ketchup fließt auf eine bestimmte Art und Weise. Sie haben all diese Nuancen. Es ist wie ein Zoo mit verschiedenen Arten von Flüssigkeiten.«

Sie verwendeten ein Rheometer, ein Instrument, das Viskosität und Elastizität misst. Es sei wie ein Oreo-Keks, sagte Hu, mit Platten, die das Drehmoment messen, ähnlich der Kraft, die nötig ist, um die beiden Kekse von der Füllung zu lösen. »Stellen Sie sich das vor, aber anstatt der Füllung haben Sie Kot drin«, sagte er. Im gemeinsamen Labor gab es das saubere Rheometer eines benachbarten Physikers, das keinen Kot maß und wie eine High-End-Espressomaschine aussah, und es gab auch, nun ja, das »Hu-Rheometer«, das mit der Drecksarbeit der Messung von Kot, Schleim, Speichel und wer weiß was noch beschäftigt war. Weiche Materie eben.

Während Yang im Labor war, zeichnete sie auch den Geruch und den Auftrieb der Proben auf. Fleischfresser produzieren Ballast und Stinker – ihr dichter Kot stinkt fürchterlich. Denken Sie an die Tüte für den Kot Ihres Hundes, an den Gestank von Hundekot an Ihren Schuhen oder den anhaltenden Geruch eines Katzenklos. Fleischfresser kacken auch weniger, da Fleisch leicht verdaulich ist. Pflanzenfresser bilden Schwimmkörper, und ihre Fäkalien riechen in der Regel mild und eher erdig. Denken Sie an einen gut belüfteten Pferdestall oder eine Kuhweide. Die Bisonfrikadellen, die ich in Yellowstone aufgelesen habe, dufteten nach reichhaltiger, schwerer Erde, was sie im Grunde ja auch waren.

Nach ihrer Debatte darüber, ob Fäkalien flüssig oder fest sind, verrieten ihnen ihre Messungen noch etwas Neues. »Wir haben gemerkt, dass wir in die falsche Richtung gehen«, meinte Yang.

Kot bewegt sich wie ein fester Pfropfen, aber wichtiger war die dünne Schicht, die ihn umgab: Schleim, das Gleitmittel, das den gesamten Stuhlgang antreibt. Die Dicke variiert je nach Größe. Größere Tiere haben mehr Kot und eine dickere Schleimschicht, sodass jeder, von Katzen über Menschen bis hin zu Elefanten, ungefähr die gleiche Zeit lang kacken kann. Ohne diese Schicht würde der Kot herausgedrückt werden wie Zahnpasta aus einer Tube, und die dafür nötigen Kräfte wären enorm. »Ihr Kot wäre dann deformiert«, bemerkte Hu, »was Ihr Körper aber nicht will.« Ich dachte an diese goldene Kacke in der Mitte der Bristol Chart. »Der Körper will es sauber loswerden, deshalb muss er auf der Außenseite für eine Art Schmierung sorgen.«

Hu und Yang beschrieben in ihrer Arbeit die Mechanik des Stuhlgangs als etwas, das einem Schlepper ähnelt, der einen Lastkahn schiebt. Es ist Newtons erster Hauptsatz der Thermodynamik: Ruhende Objekte bleiben in Ruhe, aber unter dem Druck der Rektalmuskeln werden Fäkalien aus dem Körper auf den Waldboden, in das Katzenklo oder die Toilette gedrückt. Schleim hilft dem Kot beim Herabrutschen. Der Stuhlgang ist also ein bisschen so, als würde eine Banane aus ihrer Schale gleiten. Oder vielleicht ist ein Stuhlgang wie eine Wasserrutsche, und wir können einfach sagen: »Ich muss die Kinder beim Pool rauslassen.«

Die Hydrodynamik des Stuhlgangs hängt von der Breite und Länge des Kots, dem Durchmesser des Dickdarms und der Menge an Schleim ab, der von den Wänden des Dickdarms abgeschieden wird und alles in Bewegung hält. Da Schleim verdunstet, sobald er freigesetzt wird, hatte Yang die Möglichkeit, ihn zu messen. Sie wog den Kot von Tieren von der Größe von Mäusen bis Menschen unmittelbar nach dem Stuhlgang und verfolgte dann dessen Gewichtsverlust im Laufe der Zeit: Nach etwa 30 Sekunden verschwand der Schleim – etwa 45 Milligramm in einem Kaninchenkügelchen. Auch optisch gab es eine Veränderung: Der Glanz des Kügelchens löste sich auf. Je größer das Tier, desto größer der Kot, desto dicker die Schleimschicht. Yang und Hu beschrieben ihre Forschung später als »eine einheitliche Theorie des Kackens«.

Als Yang zum ersten Mal an der Georgia Tech eintraf, um in Hus Labor zu arbeiten, hatte sie kein Projekt im Sinn. »Am Anfang«, erzählte sie mir, »waren die möglichen Forschungsthemen sehr vielfältig.« Als Professor für angewandte Mathematik hatte Hu, ihr Haupttutor, zu Themen veröffentlicht, die von Wasserläufern über die Fortbewegung von Schlangen bis hin zur Häufigkeit reichten, mit der Säugetiere ihr Fell zum Trocknen schütteln. Wo also sollte sie anfangen?

Ungefähr zu der Zeit, als Yang ankam, war Hu gerade frisch Vater geworden. Er hatte seinen kleinen Sohn beobachtet, während er ihm die Windeln wechselte. »Ich war wirklich fasziniert davon, wie viel Pipi kleine Kinder haben«, sagte er. Hus Sohn war etwa ein Zehntel so groß wie er selbst, aber er pinkelte lange. Hu fragte sich, ob das bei Tieren möglicherweise gleich sei. Wie schneiden Hauskatzen beispielsweise im Vergleich zu Elefanten ab, die sie um das Tausendfache übertreffen können? Es war Zeit, hier etwas Feldforschung zu betreiben.

»Eines Tages sagte mir David, ich könnte in den Zoo gehen«, sagte Yang, »aber ich müsste zusehen, wie die Tiere pinkeln. ›Wollen Sie das machen?‹«

Yang meinte zu Hu: »Wenn es eine Chance gibt, nicht in diesem Büro bleiben zu müssen, dann werde ich gehen. Und wenn die Möglichkeit besteht, in der Nähe von Tieren zu sein, umso besser.«

Sie durchforstete die Literatur nach Harnröhrenmessungen, Abflussraten und Blasenkapazität, aber ihre größten Ressourcen fanden sich nicht bei Google Scholar. »Bevor wir das Experiment im Zoo von Atlanta durchführten«, sagte Yang, »haben wir uns viele YouTube-Videos angesehen.« Zoobesucher haben eine besondere Vorliebe dafür, Tiere beim Pinkeln zu beobachten, aufzuzeichnen und zu posten. »Wir bekamen viele Daten aus diesen Videos«, sagte sie. Sie würden diese unbekannten Mitwirkenden später würdigen. Zwischen dem Zoo Atlanta und einem Young Career Award der National Science Foundation dankten sie demondragon115, ElMacho-

Prieto83, krazyboy35, MrTitanReign, relacsed und 15 weiteren YouTube-Mitwirkenden.

Yang machte ihre Runde durch die Elefantengehege, aber die Streichelbereiche gefielen ihr besser. »Es gibt all diese freundlichen, süßen Tiere wie Schweine und Ziegen«, sagte sie. »Du kannst sie einfach anfassen und näher an ihren Hintern herankommen, wenn sie pinkeln.«

Bis zur Analyse der Daten stellten sich Yang und Hu die Harnröhre als ein Rohr vor, das die Blase eines Tieres mit der Außenwelt verband. Aber sie fanden heraus, dass sie den Fluss tatsächlich beschleunigt. »Wenn Sie Maschinenbauprofessoren fragen würden, wie lange es dauern würde, bis ein Elefant seine riesige Blase entleert«, sagte sie dem *New Scientist*, »würden die wahrscheinlich eine halbe Stunde sagen.«

Nicht ganz. Elefanten waren großartige Forschungsobjekte. »Es ist ihnen egal, ob du sie beobachtest«, sagte Yang zu mir. »Und sie haben einen regelmäßigen Zeitplan. Jeden Morgen um halb acht pinkeln sie an die gleiche Stelle.« Egal zu welcher Tageszeit, alle Gespräche werden unterbrochen, wenn ein Elefant pinkelt, weil es so laut ist. »Die Harnröhre eines weiblichen Elefanten ist anderthalb Meter lang«, sagte Hu. »Und gemessen an der Breite und der Länge kommt Elefantenpisse wie aus fünf Duschköpfen heraus.«

Nachdem sie stundenlang Tiere beim Pinkeln beobachtet hatten, entwickelten Yang, Hu und Kollegen ein Modell, das zeigt, dass die Dauer bei allen Tieren gleich ist. Von knapp drei Kilo schweren Katzen bis hin zu viereinhalb Tonnen schweren Elefanten beträgt die magische Zahl stets 21 Sekunden. Größere Tiere haben größere Blasen und längere Harnröhren, was den gesamten Prozess beschleunigt. Nur kleine Säugetiere wie Fledermäuse und Ratten verstoßen gegen die Regeln, da sie in Tröpfchen und nicht in Strahlströmen pinkeln. Das Urinieren ist bei solch kleinen Tieren ein Hochgeschwindigkeitsvorgang, der oft weniger als eine Sekunde dauert.

Es gab also eine 12-Sekunden-Regel für den Stuhlgang und eine 21-Sekunden-Regel für das Wasserlassen, aber beim Pinkeln war die Abweichung viel größer. Die 21-Sekunden-Regel gilt, da Tiere urinieren, wenn die Blase zu etwa zwei Dritteln gefüllt ist. Aber das Verhalten kann die Länge eines Urinstrahls beeinflussen. Hunde beispielsweise nutzen Urin als Geruchsmarker und als Kommunikationsmittel. Sie warten möglicherweise nicht, bis ihre Blase voll ist, sondern entleeren sie in kürzeren Abständen.

Auch das Alter spiele eine Rolle, sagte Hu, da bei älteren Tieren die Muskelspannung in der Blase abnehme. Manche Menschen können drei bis fünf Minuten lang urinieren. Bei jüngeren Menschen allerdings, die quasi im Badezimmer wohnen, ist die Sache anders. Das hat mehr mit der Suche nach Zeit für sich allein oder dem Nachholen von Lektüre zu tun als mit der Zeit, die es für den Stuhlgang braucht.

Einmal pro Woche fragt die *New York Times Book Review* einen Autor, welche Bücher auf seinem Nachttisch liegen. Auf meinem Badezimmerregal: *Bei Regen in einem Teich schwimmen* von George Saunders, *Mein Leben Als Pavian. Erinnerungen eines Primaten* von Robert Sapolsky, *Metazoa* von Peter Godfrey Smith und *Das Buch von Müssen und Machen* von Nicola Davies. Nicht, dass irgendjemand danach gefragt hätte.

Im Jahr 2015 erhielten Yang und Hu den Ig-Nobelpreis – eine in Harvard verliehene satirische Auszeichnung für reale, wenn auch absurde Studien –, nachdem ihre Arbeiten in den renommierten *Proceedings der National Academy of Sciences* erschienen waren. Während seiner Dankesrede trug Hu einen Toilettensitz um den Hals. Später erhielten sie einen zweiten Ig-Nobelpreis für ihre Arbeit über die Herkunft des würfelförmigen Kots von Wombats.

In den Vereinigten Staaten gibt es ungefähr 79 Millionen Hunde, in Europa 93 Millionen. Sie alle bieten ihren menschlichen Begleitern einen direkten Einblick in das Timing, die Form, den Geruch und die Nährstoffversorgung durch Tierurin und Kot. Ebenso wie wild lebende Seevögel, Wale und Lachse prägen sie die Umwelt durch die Verbreitung von Nährstoffen. Schon vor der Einführung von Entsorgungsgesetzen für Hundekot fanden Wissenschaftler heraus, dass der Stuhlgang von Hunden den Phosphorgehalt im Boden in öffentlichen Parks noch jahrelang erhöhen konnte, nachdem Hunde aus dem Gebiet verbannt worden waren. In Belgien schätzten Wissenschaftler, dass Hunde in der Nähe von Gehwegen in Wäldern, Wiesen und anderen Naturgebieten rund um Städte etwa 40 Kilogramm Stickstoff pro Hektar eintragen, was mehr ist, als Landwirte normalerweise auf aktiven Ackerflächen ausbringen.

Ich konnte aus erster Hand beobachten, wie diese von Hunden stammenden Nährstoffe abgegeben werden. Jeden Morgen um halb sieben gehe ich mit unserer Hündin Zoey in unserer ruhigen Sackgasse spazieren. Ihr Schwanzwedeln ist ein toller Start in den Tag – sie ist morgens ein ruheloser Energieball –, aber der erste Spaziergang ist auch eine sorgfältige Beobachtung des Stuhlgangs und des Wasserlassens. Im Sommer ist ein gemütlicher Spaziergang sehr schön. Aber im Winter dreht sich alles ums Geschäft. Ich möchte nicht im Winter im Champlain Valley herumstehen und auf Kot warten oder, noch schlimmer, eine Stunde später rausgehen müssen, wenn es beim ersten, eisigen Mal nicht klappt.

Nach meinem Gespräch mit Hu und Yang entwickelte ich eine neue Wertschätzung für Zoeys tägliche Rituale. Nachdem sie in der Hocke uriniert hatte, kratzte sie mit ihren Vorder- und Hinterbeinen über das Gras und legte dabei die Duftdrüse unter ihren Zehen frei, wie eine Alpha-Wölfin, die ihr Revier im Yellowstone markiert. Ihre Pinkelphasen waren kürzer als die 21-Sekunden-Regel, jeweils etwa 13 Sekunden, würde ich sagen, vielleicht weil wir an den Grenzen ihres Heimatgebiets entlanggingen und sie das Bedürfnis verspürte, ihren Urin etwas weiter zu verteilen, an den Rändern von Rasenflächen, an Straßenrändern, auf dem Stadtplatz; überall dort, wo sie einem anderen Hund begegnen könnte.

Wenn Hunde an der Leine geführt werden, steigt die Stickstoffkonzentration in ihrem Revier an, da der Bewegungsspielraum abnimmt. Forscher in Finnland fanden heraus, dass die Gesamtkonzentrationen in der Nähe von Bäumen, Laternenpfählen und Rasenflächen entlang von Spazierwegen in Helsinki viel höher waren als auf Rasenflächen mit wenig Hundeaufkommen. Und die chemische Signatur dieses Stickstoffs zeigte, dass Hunde seine Hauptquelle waren. Spazierwege sind wie pazifische Lachsbäche viel benutzte Wege für die Stickstoffversorgung, in diesem Fall in städtischen Grünflächen.

Unsere Hunde sind größtenteils darauf trainiert, pünktlich zu pinkeln und zu kacken. (Oder vielleicht haben sie uns trainiert?) Jeremy Kiszka, ein Meeresmammologe an der Florida International University in Miami, fragte sich, ob wir diese Liebe zum Detail nutzen könnten, um einige hartnäckige Fragen zur Defäkation im Meer zu beantworten.

Seien wir ehrlich, es ist nahezu unmöglich, in einer typischen Feldforschungssaison zuverlässig Walkot einzusammeln. Es gibt Nebel, Wind, Probleme mit dem Boot, Tage ohne Wale und Tage mit vielen Walen, aber keiner dieser Wale kackt. Wir haben das Glück, im Laufe einiger Wochen vielleicht zwölf Proben auf dem Wasser zu bekommen. Und größtenteils sind wir auf Fäkalienfahnen beschränkt – weil wir sie sehen können. Walpipi ist im freien Feld kaum zu finden. Es ist, als würde man versuchen zu erkennen, wann jemand in ein öffentliches Schwimmbad pinkelt, nur dass es sich in diesem Fall um ein *wirklich* großes Becken handelt, oft etwas trüb und vielleicht 600 Meter tief.

Kiszka dachte, er könnte eine provisorische Lösung finden. Er ist kein Süßwasserbiologe; er hat Feldforschungen zu Haien und Walen vor den Seychellen und Madagaskar durchgeführt. Er hat auch mit Walfängern in St. Vincent in der Karibik zusammengearbeitet, um Biopsieproben für die Analyse von DNA und Schwermetallen zu entnehmen. Wilde Wale, tote Wale, und dann dachte er: *Was wäre, wenn wir gefangene Tiere nutzen könnten, um schwierige Probleme zu lösen, mit denen man auf diesem Gebiet konfrontiert ist?* Könnten in Gefangenschaft gehaltene Große Tümmler darauf trainiert werden, Kot- und Urinproben auf Anfrage bereitzustellen?

Die Leute bekamen große Augen angesichts der Aussicht auf aufs Töpfchen trainierte Delfine. »Sie scheißen wie verrückt«, erzählte mir Kiszka, als wir eines Nachmittags Ende August in seinem schwarzen Jeep nach Key Largo fuhren. »Es ist toll. Wir haben ihnen auch beigebracht, auf Befehl zu urinieren.«

Er hatte in den letzten Monaten mit acht Großen Tümmlern und ihren Betreuern im Island Dolphin Care gearbeitet, einer kleinen Lagune, die in einem Kanal in Key Largo ausgehoben wurde.

Als wir barfuß auf den Steg gingen, bemerkte ich einen niedlichen Delfin, der mir im gesprenkelten Wasser folgte. Mein Herz raste. Mit großen dunklen Augen, einem strahlend rosa Lächeln, ein paar Sommersprossen und glatter Haut hat Bella mich fast umgehauen. Aber ich war professionell und blieb an Deck. (Die gemeinnützige Einrichtung verfügt über ein Programm zum Schwimmen mit Delfinen.) Bella wurde im November 2000 geboren und war einer der Stars von Island Dolphin Care. Sie lebte immer noch bei ihrer Mutter Sarah, aber sie behielt mich im Auge und flirtete fast. Ich war hin und weg.

»Sehr verführerisch«, meinte Kiszka und warf mir einen finsteren Blick zu. Auf dem Weg nach Key Largo hatte er im Auto mit ihrer Beziehung geprahlt.

Nach dieser kurzen Eifersüchtelei wandten wir uns bald der anstehenden Aufgabe zu. Der Cheftrainer, Luke Bullen, rief die Delfine mit Handgesten und einer dünnen Metallpfeife herbei. Er saß am Rand des Stegs, trug ein dunkelblaues Shirt und einen blonden Dutt. Einer nach dem anderen reihten sich die Delfine auf, ihre Rücken ruhten auf Bullens nach oben zeigenden Füßen, die rosafarbenen Bäuche zum Himmel gerichtet. Liz Goetzl, die Veterinärtechnikerin bei Island Dolphin Care, führte vorsichtig einen dünnen roten Katheter etwa 15 Zentimeter in Squirts Öffnung ein und zog einen Kotpfropfen heraus, der schön schokoladenbraun war.

»Zeit für eine Belohnung«, jubelte Kiszka unter seinem Rettungsschwimmerhut aus Stroh hervor und übertrug die Probe in ein durchsichtiges kleines Reagenzglas. Squirt bekam ein paar Fische.

»Gutes Mädchen«, sagte Bullen mit einer Bewegung seines Handgelenks. »Geh dich sauber machen.«

Squirt schwamm davon und kreiste zurück, mit dem Bauch zum Himmel.

»Mal sehen. Knochentrocken oder Niagara?«, fragte Goetzl, die eine verspiegelte Sonnenbrille und ein hellblaues T-Shirt trug, auf dem die Namen aller acht hier lebenden Delfine standen. Sie legte ihre Faust sanft auf Squirts Blase, um das Wasserlassen zu erleichtern, aber es war kaum nötig. Bald erschien eine gelbe Lache um Squirts Genitalschlitz. Goetzl saugte den Urin mit einer kleinen Plastikspritze auf.

»Niagara! Braves Mädchen«, sagte sie mit einem breiten Lächeln. Wir applaudierten, wie man es bei einem Kind tut, das man an die Toilette gewöhnt. Squirt bekam als Belohnung einen weiteren Fisch, und Bullen schickte sie mit einer Handbewegung und dem Werfen eines Ringspielzeugs davon.

Goetzl reichte Kiszka die Spritze, der den Inhalt in eine braune Plastikflasche umfüllte, um das Sonnenlicht abzuhalten. Der Prozess ist effizient, freundlich und voller Belohnungen – stimmlich und kulinarisch. Die Praktikanten unterhielten die anderen Delfine, hielten sie bei Laune und lenkten sie ab. Und wenn dies den Delfinen etwas ausmachte, zeigten sie es zumindest nicht.

Kiszkas Doktorand flüsterte: »Dr. Dolittle-Wissenschaft.«

Diese Proben würden es Kiszka ermöglichen, den Nährstoffgehalt im Urin und im Kot zu untersuchen – Stickstoff, Phosphor und Eisen. Er könnte auch die Darmpassagezeit untersuchen – wie viele Stunden zwischen einer Mahlzeit und einem Stuhlgang oder

Urinieren liegen. Bislang haben wir uns häufig auf Modelle von Robben und Seelöwen verlassen, um das Fressen, die Verdauung und den Stoffwechsel von Walen und Delfinen abzuschätzen. Kiszka kam dem Verständnis näher, wie die Nährstoffökologie von Waltieren funktioniert. Dies ist wichtig, da viele Delfine, beispielsweise die Spinnerdelfine vor Hawaii, vor der Küste fressen und sich in flachen Gewässern nahe der Küste ausruhen. Die von Kiszka und Kollegen gesammelten Proben könnten eine bessere Schätzung des von Delfinen stammenden Stickstoffs und Phosphors in Korallenriffen, Seegraswiesen, Plankton und Fischen ermöglichen.

Während wir auf dem Steg Kot und Urin verarbeiteten, kommunizierten die Delfine durch Schläge, Klicken und Pfeifen in der Lagune. Einzelne Delfine haben charakteristische Pfiffe, ähnlich wie menschliche Namen, die sie ihr ganzes Leben lang aussenden und auf die sie reagieren. Ebenso wie Hunde nutzen auch Delfine Urin als Markierung. Sie können Urinproben von vertrauten Personen – Freunden oder Verbündeten – erkennen und dabei unbekannte oder potenzielle Antagonisten ignorieren oder meiden (auf die Bella und ihre Lagunenkameraden hier allerdings nicht stoßen würden). Im Gegensatz zu Hunden können Delfine nicht riechen; da sie keine Riechkolben haben, nutzen sie wahrscheinlich ihren Geschmack, um Freunde zu entdecken. Mithilfe der Echoortung können sie die Geschwindigkeit, Größe und Dichte von Objekten um sie herum erforschen, und der Geschmack des Urins lässt sie wissen, wer sich in der Nähe befindet, wie dessen Fortpflanzungsstatus ist und wer weiß was sonst noch.

Bella, Sarah, Squirt und die anderen machten noch etwas anderes, als die Trainer nicht hinsahen. Die Trainer achten sehr sorgfältig darauf, wie viel Futter jeder Delfin bekommt. Zusätzlich zur Nährstoffanalyse führte Kiszka einige DNA-Barcodierungen durch und verwendete genetische Marker, um die Beutearten im Kot zu identifizieren. Sie wollten sehen, ob die DNA die Tintenfische, Heringe, Sardinen und anderen Fische identifizierte, mit denen die Delfine täglich gefüttert wurden, damit sie das gleiche Protokoll für wilde Wale anwenden konnten. Die erwarteten Tiere waren da – aber auch eine Art, die sie nicht in ihrem Futter hatten. Waren die Proben kontaminiert? Es war ein einheimischer Schnapperfisch. Einige Delfine hatten sich nebenbei eine Mahlzeit gegönnt und die Fische gefressen, die durch die Netze in die Lagune schwammen. (Die Maschenweite hält die Delfine fern, lässt Schnapper und andere Fische jedoch auf eigenes Risiko hin und her schwimmen.)

Als die letzte Probe entnommen wurde, dankte Kiszka den Betreuern und eilte mit sechs Urin- und fünf Kotproben davon. Es könnte ein paar Wochen gedauert haben, so viele Kotproben in freier Wildbahn zu sammeln, und ohne diese gefangenen Delfine und ihre Trainer hätten wir niemals den Urin bekommen. Kiszka war in Eile. Er musste nach Hause, um seinen Schäferhund Wolfgang zum Pinkeln rauszulassen.

»Wir haben mit der Urinier-Studie begonnen, nur weil ich dachte, dass die Daten wirklich interessant sind und wir einige schöne Modelle liefern könnten«, sagte Hu. »Diese Studie hat uns einen Ig-Nobelpreis eingebracht« – eine Leistung, auf die er sehr stolz war –, »aber sie hat mich auch mit vielen seltsamen Menschen bekannt gemacht.« (Als sich unser Gespräch auf meine Arbeit mit dem Stuhlgang von Walen und Delfinen konzentrierte, versuchte ich, den Kommentar nicht persönlich zu nehmen.)

Einer von Hus neuen Bekannten, David Meyer, ein kanadischer Bauingenieur, der sich mit Rohrleitungssystemen beschäftigt, fragte, ob Hu dabei helfen könne, Ausbrüche von Infektionskrankheiten in Flüchtlingslagern und anderen Hochrisikogebieten zu lokalisieren, indem er neue Fälle von Durchfall entdeckt. Sie seien daran interessiert, einen automatischen Cholera-Detektor für Toiletten zu bauen, erzählte mir Hu. »Wenn es eine hohe Cholera-Inzidenz gibt«, sagte er, »wollen wir ein Signal senden, damit das Lager Bescheid weiß.« Die richtige klinische Behandlung der Cholera kann über Leben und Tod entscheiden; ohne angemessene Pflege kann die Cholera-Sterblichkeit in Flüchtlingslagern bis zu 60 Prozent betragen. Bei entsprechendem klinischem Management kann diese Rate deutlich unter einem Prozent liegen. Hu und seine Kollegen wollten ein Mikrofon einsetzen, um Durchfall mithilfe maschinellen Lernens zu erkennen. Veränderungen im Wasser-, Sanitär- und Gesundheitsbereich können schwer zu messen sein. Da Geräusche jedoch anonym sein können, war es einfach, viele Daten zu sammeln. Die Geräusche könnten als Frühwarnsystem für einen Ausbruch dienen.

»Was für Geräusche?«, fragte ich.

Beim Urinieren handelt es sich um einen Strahl, wobei das Ende der Harnröhre dafür sorgt, dass der Urin in Tropfen zerfällt. »Es ist ein tröpfelndes Geräusch«, sagte Hu. Beim Stuhlgang handelt es sich um eine Reihe diskreter Ereignisse, die mit der Geschwindigkeit und Größe des Objekts zusammenhängen: Plopp. Blähungen haben keine flüssigen Eigenschaften. Es gibt einen Schließmuskel und Klappen; durch die Schwingung der Klappen entsteht das Geräusch: »Ein flatterndes Flattern«, wie Hu es beschrieb.

Sie haben das System dazu gebracht, die Geräusche zu erkennen: Urinieren ist ein Tröpfeln, Stuhlgang ein Plopp, Blähungen ein Flattern. (Sie verwendeten Furzkissen, um die Fürze zu erzeugen.)

Durchfall ist schwerer zu beschreiben; es ist eine Kombination aus allen drei Vorgängen. Das Absetzen von Nummer 7 der Bristol Stool Chart erfolgt nahezu augenblicklich. Durchfall folgt nicht den üblichen Regeln für Defäkation, ein Makel in der universellen Theorie des Kackens.

»Wir möchten, dass die Audiosensoren uns mitteilen, um welche Art von Stuhlgang es sich handelt«, sagte Hu. So bekamen sie Hunderte Minuten Experimente von YouTube. »Im Internet gibt es viel mehr Durchfall als normales Kacken und Pinkeln«, bemerkte Hu. »Dieser DiarrheaGod auf YouTube trinkt einfach einen Haufen Abführmittel und nimmt sich selbst dabei auf«: Er postet lange Videos mit Durchfallgeräuschen. (Der Bildschirm ist schwarz, aber hören Sie nicht mit vollem Magen zu.)

Hus Kollege machte auch viele eigene Selbstversuche, gefolgt von Entschuldigungen bei seiner Ehepartnerin und dem Benutzen einiger Reinigungsmittel. Vollständige Offenlegung: Einige meiner Arbeiten über fastende Wale fielen mir auf der Toilette vor einer Darmspiegelung ein. Die klare Flüssigkeitsdiät und das Abführmittel machten deutlich, dass fastende Wale wahrscheinlich das halbe Jahr lang einen leeren Magen-Darm-Trakt haben.

Sobald sie die Geräusche hatten, bauten sie einen Simulator für eine Toilette, der die Geräusche nachahmen konnte. Der nächste Schritt wird der Einsatz der Sensoren im Feld sein.

Hus weitreichende Arbeit – die vom Gehen auf dem Wasser (»Die Hydrodynamik der Wasserläufer-Fortbewegung«) über Seitwärtsbewegungen auf Sand bis hin zur Physik des Werfens von gebratenem Reis (eine Kombination aus Schleudern im Wok und Werfen in die Luft) – schien im Widerspruch zum Mathematiker G. H. Hardy zu stehen, der den berühmten Kommentar schrieb: »Ist die Position eines gewöhnlichen angewandten Mathematikers nicht in gewisser Weise ein wenig erbärmlich? Wenn er nützlich sein will, muss er eintönig arbeiten, und er kann seiner Fantasie nicht freien Lauf lassen, selbst wenn er in berufliche Höhen aufsteigen möchte.« Hardy hatte gut reden, da doch sein Hardy-Weinberg-Gleichgewicht, ein bedeutendes Prinzip der Populationsgenetik, Biologiestudenten seit Generationen quält. (Er seinerseits hielt den Ansatz für sehr einfach.)

Hu schien seiner Fantasie freien Lauf zu lassen und beschäftigte sich gleichzeitig mit praktischen Fragen wie der Verhinderung der Ausbreitung von Cholera und anderen Infektionskrankheiten.

Unabhängig davon, ob Hus KI-Toiletten zur Durchfallerkennung zum Einsatz kommen oder nicht, war die Arbeit, die er und Yang geleistet haben, von entscheidender Bedeutung für das Verständnis der

Mechanismen des Stuhlgangs. Sie waren, vielleicht zusammen mit einem weiteren Sonderling, den sie durch den Ig-Nobelpreis kennengelernt hatten, die Ersten, die die Gesamtmenge an Fäkalien von Menschen und Nutztieren berechneten, die jedes Jahr produziert werden – einschließlich der Tiere, die wir essen, und der Tiere, die wir als Transportmittel verwenden, wie Pferde, Esel und Maultiere. Es handelte sich um eine Cocktailservietten-Wissenschaft, wie einer von Hus Kollegen es beschrieb, die bei einem Bier ins Leben gerufen wurde und hinter der keinerlei Finanzierung steckte. (Für zeitweilige Skatologen keine ungewöhnliche Situation.)

Wir Säugetiere scheiden täglich etwa ein Prozent unseres Körpergewichts aus. Innerhalb von drei bis vier Monaten kackt ein Elefant eine elefantengroße Menge von Kot. Das Gleiche gilt für Hunde, Flusspferde, Bären und vermutlich auch Wale. Nach meinen bescheidenen Berechnungen bedeutet das, dass wir Menschen mehr als unser Körpergewicht kacken und jedes Jahr mehr als drei von uns in die Toilette (oder ins Nebengebäude oder wohin auch immer) spülen. Wenn man alles zusammenzählt, produzieren Haustiere – vor allem Rinder, Hühner und Schafe – etwa 3600 Billionen Kilo Kot pro Jahr. Je nachdem, wie man es anordnet, ist das das Gewicht von 10 000 Empire State Buildings oder 700 Großen Pyramiden von Gizeh. (Pyramiden passen viel besser zur Silhouette eines Kot-Emojis.) Wir Menschen produzieren jedes Jahr etwa eine Billion Kilo.

Natürlich sind wir auch Tiere, und es gibt keinen Grund, warum wir nicht eine wichtigere Rolle in den Stickstoff- und Phosphorkreisläufen spielen könnten, anstatt die Nährstoffe, die wir verlieren, durch Produktion und Abbau zu ersetzen. Die Menschen haben dies jahrtausendelang getan, bevor wir den Kreislauf durchbrochen haben. Denken Sie an das Außenklo, das Arborloo (wörtlich: Baumklo; eine bewegliche Grube, die später einen Baum düngt, oder Komposttoiletten, die Sägemehl und Luft nutzen, um die Zersetzung zu fördern.

Mit dem Verlust der Megafauna und dem Beinahe-Tod von Phi –

Doughtys Ausbreitungsmaß für Dung – schufen die Menschen ein Paradoxon. Bauernhöfe und Rasenflächen, die der Ernte und dem Abfluss unterliegen, tendieren dazu, Nährstoffe zu verlieren. Flüsse, Seen und Küsten stromabwärts von landwirtschaftlichen Flächen und städtischen Gebieten enthalten dagegen zu viel Stickstoff und Phosphor. Die Gewässer sind anfällig für Algenblüten, die sauerstoffarm sind und zu einem weitverbreiteten Absterben von Fischen und Wirbellosen führen können.

An einem Augustnachmittag, als Cyanobakterienblüten im Lake Champlain in den Nachrichten waren, schaute ich beim Rich Earth Institute (REI) in Brattleboro, Vermont, vorbei. Auf dem Weg dorthin kam ich an einer kleinen Ausstellung von wasserlosen, Wasser sparenden und Komposttoiletten in strahlendem Weiß vorbei. Kim Nace, Mitbegründerin von Rich Earth, und Julia Cavicchi, die Ausbildungsleiterin, führten mich durch das Forschungszentrum. Ihre Mission: die Nutzung menschlicher Abfälle als Ressource voranzutreiben – Peecycling. Nace, die Rich Earth 2012 in ihrem Keller gründete, hatte ein warmes Lächeln, eine rosafarbene Brille, graues Haar und ein Nasenpiercing. Seit meinem Besuch hat sich das Institut zu einem großen Labor in einem niedrigen Gebäude am Industrierand von Brattleboro entwickelt, nicht weit vom Entsorgungsbezirk für feste Abfälle entfernt. Das Rich Earth Institute hat die Aufmerksamkeit von Medien wie CBS, PBS, *The New Yorker* und der *New York Times* auf sich gezogen.

»Nachdem wir in der *New York Times* waren«, sagte Nace, »gab es Hunderte von Kommentaren. Und viele von ihnen sagten: ›Das mache ich schon seit Jahren.‹« Plötzlich fühlten sich die Leute frei, zuzugeben, dass sie schon seit Jahrzehnten ihre eigene Form des Peecycling betreiben. »Der *New York Times*-Artikel hat es irgendwie legitimiert, dass es öffentlich diskutiert wird«, sagte Nace. Das Institut hat etwa 200 Urinspender, die ihre »Körpernährstoffe« an REI liefern. Andere nutzen ihren Urin, um ihre eigenen Gärten zu düngen.

Denken Sie nach, bevor Sie spülen: Viele der in die Kanalisation freigesetzten Nährstoffe gelangen direkt über Abwasseraufbereitungssysteme in Buchten, Seen und Trinkwasserversorgungen. Schädliche Algenblüten, die durch zu viel Phosphor verursacht werden, können schwere Krankheiten wie eine paralytische Muschelvergiftung verursachen und Fische, Wildtiere und Haustiere töten. Als die Menschen anfingen, ihre Fäkalien (Kot und Urin, die im Schutz der Dunkelheit entfernt wurden) von Bauernhöfen in rudimentäre Bearbeitungszentren zu verlagern, unterbrachen sie den menschlichen Phosphorkreislauf, »was seinen Kreislauf in eine Einbahnstraßenröhre umformt«, wie Julia Rosen im *Atlantic* schrieb.

Das Rich Earth Institute war entschlossen, den Kreislauf wiederherzustellen: Essen. Urinieren. Desinfizieren. Düngen. Wachsen. Das Recycling von Urin – »flüssiges Gold«, wie REI es nennt – könnte den Bergbau und den energieintensiven Haber-Bosch-Prozess einsparen und Nährstoffe im Wert von mehr als 13 Milliarden Dollar pro Jahr zurückgewinnen. Das städtische Abwasser enthält genügend Stickstoff, Phosphor und Kalium, um mehr als 13 Prozent des Bedarfs an landwirtschaftlichem Dünger zu decken, und genügend Energie in Form von Ammoniak und anderen Molekülen, die im Abwasser enthalten sind, um 158 Millionen Haushalte mit Strom zu versorgen. Wir könnten sogar Urin in einer Kläranlage recyceln und Nährstoffe an Bauernhöfe in der Region verteilen – eine neue Variante der Locavore-Bewegung, in der Nahrungsmittel für eine Gemeinschaft lokal erzeugt werden.

Als wir drei um Rich Earth herumgingen, konnten wir manchmal Urin riechen, der zur Weitergabe verarbeitet wurde.

»Möchten Sie eine Tomate aus unserem mit Urin gedüngten Garten?«, fragte Tatiana Schreiber, die Leiterin der Sozialforschung, und reichte mir eine Sun-Gold-Tomate.

Habe ich einen Moment gezögert? »Gerne.«

Sie hat so gut geschmeckt, wie sie heißt.

Ihr Garten im Industriegebiet von Brattleboro sah viel besser aus als unserer zu Hause – die mit Urin befruchteten Tomaten waren zahlreicher, die Auberginen größer, der Mais höher.

Das Rich Earth Institute arbeitet lokal und im weiteren Sinne daran, das Urinrecycling auch in anderen Städten zu ermöglichen. »Ich bin ein großer Fan von Container-Sanitäranlagen«, meinte Nace. »Eines der Probleme zentraler Kläranlagen besteht nämlich darin, dass bei einer Überschwemmung oder einem Überlauf der Mischwasserkanalisation enorme Mengen an Abfall ins Wasser gelangen.« Ufer, Seen und Flüsse nehmen das Abwasser in großen Stößen auf. Containerbasierte Sanitäranlagen hingegen sind modular aufgebaut und leicht zu handhaben. Zumindest behauptete Nace das.

Auf dem Weg nach draußen fiel mein Blick auf einige durchsichtige Behälter. Mit jeweils einem leuchtend roten Trichter und einem 10-Liter-Auffangbehälter ähnelte jeder dieser Peecycler einem Duchamp-Urinal. Cavicchi sagte mir, ich solle meinen Favoriten aus einer Schachtel mit Plastikbällen auswählen, die üblicherweise zum Füllen von Ballgruben auf Indoor-Spielplätzen verwendet werden.

Ich nahm eines der tragbaren Urinale mit nach Hause; es schmückte eine Zeit lang die Treppe zu meinem Kellerbüro. Ich dachte, es würde dem Badezimmer einen nachhaltigen Dada-Touch verleihen. Aber meine Familie war entschieden dagegen. Sie interessierten sich nicht für den Peecycler, ob moderne Kunst oder nicht, und verboten mir, ihn im Badezimmer, in der Toilette oder in meinem Büro zu benutzen.

Ich protestierte und wiederholte einen Vortrag, den ich von Chelsea Wald gehört hatte, der Autorin von *Pipe Dreams: The Urgent Global Quest to Transform the Toilet.* Ich erzählte ihnen, dass die Urinableitung eine lange Geschichte hat, die Tausende von Jahren zurückreicht, bis zu der Zeit, als die Menschen in der Antike Urin als Dünger und Medizin verwendeten. Die Erfindung der modernen Toilette, diese Sanitärrevolution, machte dieser Praxis ein Ende und verlagerte die meisten im Urin enthaltenen Nährstoffe unter die Erde oder ins Meer. Wenn die Menschen Urin als Dünger verwenden würden, sagte ich, könnten wir die weltweite Stickstoffproduktion um ein Viertel reduzieren. Jeder von uns könnte etwa 15 000 Liter Wasser pro Jahr einsparen (durch vermiedenes Spülen), die Nährstoffbelastung um etwa 50 Prozent reduzieren und die Treibhausgasemissionen senken, indem wir den Energiebedarf für die konventionelle Abwasseraufbereitung reduzieren.

Sie wäre mit der Sanitärrevolution einverstanden, vielen Dank, ließ mich meine Familie wissen. Sie wollten keinen Teil des Peecyclers in unserem Haus haben. Draußen vielleicht, aber das kam mir vor den Nachbarn etwas riskant und gewagt vor. Also stieg ich mit meinem Readymade (leer – na klar doch) in den Bus und brachte es in mein Zimmer nach Cambridge, wo ich ein Stipendium hatte. Jetzt hatte ich meinen persönlichen Peecycler. Zu Ehren von Hennig Brandt, der angeblich Biertrinker rekrutierte, um die Zutaten für seine Experimente im 17. Jahrhundert zu liefern, trank ich als Vorgeschmack ein paar Craft-Biere. Es dauerte etwa zwei Wochen, bis ich den Krug füllen konnte.

Es gibt noch weitere Vorteile, wenn Sie Ihren Urin recyceln. Da ist das warme Leuchten – ein emotionales, bitte sehr –, der Wohlfühleffekt von grünem Verhalten, der in der Nachhaltigkeitsliteratur dokumentiert ist. Diese intrinsischen Belohnungen decken sich mit dem Bemühen, die Erde zu heilen und nicht zu schädigen. Bei REI besteht das Ziel darin, uns in diese Richtung zu steuern.

Nachdem ich meinen Behälter aufgefüllt hatte, dunkelte er mit zunehmendem Alter bronzefarben nach. Über den Winter hinweg fermentierte er im Keller (was bei REI als positiv gilt, da es dabei helfen kann, den Behälter zu desinfizieren). Wohin mit diesem wertvollen Dünger? Meine Familie blieb bei ihrem harten Nein, als ich die Anwendung im Gemüsegarten erwähnte. Meine Freunde sagten, sie hätten in diesem Jahr kein Gemüse angebaut. Und das Rich Earth Institute hat strenge Richtlinien gegen das Verteilen von Urin ohne Erlaubnis.

Also habe ich an einem Frühlingsnachmittag meinen Urin im Peecycling-Zentrum des REI in der Innenstadt von Brattleboro abgegeben. So würde er in den Kreislauf übergehen: Essen. Urinieren. Desinfizieren. Düngen. Wachsen. Nace und ihre Kollegen pasteurisierten den Urin gemäß den Richtlinien der Weltgesundheitsorganisation und verwendeten ihn dann als Ergänzung für umliegende Bauernhöfe. Ein Großteil des Urins – etwa 8000 Liter pro Hektar, die Jahresproduktion von acht Menschen – geht auf Heufelder und ersetzt synthetischen Dünger. (Friss das, Haber und Bosch.)

Als ich von der Brattleboro-Abfallentsorgung zurückfuhr, wurde mir klar, dass der Widerstand gegen Pipidünger der Art und Weise entspricht, wie wir Menschen alles übrige Abwasser – und Leichen – verstecken.

Kacke und Pisse werden oft in die Toilette gespült und in Kläranlagen behandelt oder ins Meer geleitet. Das ist der tägliche Ablauf, aber es gibt auch einen letzten Schritt: Unsere Leichen werden in Kisten verpackt, verbrannt, begraben oder eingemauert, oft mit hohen Kosten für die Umwelt, die mit hohen Kohlenstoffemissionen und anderen Schadstoffen einhergehen.

Können wir uns also an der Zersetzung beteiligen und der Natur unsere Nährstoffe zurückgeben? Nach jahrelangen Studien an der Forensic Osteology Research Station der Western Carolina University – auch bekannt als »The Body Farm« – haben Forscher die Kompostierung des Menschen optimiert, vom Tod bis zur Erde. Recompose, ein grüner Bestattungsdienst in Seattle, legt Leichen in eine Kapsel, die mit Holzspänen, Luzerne und Stroh gefüllt ist. Gase wie Cadaverin und Putrescin, die häufig bei Fäulnis auftreten, der fünften Stufe bei der Verwesung, werden vor ihrer Freisetzung mit einem Biofilter behandelt. Die Knochen werden zu Pulver gemahlen. Es dauert etwa vier bis sechs Wochen, bis sich ein Körper vollständig zersetzt hat.

Wir verfügen über die Technologie, aber »was den Tod angeht, kommt der Wandel nur langsam«, warnt Caitlin Doughty, Bestatterin und Bestattungsreformerin. Nur wenige Bundesstaaten, darunter Kalifornien, Washington und Vermont, haben Gesetze erlassen, die Kompostierung von Menschen legalisieren.

Was tun mit diesem menschlichen Kompostboden? Es kann auf einem Friedhof verstreut, in ein Grab gelegt oder der Familie zur Verwendung im Garten geschenkt werden. Aber warum nicht über den Tellerrand schauen? Bei Recompose können Sie Ihre Überreste, einen Kubikmeter Erde, an den Bells Mountain Conservation Forest im US-Bundesstaat Washington spenden. Setzlinge werden mitsamt menschlichem Kompost gepflanzt, um Bäche zu beschatten und so Lebensräume für laichende Lachse und Regenbogenforellen wiederherzustellen. Menschliche Überreste könnten die Geister von Lachskadavern ersetzen.

7

LEKTÜRE AM STRAND

Wenn Sie dieses Buch an einem tropischen Strand lesen, können Sie sich glücklich schätzen – vor allem, wenn ein prächtiger Fregattvogel in Ihr aufgeschlagenes Buch kackt, wie es bei meinem Exemplar von Peter Matthiessens *Die Könige der Lüfte: Reisen mit Kranichen* vor ein paar Jahren auf den Dry Tortugas vor Südflorida der Fall gewesen war.

Stecken Sie Ihre Hand in den rauen Sand, in die Farben von Haferflocken, Creme, Sandstein und Schiefer; er hat Sie an diesen Ort geführt. An diesem Inselstrand kann man die Biosphäre wirklich in einem Sandkorn sehen – vom fliegenden Fisch über den Fregattvogel, die Kokospalme bis zur Elchgeweihkoralle und dem Papageifisch. Den meisten Menschen ist nicht bewusst, dass sie, wenn sie sich an einem Strand in Hawaii ausstrecken, auf einem Bett aus tierischen Abfällen liegen. Biogener Sand, wie er genannt wird, kann durch den Darm eines Papageifisches gekommen sein oder von zermahlenen Tieren – Schwammnadeln und Seepockenfragmenten – und Korallenalgen stammen.

Ich bin in die Gewässer vor Kona auf der Big Island von Hawaii getaucht, um die Quelle des Sandes zu finden. Das Riff wies

Abnutzungserscheinungen auf, mit vielen Dellen in den Korallen von unvorsichtigen Schnorchlern, aber überall gab es große Fische, so leuchtend wie der Broadway. Die Uhus, wie die Hawaiianer die Papageifische nennen, waren fleißig bei der Arbeit. Während ich schnorchelte, hörte ich ein lautes Knirschen. Papageifische können durch Beton beißen, und als ich ihnen folgte, sah es aus, als würden sie das Riff küssen, als würden Vampire ihre Reißzähne in Stein versenken.

Das erste Uhu, das ich sah, war ein Hingucker, ein Brillenpapageienfisch in leuchtendem Blau und Grün, der von innen zu leuchten schien. Mit einem Überbiss aus 1000 Zähnen, die in einer Schnabelformation zusammengewachsen waren, biss er durch die Korallenskelette, als wären es Dauerlutscher. Papageifische können Kalziumkarbonat – auch Kalkstein genannt – zerkleinern und durch ihre Kot- und Kiemenschlitze als Sand und Schlick abgeben. Sie bewirken mehr als nur den Transport von Nährstoffen; sie sind physikalische Ingenieure, beißen und kratzen abgestorbene Korallen ab und grasen auf Felsoberflächen, um an große Algen, kleine Algen und sogar Mikroben zu gelangen.

Der Papageifisch, dem ich folgte, hinterließ hinter seinen leuchtend orangefarbenen Flossen eine Spur aus weißem Sand. Der Kot hielt einen Moment lang zusammen, fast wie Stoff, bevor er sich auf dem Meeresboden absetzte. Währenddessen stieß ein Papageifisch in der Nähe eine lose Schlammwolke aus seinen Kiemenschlitzen aus, was wie der Dampf einer seltsamen Lokomotive wirkte. Ich fuhr mit meiner Hand durch eine weitere Papageifischfahne; sie löste sich in 1000 Körner auf.

Wenn Sie einem Tier lange genug folgen, wird es kacken. Also folgte ich einem anderen Favoriten – alle sind meine Favoriten –, einem Sternaugenpapageifisch (*Calotomus carolinus*), oder Pōnuhunuhu auf Hawaiianisch, am Rand des Riffs entlang. Es war eine kurze Wartezeit. Dieser besondere männliche Fisch mit rosa Sternen um die Augen und einem neonblauen Körper fraß und kackte fast gleichzeitig. Das ist keine Überraschung. Anderswo im Pazifik beißen Büffelkopf-Papageifische etwa drei Mal pro Minute in tote Korallen. Sie kacken dabei ungefähr 22-mal Mal pro Stunde!

Papageifische spielen eine entscheidende Rolle in Küstenökosystemen. Als Strandbauer ernähren sie sich von Korallen, Algen, Steinen und Sand mit ihrem beeindruckenden Gebiss, den aus zusammengewachsenen Zähnen bestehenden Zahnplatten. Die Algen werden gemeinsam mit den Stein-, Korallen- und Sandstücken, die die Fische fressen, von kleinen Zähnen im Rachenraum, der Rachenmühle, zerkleinert und so leichter verdaulich gemacht. Dabei werden Kalksteinfragmente zu Sand und Sand zu noch feinerem Sand verarbeitet. Vier von fünf Sandkörnern an vielen tropischen Stränden sind der Kot von Papageifischmahlzeiten. Durch ihr ständiges Weideverhalten tragen Papageifische dazu bei, das Riff und die Korallen vor Überwucherung durch Algen zu schützen und invasive Arten zu reduzieren. Durch das Schaben eröffnen sie neue Gebiete, in denen sich junge Korallen und andere Bodenbewohner niederlassen und wachsen können.

Ein einzelner grüner Büffelkopf-Papageifisch, der im Indischen und im Pazifischen Ozean beheimatet ist und mehr als einen Meter misst, kann jährlich fast 4500 Kilo Sand kacken. Mieten Sie diesen Fisch! Drei von ihnen können jedes Jahr Sand im Wert eines Betonmischers an den Strand liefern. Je größer der Biss, desto mehr lebende und tote Korallen fressen sie und desto mehr Strandsand scheiden sie aus. Ich schaute auf den cremigen Sand am Rand der Insel. Die Papageifische, denen ich folgte, waren kleiner als Büffelkopf-Papageifische, konnten aber dennoch bis zu 450 Pfund Sand – das entspricht dem Wert von 25 Sandsäcken – pro Jahr produzieren. Ich beobachtete, wie sie langsam, Schiss für Schiss, den Strand von Big Island bauten.

Nick Graham, der britische Ökologe, der die weitreichenden Auswirkungen von Ratten und Seevögeln im Chagos-Archipel im Indischen Ozean untersuchte, hat kürzlich seine Aufmerksamkeit auf Papageifische gerichtet. Graham zeigte, dass diese Pflanzenfresser in den Gewässern um Seevogelinseln größer werden. Warum? Die Antwort wird Ihnen mittlerweile bekannt sein. Wenn Seeschwalben, Tölpel, Braunnoddies und Fregattvögel kacken, setzen sie Stickstoff und Phosphor frei, die von Algen, Plankton, Korallen und schließlich auch von Fischen aufgenommen werden. Papageifische werden mit höherwertigem Futter größer. Größere Fische haben größere Bisse, und die Beweidungsraten sind auf Seevogelinseln drei- bis viermal höher. Je größer diese Strandbauer werden, desto besser gelingt es ihnen, Algen zu reduzieren, Flächen für junge Korallen zu schaffen und riesige Mengen wunderschönen tropischen Sandes zu produzieren.

»Diese Seevögel«, sagte Graham, »könnten möglicherweise trotz des Anstiegs des Meeresspiegels das Inselwachstum aufrechterhalten.« Die Erhaltung ökologischer Wege vom Bergrücken bis zum Riff könnte in den kommenden Jahrzehnten der Schlüssel zur Rettung tief liegender Atolle sein. Mithilfe der Vögel bilden Papageifische eine neonfarbene Brandmauer gegen den Untergang des Riffs.

***

Am nächsten Tag fuhr ich hinunter zur Kealakekua Bay. Das Wasser war klarer, das Riff viel bunter. Manchmal hatte ich das Gefühl, durch ein Aquarium zu schnorcheln. Ich habe drei der einheimischen Uhu-Arten der Insel gesehen: den Sternaugen-, den Brillen- und den Kugelkopf-Papageifisch. Ich konnte ihre Beißgeräusche hören, als würden Hämmer Fels zertrümmern. Laute Riffe sind gesunde Riffe, in denen das ununterbrochene Knallen schnappender Garnelen, das Grunzen und Heulen der Fische und, wenn Sie Ihren Kopf über das Wasser heben, die Schreie der Seevögel zu hören sind. Der Lärm weist auf eine lebendige Meeresgemeinschaft hin, die Fischen und Wirbellosen im offenen Meer hilft, lebende Riffe zu finden.

Selbst in diesem anscheinend gut geschützten Bereich fiel mir auf, dass die Papageifische schreckhaft waren. Später erfuhr ich, dass örtliche Jäger die Fische aufgespießt hatten, während sie auf den Riffen schliefen. Kein Wunder, dass die Überlebenden wegschwammen, als ich mich näherte. Ein Biologe erzählte mir, er sei schockiert gewesen über den geringen Bestand an Papageienfischen, als er 2013 nach Hawaii zurückkehrte. Wo es sie in den 1970er-Jahren reichlich gegeben hatte, sind sie jetzt überraschend selten. Auch ihr Verhalten hatte sich geändert – Papageifische bewegten sich nun nicht mehr in großen Schwärmen, sondern eher als Einzelgänger. Auf Oahu ist nur noch etwa jeder Zwanzigste übrig. Dieser verheerende Rückgang um 95 Prozent ist eine Folge der kommerziellen und Freizeitfischerei, insbesondere der nächtlichen Speerfischerei, und der Verschmutzung durch Abwasser. Wenn Papageifische verschwinden, können sie ihre ökologische Rolle – den Bau von Stränden und den Schutz von Korallen – nicht mehr erfüllen.

Es gab viele andere Hingucker, darunter auch den Diamant-Picassodrückerfisch, auch Humuhumunukunukuapua'a oder Humudrückerfisch genannt. Der umwerfend schöne Nasendoktorfisch mit orangefarbenen Stacheln war ebenfalls anwesend, ebenso wie der Falterfisch, der Halfterfisch und der Samt-Doktorfisch. Es stellt sich heraus, dass viele dieser Arten in den Riffen eine wichtige Rolle spielen. Es gibt Hinweise darauf, dass Papageifische, Falterfische und andere Korallenfresser zur Verbreitung von fotosynthetischen Mikroben beitragen, die für das Überleben der Korallen unerlässlich sind. Sie nehmen bei der Nahrungsaufnahme Zooxanthellen auf, die Algensymbionten, die im Gewebe von Korallen wachsen. Ihre Fäkalien sind mit diesen mikroskopisch kleinen Algen beladen, und zwar in einer Dichte, die mehrere Größenordnungen höher ist als die des umgebenden Meerwassers. So wie sich die Fische durch das Riff bewegen, verbreiten sie die lebenswichtigen Symbionten, was ein potenzieller Vorteil für junge, sich gerade ansiedelnde Polypen ist – wie einzelne Korallen auch genannt werden –, die diese Mikroben noch nicht aufgenommen haben. Auch die Zooxanthellen können davon profitieren, wenn sie an neue Riffe verteilt werden.

Die Gemeinschaft besteht aus mehr als nur diesen auffälligen Arten. Der bescheidene Schwamm – ein sesshaftes, uraltes und eher einfaches Lebewesen – spielt eine überragend wichtige Rolle für die Produktivität des Riffs. Rob Toonen von der University of Hawaii erklärte es mir später: »Warum gibt es Korallenriffe – diese unglaublich artenreichen und produktiven Systeme – in diesen unglaublich nährstoffarmen Gewässern? Lange Zeit dachte man, Korallen seien der Fotosynthesemotor der Riffe. Aber nicht sehr viele Tiere fressen Korallen, und Korallen produzieren nicht besonders viel Nahrung.« Das fehlende Glied war der Schwamm, der oft in großen Ansiedlungen anzutreffen ist. Diese Filtrierer, von denen viele ein Glasskelett haben, nehmen in der Wassersäule gelöste organische Stoffe auf und wandeln sie in Fäkalienpartikel um, von denen sich andere wirbellose Meerestiere wie Flohkrebse, Ruderfußkrebse und Vielborster ernähren, Tiere, die die Grundlage für die Vielfalt der Korallenriffe bilden. »Uns wird langsam klar, dass die Nährstoffe auf den Riffen sehr wenig mit den Korallen zu tun haben«, sagte Toonen, »sondern sehr viel mit dem Schwammkot.« Oft wird übersehen, dass dieser einfachste, stationär lebende Organismus das Riff verändern kann. Er ist eine alte, leise Pumpe.

Eines Nachmittags schwamm ich von einem der schönsten Strände Oahus hinaus. Grüne Vulkangipfel verdeckten den Horizont; im Osten ging ein Beinahe-Vollmond auf. Der weiche, warme Sand, eine Mischung aus biogenen und Basaltkörnern, war glatt geschliffen worden. Es war sogar etwas Mikroplastik beigemischt. (Heutzutage gibt es an fast jedem Strand etwas Plastik.)

Bei mir waren zwei der weltbesten Experten für Rifffische: Mark Hixon, ein Riffökologe von der University of Hawaii, und Brian Bowen, ein Biogeograf mit Spezialisierung auf Korallenrifffische und

Molekulargenetik. (Bevor er an die University of Hawaii berufen wurde, war Bowen mein Mentor an der University of Florida gewesen.) Wir schnorchelten durch die Hanauma Bay, einen alten Vulkankrater, die Überreste eines Ausbruchs, der vor etwa 30 000 Jahren stattfand, lange bevor Menschen hier ankamen. Es ist eine beliebte Stelle zum Schwimmen und Schnorcheln, nicht weit von Honolulu entfernt. Dienstags ist diese Stelle geschlossen, und die Fische haben eine Pause. Hixon, der dort ein Forschungsprojekt leitet, lud uns ein, sich ihm anzuschließen. Er ermahnte uns, vorsichtig zum Wasser zu gehen, um den sorgfältig gepflegten Sand nicht zu stören. Auch ein Strand braucht einen Ruhetag.

Als er jünger war, tötete Bowen Papageifische und jagte sie wegen ihrer DNA. Doch irgendwann verlor er die Lust an der Arbeit und hörte auf, das zu tun, was Wissenschaftler beschönigend als *invasive Probenahme* bezeichnen. Ich war auch am Tod eines Papageifischs beteiligt. Vor ein paar Jahren bestellten meine Kollegen und ich an einem Strand in Bahia, Brasilien, eine Mahlzeit, zu der auch gedünsteter Fisch gehörte. Es war ein herrliches weißes Fleisch in einer gehaltvollen Tomatensoße Am Ende des Essens fragte ein Kollege unseren Kellner, was für ein Fisch in dem Eintopf sei, und zu unserem großen Entsetzen erfuhren wir, dass wir Papageifisch gegessen hatten. (Viele der fleischfressenden Rifffische entlang der Küste waren bereits gejagt worden.) Das Restaurant lag auf einer sandigen Halbinsel, die wahrscheinlich vom Papageifisch erbaut und unterhalten wurde. Wir hatten einen lokalen Ökosystemingenieur gegessen, und zwar möglicherweise einen vom Aussterben bedrohten: den Grünwangen-Papageifisch.

In der Hanauma Bay, die als staatlicher Unterwasserpark ausgewiesen ist, ist das Angeln verboten, und der Papageifisch schien dort weniger scheu zu sein. Ich schnorchelte hinüber zu einem riesigen Brillenpapageifisch, das größte Uhu, das ich je gesehen hatte. Er krachte in die Korallen und Felsen darunter, als würde er in Beton beißen.

Nachdem ich in der Karibik gearbeitet habe, wo Überfischung dazu geführt hat, dass die Fischbestände immer weiter dezimiert wurden, war ich erstaunt über die Farbe und den Fischreichtum an den Riffen Hawaiis. Korallenriffe sind die wichtigsten Hotspots in den Ozeanen; etwa eine Million Arten – was einem Viertel aller Meerestiere und -pflanzen entspricht – verbringen mindestens einen Teil ihres Lebens in diesen komplexen Lebensräumen. Bei einem 40-minütigen Schnorchelausflug sahen wir Falterfische, elegante Zwerglippfische, Kofferfische und Kugelfische. Die Riffe schützen Küsten vor Stürmen und bilden in vielen Gebieten einen Übergang zwischen der Tiefsee und flachen Ökosystemen wie Seegraswiesen und Mangrovenwäldern.

Das Wetter wurde allmählich ungemütlich, also schnorchelten wir zurück zum Strand. Über dem Sand schwamm ein weiterer riesiger Papageifisch. Was machte er in diesem flachen Wasser? Vielleicht wollte er etwas absetzen oder, was wahrscheinlicher ist, seinen Harem im Blick behalten? Er jagte ein jüngeres Weibchen zurück in die Tiefe.

Alle Weibchen waren jünger. Papageifische sind Hermaphroditen, die je nach Populationsdichte und Wachstumsraten nach einigen Jahren eine Geschlechtsumwandlung vom Weibchen zum Männchen durchlaufen. Während dieses Übergangs wechselt das lokale Uhu von eher gedämpftem Grau und Rot zu auffälligen Grün- und Blautönen mit leuchtend rosa, gelben und orangefarbenen Mustern vom Schnabel bis zum Schwanz.

Ein erfolgreiches Männchen verfügt möglicherweise über einen Harem aus zwei bis fünf Weibchen, über den er herrscht, wobei er ein Territorium von etwa 300 Quadratmetern beschützt – größer als ein typisches amerikanisches Eigenheim. Wenn das Männchen stirbt, geht das größte Weibchen des Harems in aller Regel in die männliche Endphase über und übernimmt die Macht. Gelegentlich wechselt ein Fisch ohne die auffälligen Farben das Geschlecht. Diese sogenannten heimlichen Männchen können mit den Weibchen zusammenbleiben und sich paaren, ohne die Aufmerksamkeit der größeren, auffälligeren Männchen auf sich zu ziehen.

Die Sicht wurde schlechter, und Hixon entschuldigte sich für die Trübung. Bowen antwortete: »Wie jeder Tauchgang ist auch jeder Schnorchelgang gut, wenn man lebendig zurückkommt.« Wir zogen uns zur Kona Brewing Company zurück, um über Papageifische zu sprechen. Ein langhalsiger Vogel kam an unseren Tisch und suchte nach Essensresten. Kommt ein Reiher in eine Bar …

Im *Kumulipo*, dem Schöpfungsgesang der Ureinwohner Hawaiis, heißt es, dass die Welt mit einem einzigen Korallenpolypen begann, erzählte uns Hixon. Hixon trug eine dunkelblaue Baseballkappe und ein T-Shirt der University of Hawaii; seine wolligen Augenbrauen hingen fast wie Raupen über seiner Maui-Jim-Sonnenbrille. »Und ich finde das wirklich cool, denn genau so fängt es an«, sagte Hixon. »Ein Vulkan schlägt an die Oberfläche, Korallenlarven siedeln sich an, und ein Riff entsteht. Ich liebe das.«

Das tat ich auch, da mir die Geschichte bekannt vorkam. Darwin war den Hawaiianern im Verständnis der Entwicklung von Riffen nicht allzu weit voraus. Er ahnte, dass Korallenatolle, ringförmige Riffe, Überreste von Vulkanen waren. Korallen siedeln sich entlang des flachen Basaltgesteins einer neuen Vulkaninsel oder eines unterseeischen Bergs an. Mit zunehmendem Alter der Insel erodiert das Vulkangestein, und der Berg im Meer verschwindet. Das Leben übernimmt die Herrschaft – ein Ring aus Riffen und Sand, der von Korallen, Schwämmen, Papageifischen und Seevögeln gebildet wird. Vielerorts sind diese Atolle die Überreste längst vergessener Vulkaninseln.

Korallenriffe sind, wie Alfred Russel Wallace bereits im 19. Jahrhundert wusste, Meerestierwälder. Jeder Polyp ist wie eine umgedrehte Qualle, die in einem Kalksteinskelett aus eigener Schöpfung steckt. Ein Großteil dieses Buches konzentriert sich darauf, wie Tiere Ökosysteme gestalten, die von Pflanzen dominiert werden – Bäume, Grasland, Algenwälder –, aber in diesem Fall stellen die Tiere selbst die Meereslandschaft dar. Auch Schwämme, Seefedern und Röhrenwürmer können Meereswälder bilden.

Korallen sind wie Meeresbauern. Sie sind mit Quallen, Süßwasserpolypen und Anemonen verwandt und bieten Schutz und liefern Kohlendioxid an ihre symbiotischen Algen. Im Gegenzug synthetisieren die Zooxanthellen energiereiche Kohlenhydrate für ihre Wirte. Korallen sind nicht die einzigen wirbellosen Meeresbauern; es ist eine Beziehung, die im Meer schon mehrfach entstanden ist – viele Arten von Muscheln, Anemonen und Schwämmen haben Algensymbionten, die in ihren Zellen leben.

»Pflanzenfresser – Fische, die Algen fressen – sind in Korallenriffen äußerst wichtig«, erzählte mir Hixon, »weil sie die Riffoberflächen frei von Algen halten, damit Korallen wachsen können.« Algen wachsen schneller als Korallen und konkurrieren mit ihnen um Licht, Platz und Nährstoffe. In manchen Fällen ersticken sie die Korallen, insbesondere, wenn sie durch Abflüsse vom Land mit zu vielen Nährstoffen wie menschlichem Kot und landwirtschaftlichen Düngemitteln versorgt werden. Pflanzenfressende Fische sind wie Gärtner, die das Riff jäten, wobei jeder eine andere Technik anwendet oder eine bestimmte Algenart bevorzugt. »Man braucht verschiedene Gartengeräte, um das Gras zu schneiden und die Hecken zu bearbeiten«, sagte Hixon. Doktorfische knabbern Algen von der Oberfläche von Felsen und Korallen. »Papageifische sind die Kraftsportler unter den Pflanzenfressern. Ich würde sie die Rasenmäher des Riffs nennen.«

Mit ihren verschmolzenen, schnabelähnlichen Zähnen kratzen und legen Uhus das Riff frei und geben dabei Nährstoffe aus toten Korallen und Algen an das Wasser ab. »In den Narben, die sie hinterlassen, wachsen die Babykorallen«, sagte Hixon. Der Papageifisch öffnet den Raum, und andere Fische fressen die Algen. In einer positiven Rückkopplungsschleife schaffen die Korallenriffe Schutz für die Pflanzenfresser. Papageifische fressen nicht nur Algen und erschließen Gebiete für neue Korallen, sondern liefern auch Nährstoffe über ihren Kot und verwandeln einen Korallenkonkurrenten in einen Korallendünger. »Korallen gedeihen dort, wo es viele Fische gibt«, sagte Hixon. »Der Kot und der Urin der Fische befruchten die Korallen, in denen einzellige Pflanzen leben. Ein gesundes Riff hat all diese Wechselwirkungen«, fügte Hixon hinzu. »Gott sei Dank gibt es das Uhu.«

Mein Zimmer in den Lanai Suites auf Coconut Island, der Heimat des Hawai'i Institute of Marine Biology, bot einen atemberaubenden Blick auf den He'eia, einen steilen grünen Berg, der über der Kaneohe Bay aufragt. Ich konnte mit meinen Augen den steilen grünen Furchen des Berges bis zum blauen Wasser, den dunklen Korallenriffen und dem weißen Sand direkt vor meinem Fenster folgen.

Dieses klare Wasser war zu verlockend. Am Ende eines verkürzten Arbeitstages ging ich in den Sand und setzte meine Maske und Flossen auf. (Mein Gastgeber, Brian Bowen, sagte mir, es sei in Ordnung, wenn ich alleine schwimmen würde: »Stirb einfach nicht.«) Ich schnorchelte am flachen Riffrand entlang und bewunderte die zahlreichen kleinen Fische – für meine ungeübten Augen waren es Lippfische und Korallenfische. Die Korallen sahen gesund aus. Sie wurden von zwei bescheidenen, aber widerstandsfähigen Arten dominiert: Reiskorallen mit kleinen beigen Polypen, die in einem bestimmten Winkel und bei einem bestimmten Licht einem alten zotteligem Teppich ähnelten, und Steinkorallen, mit kräftigen Fingern, die in gelblichen Hügeln gruppiert waren. Die Bucht war alles andere als makellos – Fracht- und Kampfflugzeuge schwirrten über sie hinweg und vollführten An- und Abflüge auf der Marinebasis Hawaii, und große Teile von Coconut Island sind von Beton und nicht heimischen Mangroven gesäumt –, aber die Fische und Korallen schienen gut zu gedeihen.

Als ich Bowen von meinem Schwimmen erzählte, meinte er, vor ein paar Jahrzehnten hätte ich wohl kaum den Impuls gespürt, ins Wasser zu gehen. Zwischen den 1940er- und 1970er-Jahren waren die

Riffe größtenteils verschwunden. »Früher floss das Abwasser direkt ins südliche Ende der Bucht«, erzählte mir Bowen, »und es konnte Wochen dauern, bis es ins Meer gespült wurde.« Das Licht drang immer weniger durch, der Nährstoffgehalt stieg, und es gab neue Ausbaggerungen in der Gegend. Die Bucht, die einst als Korallengarten beschrieben wurde, zeigte Anzeichen von Stress.

Ich ging den Hügel hinauf, um mit Bowens Mitverschwörer im ToBo-Labor, Rob Toonen, zu plaudern. Ihr Labor hatte Dutzende von Arbeiten über die Genetik der Rifffische Hawaiis und Meeresorganismen auf der ganzen Welt veröffentlicht, aber ich wollte mit Toonen über seine Arbeit über die unnatürliche Geschichte der Kaneohe Bay sprechen. Als Toonen 2003 auf Coconut Island ankam, sahen die Riffe ziemlich gut aus. »Ich hätte nie gewusst, dass es hier kein Korallenriff gibt, wenn ich nicht mit unserer Gemeinschaft zusammengearbeitet und die mündliche Überlieferung unserer *Kūpuna* in der Gegend erfahren hätte«, sagte er. Auf Hawaiianisch bedeutet Kūpuna »Vorfahr oder verehrter Ältester«, Bewahrer des traditionellen Wissens und der lokalen Geschichte. Jahrhundertelang wurde Hawaii nach einem *Ahupua'a*-Ansatz verwaltet, der die Verbindungen zwischen den Berggipfeln und dem Meer würdigte und landgestützte Süßwasser- und Meeresökosysteme integrierte.

Im 20. Jahrhundert verfielen die traditionellen Methoden des Landes allmählich – etwa die Errichtung von Fischteichen und Terrassen, um das Abflusswasser für die von den Polynesiern mitgebrachten »Kanupflanzen« wie Kokosnüsse, Yamswurzeln, Brotfrüchte und Taro aufzufangen. Kaneohe Bay erlitt jahrzehntelang zerstörerische Eingriffe: ein Militärstützpunkt mit massiven Ausbaggerungen; Viehbeweidung, Erosion und Sedimentbelastung; dazu noch die Überfischung. Abwasser aus Senkgruben, aus Klärgruben und von der Kaneohe Marine Corps Air Station wurde in die Bucht eingeleitet. Der Stickstoffgehalt und andere Nährstoffgehalte stiegen, die Sichtweite nahm ab, und Algen gediehen. Vor dem Einfluss des Westens bedeckten Korallen 80 Prozent des Bodens der Bucht. Diese Zahl ging auf etwa 60 Prozent zurück, da landwirtschaftliche Sedimente in die Bucht flossen. In den 1970er-Jahren verschwanden die Korallen fast vollständig, nachdem Land erschlossen wurde und Abwässer einströmten.

Laut Toonen sah die Bucht in den 1970er-Jahren wie Erbsensuppe aus. Es kam zu großen Abwasseraustritten. Die Riffe waren nicht funktionsfähig; es gab zu viele Nährstoffe – was dazu führte, dass Algen das Ökosystem überwucherten – und nicht genug Lichteinfall für das Gedeihen der Korallen. Ohne Korallen gingen auch die Rifffische – Papageifische, Doktorfische und Falterfische – zurück. Viehweidung verursachte Abholzung, brachte Erosion und Sedimentbelastung in nahe gelegenen Bächen und schließlich in der Bucht mit sich. Das klassische Profil von Coconut Island ist Menschen ab einem bestimmten Alter aus dem Vorspann der Sitcom *Gilligan's Island* bekannt, und mir kam der Gedanke, dass die Insel zum Zeitpunkt der Dreharbeiten von mit Abwasser kontaminiertem Wasser umgeben war.

Die Riffe wurden in jenen Jahren zerstört, ebenso wie die hawaiianische Kultur. Toonen schlug vor, dass ich mich mit Kawika Winter unterhalte, einem Professor für biokulturelle Ökologie an der University of Hawaii. Coconut Island ist klein, also spazierte ich unter Palmen zu Winters Büro.

»In den 1950er- und 1960er-Jahren bedeutete Hawaiianer zu sein, unwissend zu sein«, erzählte mir Winter. Wir saßen in einem Gemeinschaftsraum vor seinem Büro; er trug ein Aloha-Shirt, Shorts und Flip-Flops. »Sie kennen die Stereotypen: faul, niedriger IQ und anfällig für Kriminalität. Man war nicht stolz darauf, Hawaiianer zu sein.«

In den Siebzigern begann sich das zu ändern. »Die hawaiianische Renaissance wurde von der indianischen Bewegung und der Besetzung von Alcatraz durch Indigene im Jahr 1964 inspiriert«, sagte Winter. »Ein Haufen Leute, die im Alter meiner Eltern gewesen wären – ich wurde 1976 geboren, und das war genau zu dem Zeitpunkt, als das alles passierte –, begannen, Inseln zu besetzen.«

Es gab ein wachsendes Bewusstsein für die indigene Handlungsfähigkeit, schrieb Winter, basierend auf dem Konzept von Aloha *'āina*, oder *Liebe zum Land.* In den 1970ern kam es nach Jahrzehnten des »Ausverkaufs der hawaiianischen Kultur, um Touristen anzulocken«, wie Winter sagt, zu einer Wiederbelebung von hawaiianischer Sprache, Kunst, Kultur, Philosophie und Spiritualität. »Der Stolz darauf, Hawaiianer zu sein, erfuhr eine große Wiederbelebung, was auch für traditionelle und kulturelle Praktiken der Verwaltung des Landes galt.« Zu diesen Praktiken gehörte das Konzept des *Kapu*, das den Fischfang zu bestimmten Zeiten im Jahr einschränkte (Verstöße wurden mit äußerst harten Strafen geahndet, insbesondere während der Laichzeit) und das Teilen zwischen Gemeinschaften förderte.

Im Jahr 1974 wuchs der Druck, die menschlichen Abfälle in der Bucht zu reduzieren. Neben der Förderung traditioneller hawaiianischer Praktiken zur Bewirtschaftung ökologischer Systeme von Bergrücken bis zu Riffen gab es Änderungen im Bundesgesetz, was die Wasserverschmutzung betraf. 1979 wurde das Abwasser in tiefere Gewässer vor der Küste umgeleitet. »Man sieht, wie die Bucht klarer wird«, sagte Toonen, »und man sieht eine Veränderung in der Gemeindestruktur.« Der Nährstoffgehalt, die Trübung und die Menge des Phytoplanktons und anderer größerer Algen gingen zurück, was zu viel besseren Bedingungen für die verbliebenen Korallen führte. Die Korallenbedeckung stieg von einem Tiefststand von zehn Prozent der Bucht auf 60 Prozent. Die Einschränkung der Baggerarbeiten und der Schutz der einheimischen Fische verbesserten auch den Gesundheitszustand der Bucht, und zwar so sehr, dass junge Wissenschaftler heute keine Ahnung mehr davon haben, wie schlimm es vor 50 Jahren war.

Die Erholung der hawaiianischen Riffe ist eine Sache; die Wiederherstellung einheimischer Wälder ist etwas ganz anderes. Im

Wasser war ich beeindruckt von der Fülle an bunten Rifffischen und blauen, rosa und violetten Korallen. Aber als ich in den hawaiianischen Wäldern wanderte, gab es nur wenige Farbflecken, und es war still, bis auf die Rufe einiger nicht heimischer Vögel, wie zum Beispiel des Weißbürzel-Schama, ein melodisches Echo in einem leeren Wald. Schweine könnten mit den Polynesiern angekommen sein. Ratten tauchten in Wellen von anderen Pazifikinseln und auch mit den Europäern auf. Unabhängig von ihrer Herkunft zerstörten sie Lebensräume, jagten Vögel und trugen zur Ausbreitung von Mücken auf den Inseln bei. Hawaii hat seit der Ankunft der Menschen vor etwa 1600 Jahren zwei Drittel seiner einheimischen Vögel verloren. Viele von ihnen sind nach der Einschleppung der Vogelmalaria verschwunden, wahrscheinlich durch Mückenlarven im Trinkwasser von Walfangschiffen. »Das alte Hawaii ist ein Geist, der die Hügel heimsucht«, schrieb E. O. Wilson in *Die Zukunft des Lebens*, »und unser Planet ist durch seinen traurigen Rückzug ärmer geworden.«

»Laut indigener hawaiianischer Lehre haben Veränderungen im Land Auswirkungen auf den Ozean«, meinte Kawika Winter, »aber wie wirkt sich die Gesundheit des Ozeans auf die Gesundheit des Landes aus? Diese Verbindung besteht für mich in den Seevögeln. Einst haben Vögel den Himmel dieser Inseln schwarz gefärbt, und als sie das taten, lagerten sie jede Menge Nährstoffe oben im Wald ab.« Die Wälder entwickelten sich gemeinsam mit diesem Meeresdünger, der laut Winter »wie ein Turbo auf das Wurzelsystem« wirkte. Diese Seevögel – wie der 'ua'u (der hawaiianische Sturmvogel) und der 'a'o (Newell-Sturmtaucher) – nisten oft am Fuß von Bäumen, aber als die Vögel verschwanden, wurden die Wälder von invasiven Arten überschwemmt. »Unser einziger einheimischer Wald, der noch existiert, liegt oben auf den Bergen«, sagte Winter, doch die Eindringlinge breiten sich weiter bergauf aus, während sich das Klima erwärmt. Die einheimischen Bäume seien nicht so widerstandsfähig und stark, wie sie sein sollten, »weil sie nicht die Dosen

Guanodünger erhalten, mit denen sie sich gemeinsam entwickelt haben«, bemerkte er. »Es ist nicht überraschend, dass unser Wald in Schwierigkeiten ist.«

Die Leute denken, man könne Bäume fällen und einheimische Arten neu anpflanzen, aber das funktioniere nicht immer so, betonte Winter. Beispielsweise kann der Nährstoffhaushalt verloren gehen und die Mykorrhizen, die Pilzsymbionten rund um die Wurzeln von Bäumen, beschädigt oder zerstört werden. »Welche verborgenen Elemente des Systems muss man wiederherstellen, damit die sichtbaren Teile des Systems überleben können?«, fragte Winter. »Ich begreife die Vögel als einen großen Teil dieser Geschichte.«

Es gehen nicht nur der Nährstofftransfer verloren, sondern auch die kulturellen Verbindungen. »Hawaiianische Schöpfungsgesänge«, bemerkte Winter, »erklären die Entstehung der Inseln, die Artenvielfalt ihrer Länder und Meere und des hawaiianischen Volkes.« Sie alle sind *Kūpuna*, Älteste und Vorfahren, deren Verwandtschaft über den Menschen hinaus bis zur Flora und Fauna reicht. Die Hawaiianer besingen immer noch Vögel, die inzwischen ausgestorben sind, weil sie in den alten Gesängen und Hulas überliefert werden. »Wir singen diese Lieder«, sagte Winter, »und niemand weiß, wie diese Vögel überhaupt aussahen. Sogar unsere Ältesten wissen nicht, wie diese Vögel klingen, sie sind schon so lange verschwunden.«

Die hawaiianische Kultur ist wie alle Kulturen auf dem Planeten dynamisch und entwickelt sich weiter. »Unsere Sprache ist lebendig, und die Leute schreiben neue Lieder auf Hawaiianisch, und sie reden nicht über die Vögel, die wir verloren haben«, sagte Kawika Winter. Er nennt dies *Koextinktionen*, und das zu Recht. So wie der Verlust eines Tieres den Verlust seiner Parasiten, Raubtiere und seiner Ökosystemfunktionen bedeuten kann, ist der Verlust eines der Vögel Hawaiis der Verlust von Kultur: von Geschichten, Liedern, Traditionen.

»Es gibt diesen einen Hula, den jemand komponiert hat, einen traditionellen Tanz, bei dem es um den Coqui-Frosch geht«, eine

Art, die in den 1980ern versehentlich aus Puerto Rico nach Hawaii eingeführt wurde. »Natürlich ergibt das Sinn«, sagte Winter. »Wir schaffen Kunst über die Systeme um uns herum. Wir machen jetzt Tänze und Lieder über Coqui-Frösche, weil die Artenvielfalt und der Wald, in denen unsere Vorfahren Lieder komponierten, nicht mehr vorhanden sind. Diese Lieder und Ideen sind ausgestorben. Alle Arten haben ihre Lektionen, die sie uns lehren können, und sie sind in unserer Sprache und den Liedern verankert. Doch diese Lektionen verschwinden.«

Bundesrichtlinien und örtliche Aloha *'āina* halfen bei der Wiederherstellung der Kaneohe Bay. Ein Fokus auf die Wiederherstellung der Tierwelt und die Verringerung der Auswirkungen invasiver Arten wie Wildschweine könnte dasselbe für die Gebiete in ganz Hawaii bewirken. Winter hat mit lokalen Managern und Jägern zusammengearbeitet, um Gebiete zu schaffen, in denen es keine Schweine gibt, was den einheimischen Tieren und Pflanzen zugutekommt. In Gebieten, in denen die Jagd erlaubt ist, werden die Schweine durch die Schaffung eingezäunter Nischen etwas zugänglicher gemacht. »Es war ein Gewinn für die Pflanzen, ein Gewinn für die Manager und ein Gewinn für die hawaiianischen Familien«, sagte Winter. »Sie sind in der Lage, effizienter zu jagen.«

Als ich Kawika Winters Büro verließ, schaute ich auf das blaue Wasser rund um die Insel. Ich dachte an eine Zeile aus einem hawaiianischen Lied: *Kümmere dich um das Meer, und das Meer wird sich um dich kümmern.* Es war Zeit zum Schwimmen.

Die Südküste von Long Island scheint so weit von den naturbelassenen Stränden und dem kristallblauen Wasser Hawaiis entfernt zu sein wie nur irgend möglich. Aber die Küste hier hat ähnliche Misshandlungen erlitten. In den 1970er-Jahren wurde Schlamm am berühmten Jones Beach in New York angeschwemmt. Es gab Berichte über menschliche Abwässer, Ölteppiche, medizinische Abfälle und Injektionsnadeln am Strand und im Wasser – das Ergebnis jahrelanger Verlagerung der Probleme der Stadt aufs Meer. Nach der Sanitärrevolution im späten 19. Jahrhundert begannen viele Kommunen damit, ihre Abwässer vor der Küste abzuführen oder in nahe gelegene Wasserstraßen zu leiten. Und im Jahr 1938 begannen New York City und New Jersey damit, ihre Abwässer knapp 20 Kilometer vor der Küste zur Mülldeponie 106 direkt vor der Bucht von New York zu transportieren. In den 1970ern und 1980ern lagerten sie durchschnittlich siebeneinhalb Millionen Tonnen Schlamm pro Jahr auf dem Festlandsockel ab. (Mein Großvater, ein Schlepperkapitän, hat vielleicht mit seiner Mannschaft einige der Lastkähne dorthin gefahren.) Ein großer Teil des Schlamms blieb an der Oberfläche, was zu einem Anstieg der Bakterienkonzentration führte. Der absinkende Schlamm belastete den Meeresboden mit Schwermetallen.

Die Auswirkungen der großartigen, mutigen Bundesgesetze der 1970er-Jahre – darunter der Clean Water Act, der Marine Mammal Protection Act, der Endangered Species Act und der Magnuson-Stevens Fishery Conservation and Management Act – sind heute in ganz New York City sichtbar. Der Clean Water Act legte strenge Vorschriften darüber fest, was Kläranlagen und Fabriken in den Hafen einleiten dürfen. Der Offshore-Versand von Schlamm wurde 1992 eingestellt. Die Wasserqualität verbesserte sich.

Und genau wie in Kaneohe Bay sind die Ergebnisse neuer Managementmethoden erstaunlich. Der Menhaden, ein Futterfisch an der Basis von Süßwasser- und Meeresnahrungsnetzen, kehrte zurück, als die Flüsse klarer wurden und einige nicht nachhaltige Fischereipraktiken eingeschränkt wurden. Nach jahrzehntelanger Abwesenheit konnte man auch wieder Buckelwale in den Gewässern in der Nähe von New York City sehen, die sich dort von den großen Köderbällen dieser lebenswichtigen Fische ernährten. Auch Finnwale, Glattwale und Hammerhaie kommen wieder. Gemeine Delfine jagen im Bronx River; Weißkopfseeadler und Fischadler sind am Hudson wieder zu beobachten.

Ein Buckelwal macht Erkundungssprünge in New York City (Artie Raslich / Gotham Whale)

Rund um den New Yorker Hafen gibt es Dutzende Millionen Austern, viele davon wurden im Rahmen des Billion Oyster Project eingeführt, das daran arbeitet, bis 2035 eine Milliarde dieser klassischen Ökosystem-Ingenieure in der Stadt anzusiedeln. In der Regel stellen wir uns die Ostküstenmündungen als trüb und reich an Phytoplankton vor. Austernriffe filterten einst alle drei Tage ganze Buchten durch; jetzt geschieht dies eher einmal im Jahr. Das Projekt hat mithilfe von Schülern und Freiwilligen 75 Millionen Austern an 18 Restaurierungsstandorten gepflanzt. Jede Auster kann täglich an die 200 Liter Meerwasser filtern, Sturmwellen dämpfen und Riffe für andere einheimische Arten wie blaue Krabben, Seepocken und Küstengarnelen errichten. Ähnliche Bemühungen gibt es im Hafen von Boston und anderen städtischen Gebieten; Menschen können jetzt im Wasser schwimmen, wo einst Milliarden Liter Abwasser pro Jahr eingeleitet wurden. Wale sind zurück, ebenso wie Schwimmer und Surfer. Alles ist noch in Arbeit, aber die Küstenwirtschaft dieser Gebiete hat sich von einer Wirtschaft, die auf dem Gewinn kommerzieller Fischerei und der Entsorgung von Abwässern und anderen Schadstoffen im Meer basiert, zu einer vielfältigen Wirtschaft gewandelt, die eben auch Verantwortung, Wildtierbeobachtung und Erholung umfasst.

Während des gesamten 20. Jahrhunderts und sogar davor hatte sich jede Generation an einen bestimmten Verlust gewöhnt, was Größe und Anzahl von Fischen, Vögeln und anderen Wildtieren angeht. Ein Biologe, der in den 1960er-Jahren begann, erinnerte sich wahrscheinlich daran, zu Beginn seiner Karriere größere Fische und eine größere Artenvielfalt gesehen zu haben als am Ende seiner Laufbahn. Doch schon seinen Eltern wären die Fische seiner Jugend kümmerlich und selten vorgekommen. Der Meeresbiologe Daniel Pauly nannte dies das »Shifting-Baseline-Syndrom«, Syndrom der veränderten Ausgangslage – jede Generation setzt die Ausgangslage niedriger als die vorherige an.

Aber Ausgangslagen können auch *angehoben* werden. Auf der ganzen Welt arbeiten Koalitionen aus Regierungsbehörden, indigenen Gruppen, gemeinnützigen Organisationen und lokalen Freiwilligen zusammen, um Ökosysteme wieder aufzubauen und Tiere wieder anzusiedeln. Ein junger Biologe des 21. Jahrhunderts könnte heute eine viel größere Fülle an wilden Truthähnen, Adlern, Watvögeln, Walen und Robben als seine Eltern oder Großeltern sehen. Die Nähe dieser Tiere bringt spirituelle und gesundheitliche Vorteile mit sich – wie Leroy Little Bear feststellte, erweckte die Rückkehr der Büffel einen Teil der Blackfoot-Kultur wieder zum Leben. In gewisser Weise werden die Menschen wieder wild gemacht. Für eine neue Generation bringen diese angehobenen Ausgangslagen – Buckelwale, die im Hafen Erkundungssprünge machen, Wanderfalken, die über die Wolkenkratzer fliegen, Alligatoren, die den Kanal hinaufschwimmen – die Natur zurück zu uns.

8

DER SINGENDE BAUM

Denken Sie an den alltäglichen Kreislauf von Tieren.

Viele von uns sehen Wale, Bisons und andere Großtiere sehr selten, und wenn, dann oft aus der Ferne, vielleicht im Urlaub. Näher an Ihrem Zuhause können Sie ein Eichhörnchen sehen, das über einen Maschendrahtzaun springt. Wenn es Frühling ist, sehen Sie möglicherweise Ameisen: Gartenameisen, die sich in einer Reihe von einem verrottenden Pfirsich in der Spüle zu einem unsichtbaren Loch in der Fensterbank der Küche bewegen. Straßenameisen schwärmen in der Nähe eines Ameisenhaufens auf dem Bürgersteig. Blattschneiderameisen formen eine Mulde in den Waldboden.

Billiarden von Ameisen sind Erntehelfer, Landwirte und Superorganismen. Manche nutzen Pilze, um Luftstickstoff in Ameisenbiomasse umzuwandeln, die Arthropoden-Antwort auf Haber-Bosch. Blattschneiderameisen legen zwischen den Blättern ihres Nestes einen Pilzgarten an, und die Pilze und Bakterien versorgen die Blattschneider mit Nahrung und Stickstoff.

Nach einigen Schätzungen, sagte mir der Entomologe Nate Sanders, sind mehr als die Hälfte der Pflanzenarten im Unterholz der Wälder auf Ameisen angewiesen, die ihre Samen verbreiten. »Wir haben einmal ein Experiment durchgeführt, bei dem wir Samen auf den Boden gelegt und beobachtet haben, was passiert«, meinte Sanders. »Weit über 90 Prozent, eher 99 Prozent der Samen wurden von einer Ameise weggetragen.« Was macht diese Ameise mit dem Samen? »Sie trägt ihn zu ihrem Nest, reißt die nährstoffreiche Hülle ab und liefert sie bei ihren Schwestern und zukünftigen Schwestern ab«, sagte Sanders. Dann nimmt sie den Samen aus dem Nest und legt ihn zusammen mit dem Abfall, den sie auf dem Waldboden gesammelt hat, auf einen Haufen. »Die Samen der Mutterpflanze wurden also nicht nur einfach ausgestreut, die Ameisen legen sie in gedüngte Erde. Ameisen sind wirklich die treibenden Kräfte der Ökologie.«

Für diejenigen von uns, die in Städten leben, können die Hotspots der Natur weit entfernt erscheinen. Aber es gibt auch heiße Momente, und für viele von uns können wir sie direkt hinter der Fliegengittertür hören. Sie müssen nicht zu einer weit entfernten Vulkaninsel oder einem abgelegenen Nationalpark fahren, um zu sehen, wie Tiere unseren Planeten erschaffen. Es passiert im Garten hinter Ihrem Haus, die Straße runter, im Park ein paar Blocks entfernt. Als ich begann, dieses Buch zu schreiben, sollte nur wenige Stunden von meinem Zuhause entfernt eine der größten und vielleicht lautesten Bewegungen tierischer Biomasse auf dem Planeten stattfinden. Sie war fast täglich in den Nachrichten: Zikadenmanie. Im Vorfeld dieses Ereignisses im Jahr 2021 gab es einen Medienrummel, der mit den Paarungsrufen der Zikaden selbst konkurrierte. Sie waren in den Vereinigten Staaten die Aufhänger in morgendlichen Fernsehshows, in Wochenmagazinen und Zeitungen. Ein Wissenschaftsjournalist auf PBS plädierte für Mitgefühl mit den Zikaden, die sich mit dem *Massospora*-Pilz infiziert hatten: »Stellen Sie sich vor, Sie hätten nach einem Leben unter der Erde nur ein paar herrliche Wochen Zeit, um in der Sonne zu leben, zu essen und sich zu paaren. Und dann fällt Ihnen der Hintern ab.«

Im Mai 2021 verließen Billionen periodisch wiederkehrender Zikaden, bekannt als Brood X, ihren 17 Jahre währenden Lockdown; ein Phänomen, das sich von Indiana bis nach Georgia hinzog. Zu diesem Zeitpunkt war ich ebenfalls, zusammen mit Millionen anderer Menschen, seit den letzten 14 Monaten in verschiedenen Formen des Lockdowns. Das Auftauchen der Zikaden schien auch für mich eine Gelegenheit zu sein, aufzutauchen – ich musste sie selbst sehen.

Zikaden haben den längsten Lebenszyklus aller Insekten. Die Erwachsenen, die ich zu sehen hoffte, waren 2004 als flügellose Larven unter die Erde gewandert, noch bevor meine Tochter, jetzt ein Teenager, geboren wurde. Sie hatten fast ihr ganzes Leben unter einem einzigen Baum verbracht – einem Zuckerahorn etwa oder einer Weißeiche –, vielleicht einen halben Meter unter der Oberfläche, und sich von den Flüssigkeiten ernährt, die durch die Wurzeln fließen, hauptsächlich Wasser und ein wenig Zucker und andere Nährstoffe. Nach 17 Jahren, zu Beginn des Sommers – als die Tage länger und etwas feuchter wurden und die Bodentemperaturen auf etwa 18 Grad Celsius stiegen –, gruben sie sich aus dem Boden und ließen Tonröhren zurück, oder »Schornsteine«, die wie einfache Sandburgen aussehen.

Im Jahr 2004 zählten Forscher 356 Zikaden, die auf einem einzigen Quadratmeter Land, etwa so groß wie ein Badetuch, schlüpften. In einigen Gebieten haben sich auf einem halben Hektar mehr als eine Million dieser fünf Zentimeter großen Insekten aus dem Boden gegraben.

Bevor ich nach Maryland aufbrach, wo es einige der höchsten Dichten gibt, rief ich Louie Yang in seinem Labor an der University of California in Davis an. Yang hatte in *Science* kurz nach dem letzten Auftauchen im Jahr 2004 einen wissenschaftlichen Aufsatz über die Ressourcenpulse durch periodische Zikaden veröffentlicht. Wir sind es gewohnt, explosive Populationen von Insekten wie Schwammmotten und Heuschrecken zu sehen, die Wälder von Blättern befreien und Ackerland abmähen, aber die Auswirkungen des darauf folgenden Massensterbens können bei Insekten schwer zu fassen sein. »Die Zikaden haben den Plan auf den Kopf gestellt«, sagte Yang.

Zikaden fressen langsam – als chronische Pflanzenfresser, wie Yang sie nennt – über einen Zeitraum von etwa 17 Jahren. Nur sehr wenige Ökologen befassen sich mit diesen schrittweisen Veränderungen im Laufe der Zeit, sei es das Trinken von Saft aus den Wurzeln eines Baumes oder der gelegentliche Tod. Erst ein Insektenbefall mit intensivem Pflanzenfraß und sichtbaren Schäden erregt die größte Aufmerksamkeit. »Der Düngeeffekt ist bei den meisten Insekten nicht wirklich spürbar«, sagte Yang, »weil ständig tote Insekten zu Boden fallen.« Es ähnelt eher einem stetigen Nieselregen als einem Hurrikan. Nicht so bei Zikaden.

Die dramatische und impulsartige Düngung mittels toter Zikaden unterscheidet sie von praktisch jedem anderen Insekt auf der Erde. Sie sind mehr wie Lachse, die einen letzten, einzigen Impuls haben, und weniger wie Blattläuse oder Ameisen. Die Entstehung periodischer Zikaden wurde im ersten Band der weltweit ersten wissenschaftlichen Zeitschrift dokumentiert. Im Jahr 1665 berichteten die *Philosophical Transactions of the Royal Society of London* über »Schwärme seltsamer Insekten« – 21 Generationen vor Brood X. Tote Zikaden stapelten sich damals auf Betten und Esstischen bis zu einer Höhe von mindestens zehn Zentimetern.

»Sie hinterließen einen unglaublichen Gestank«, sagte Yang, aber diese Häufung brachte ihn zum Nachdenken. »Soweit ich das beurteilen konnte, hatten die Menschen nicht viel Zeit damit verbracht, zu untersuchen, was mit den Zikaden passiert, nachdem sie auf den Boden fielen.« Yang fand heraus, dass der Abfall von Zikaden, wie er es nannte, die mikrobielle Biomasse und die Stickstoffverfügbarkeit in Waldböden erhöhte – Einbringungen, die das Wachstum und die Fortpflanzung von Waldpflanzen förderten. Periodisch auftauchende Zikaden stellen somit starke und wechselseitige Verbindungen zwischen den oberirdischen und unterirdischen Bestandteilen des Waldes her. Ich freute mich darauf, das selbst zu sehen.

Es war meine erste Autofahrt seit dem Beginn der COVID-Pandemie etwa 14 Monate zuvor, was für eine Zikade im Untergrund überhaupt kein Zeitraum war. Ich stieg ins Auto und begann ein neues Hörbuch, Machado de Assis' Roman *Die posthumen Erinnerungen des Brás Cubas* aus dem 19. Jahrhundert. Machado de Assis beginnt sein Buch mit einer Widmung:

Dem Wurm, der zuerst das kalte Fleisch meines Leichnams annagte, widme ich diese posthumen Memoiren als liebevolle Erinnerung.

Ich war von Anfang an begeistert.

Dan Gruner lebt in einem unscheinbaren Backsteinhaus in einem Meer von Einfamilienhäusern unweit der University of Maryland und des Anacostia River in Silver Spring. An einem warmen Nachmittag Anfang Juni tauchte ich bei ihm zu Hause auf. Er trug ein T-Shirt mit der Aufschrift MAGICICADA und eine Baseballkappe und führte mich auf seine hintere Veranda, wo wir uns unterhielten. Es war so laut wie in einer überfüllten Bar.

»An den Straßenbäumen sind sie in der ersten Woche durchgedreht«, rief Gruner halb. »Die Wurzeln liegen unter der Straße und dem Bürgersteig, daher ist es schön warm und mit viel Licht.« Wir gingen in den Garten hinter seinem Haus. »Hier, wo es schattiger ist, tauchen sie immer noch auf. Sie kamen etwa zwei Wochen nach den Bäumen an den Hauptstraßen.« Er bot mir an, mir einige Zikadenkamine auf dem Weg hinter seinem Haus zu zeigen, aber der Zugang war durch übergriffigen Bambus blockiert. »Ich weiß nicht, was du davon hältst, über den Zaun zu springen.«

Ich sprang über den Zaun.

Entlang des bewaldeten Weges schien der Chor der Zikaden so laut wie eine Landebahn am Kennedy Airport in New York. Brood X besteht aus dreierlei verschiedenen *Magicicada*-Arten: »Zuerst kommen die *Septendecim*,« meinte Gruner, »dann kommen die *Cassini*, zuletzt die *Septendecula*.« Dieses Muster wiederholt sich alle 17 Jahre.

Als Gruner, ein Entomologe an der University of Maryland, ihre Namen herunterrasselte, kamen sie mir wie bloße wissenschaftliche Beinamen vor; die Luft summte von Zikaden, und sie klangen alle gleich. Zunächst wenigstens.

Gruner durchwühlte die Laubstreu und entdeckte ein paar Schornsteine, in denen kürzlich Zikaden aufgetaucht waren. Zunächst sehen die Larven aus wie eine Mischung aus Batmans Joker und dem Anarcho Groucho – rote Augen, weißer Körper und Flügel und dicke dunkle Augenbrauen. Das dunkle Pigment Melanin ist teuer. Warum sollte man es also unter der Erde verschwenden, wo es unbemerkt bleiben würde? Sobald sie schlüpfen, hinterlassen die Zikaden braune, hohle Schalen, die oft an Ästen hängen bleiben, während sie zu ihren neuen, glatten schwarzen Körpern heranwachsen. Ihre Augen bleiben hoch oben auf ihrem Kopf leuchtend rot und starren permanent. Als ich mich umsah, kam mir der Gedanke, dass diese Insekten eine Botschaft aus dem Untergrund waren, verpackt in einem Exoskelett.

Zikaden sind ungeschickte Flieger. Schon das Überqueren einer ruhigen Straße kann für sie eine Herausforderung sein, ganz zu schweigen von einer stark befahrenen Autobahn. Ich zuckte zusammen, als ich auf dem Weg zu Gruner auf der Autobahn ein paar von ihnen überfuhr. Sie sind zu langsam, um Raubtieren auszuweichen, und eine führende Hypothese für den 17-Jahres-Zyklus ist, dass dessen Länge die Wahrscheinlichkeit verringert, dass sich einer der vielen Fressfeinde der Zikade daran anpassen könnte. Zunächst reagierten die einheimischen Allesfresser und Insektenfresser auf die Fülle an Nahrung. Meisen, Eichhörnchen, Spinnen und Schlangen nutzten das Buffet. Eine Katze schnappte eine ganze Zikade; ihre Schnurrhaare summten wie ein Cartoon-Wecker, bis sie gähnte und die Zikade losließ. Ich sah, wie ein Stärling heranflog und eine Zikade an den Flügeln packte. Wenn frühere Jahre ein Indikator sind, wird es aufgrund der zusätzlichen Nahrung später im Sommer einen Vogelbabyboom geben.

Aber sobald die Fressfeinde satt waren, wurden die restlichen Zikaden, die Teil der vielleicht größten Insektenschwärme auf dem Planeten sind, größtenteils ignoriert. Louie Yang schätzt, dass der Anteil der von Fressfeinden gefressenen Zikaden »verschwindend gering ist, weniger als ein Zehntel Prozent«. Sie waren also sich selbst überlassen. Ihre langen schwarzen Krallen sind perfekt darauf ausgelegt, sich an Ästen und Stämmen festzuhalten, sodass sie stundenlang bewegungslos bleiben und dabei wenig Energie verbrauchen.

Gruner und ich hielten auf dem Weg zurück zu seinem Haus an einem Silberahorn an. Es war ein alter Baum, etwa 20 Meter hoch, der an einem rostigen Maschendrahtzaun lehnte. Die Gegend um sein Haus war wie eine Ranch mit Hunderten, vielleicht Tausenden einstöckiger Häuser aus rotem Backstein. Hier im Hintergarten eines einstöckigen Hauses, der irgendein amerikanischer Hintergarten hätte sein können, stand ein singender Baum.

Gruners Stimme verlor sich gelegentlich in der Lärmkulisse, als er mir half, die Zikadenrufe zu unterscheiden. Eine Art, *M. septendecula*, klingt wie eine japanische Laserpistole: *Piuh, piuh, piuh!* Der Klang von *M. cassini* ist schwieriger zu beschreiben; es ist ein langsames Klicken, gefolgt von einem lauten Summen, das sich steigert, während Hunderte anderer Zikaden einfallen. *M. septendecim* erzeugt das unheimlichste Geräusch, einen außerirdischen *Wiiii-uu*-Schrei am Nachmittag. (Ich habe es auch als *phaaaaaaar-oah* beschrieben gehört.) Ihre Geräusche übertönten alle anderen Geräusche, Vogelgezwitscher und den Nachmittagsverkehr gleichermaßen, und sie übertönten auch fast unser Gespräch. Durch das ungleiche Tempo der Cluster wirkten die Geräusche dreidimensional. Wir befanden uns in der Geräuschkulisse der Zikade. Ihr Ruf und ihre Antwort schienen den Baum samt Wurzel und Ast in den Nachmittagshimmel zu heben.

Gruner sah auf seinem Smartphone nach. »80 Dezibel«, sagte er – so laut wie eine belebte Straße oder ein lautes Restaurant.

Wir stellen uns die Natur oft als ruhig vor, aber ein gesunder Planet ist laut. Die Luft auf Surtsey hallt von den Rufen der Möwen und Eissturmvögel wider, die Nährstoffe aus dem Meer herbeiholen. Das Ausatmen eines Wals im Nebel kann so überwältigend sein, dass es Sie einhüllt und Sie Schwierigkeiten haben, die Richtung des Schlags oder die Fäkalienwolke zu erkennen, die schließlich folgen wird. Das Geräusch von Papageienfischen, die Korallen zerknirschen, kann das Riff in Hawaii erfüllen. Nachts kann der Ruf einer Eule auf dem Suwannee River so durchdringend sein, dass er bei uns einen Anflug von Schrecken und dann Ehrfurcht hervorruft. Näher an meiner Heimat, in Vermont, kündigen Frösche die Jahreszeiten an: Waldfrösche schnattern wie Enten am Ende des Winters, wenn der Boden zu tauen beginnt, die Springpeeper, die zu den Laubfröschen gehören, erwecken mit ihrem hohen Ton Teiche im Frühling zum Leben, und das laute Trillergeräusch des Grauen Laubfroschs dringt in heißen Sommernächten durch das Fliegengitter ins Schlafzimmer.

Silver Spring war weder die Masai Mara noch der Yellowstone. In mancher Hinsicht war es noch schöner. Der Ahorn, auf den wir gestoßen waren, vibrierte voller Zikaden, deren Flügel das Nachmittagssonnenlicht in polierte Bronze verwandelten. Manchmal scheint es zu naheliegend, die größte Megafauna, die Bartenwale, zu studieren oder die charismatischsten Tiere ausfindig zu machen – Löwen, Tiger und Elefanten –, wo doch eigentlich diese winzigen Sänger unseren Respekt und unsere Aufmerksamkeit erregen sollten. Ehrfurcht kommt an den seltsamsten Orten und auch an den gewöhnlichsten Orten auf. Ein grüner Blitz über einer bröckelnden Ufermauer; ein singender Baum in den Vororten. Die Worte *Sommernachmittag, Sommernachmittag* schossen mir durch den Kopf. Ich habe hier nicht an Henry James gezweifelt; sie seien »die beiden schönsten Worte der englischen Sprache«.

Die Zikaden ignorierten uns natürlich, während sie ihrem kurzen Leben über der Erde nachgingen. Es waren magische Zikaden, mit viel lauter Musik und ein wenig Romantik. »Das tun sie, wenn sie 17 Jahre alt sind«, witzelte der Entomologe Mike Raup im öffentlichen Fernsehen von Maryland. Lärm machen kurbelt ihren Stoffwechsel an; je mehr sie singen, desto mehr Wasser – und Zucker – verarbeiten sie.

Ähnlich wie sie es schon seit Jahren unter der Erde taten, nutzten die Zikaden das Xylem der Bäume – die Gefäße, die Wasser und Nährstoffe von den Wurzeln zu den Trieben und Blättern transportieren. Zur Verdunstung und Kühlung nutzen sie die Flüssigkeit aus dem Xylem, im Wesentlichen verdünntes Zuckerwasser, so wie wir schwitzen und ein Hund hechelt. Während sie singen, geben sie mehr Wasser ab und verarbeiten mehr Xylem.

»Ich wurde gerade angepinkelt.« Gruner lachte. Wir schauten zur Sonne und sahen einen Regenbogen aus Urin, der sich im Nachmittagslicht brach.

Sogar an trockenen Orten wie der Mojave-Wüste können Zikaden auf den Grundwasserspiegel tief unter der Erde zugreifen, indem sie das Xylem von Mesquitebäumen anzapfen. Je mehr sie absorbieren, desto mehr geben sie ab. »Wie eine entomologische Sprinkleranlage«, sagte Gruner.

Meines Wissens ist die ökologische Rolle von Zikadenurin noch unerforscht. Dennoch sollte es den größten Teil des Frühsommers in Silver Spring regnen.

Bald würden die Weibchen ihre Eier in ordentlichen weißen Reihen von bis zu 600 Eiern auf bleistiftgroßen Zweigen ablegen. Und wenn die winzigen flügellosen Larven schlüpfen, fallen sie laut Raup heraus, stürzen etwa 20 Meter in die Tiefe, springen zweimal auf und verschwinden dann für die nächsten 17 Jahre unter der Erde.

Nach meinem Besuch bei Gruners Haus hielt ich in einem kleinen Park am Straßenrand an. Alle redeten über die Zikaden. Sie waren gekommen wie ein Schneesturm oder ein Gewitter. In der Mitte des

Feldes stand ein riesiger Walnussbaum, und Kinder wanderten darum herum und machten sich Gedanken über die Rufe der Zikaden, ihren Flug und wie lange sie bleiben würden.

Als ich zu meinem Auto zurückkam, hörte ich einen schrecklichen Schrei. Ich sprang vom Fahrersitz und schlug gegen meinen Hemdkragen. *Wiii-uu!* Es summte wieder.

Eine Zikade war in das Auto gekrochen. Ich bin mir ziemlich sicher, dass mein Tramper ein *Septendecim* war, die größte und vielleicht lauteste der drei Arten. Gruner war ein guter Mentor.

Wiii-uu!

Als ich zurück nach Norden fuhr, gab es Berichte, dass an einigen Stellen Zikaden verschwunden seien. Ich erinnerte mich an den ohrenbetäubenden Ruf von *Magicicada* auf Long Island, etwas außerhalb von New York City, im Jahr 1987. Im Jahr 2020 waren sie fast vollständig verschwunden. Ein Freund in Englewood, New Jersey, auf der anderen Seite der Stadt, sagte, dass ein im Juni 2004 geplantes Straßenfest abgesagt werden musste, weil die Kadaverschicht bald zehn Zentimeter hoch war und der Verwesungsgestank zu penetrant für Grillabende sei. Dieses Jahr musste er mit Bedauern berichten, dass die Zikaden weder zu sehen noch zu hören waren. Ganze Populationen in der Nähe von Philadelphia und auf Long Island blieben aus.

Auf der anderen Seite der George Washington Bridge hörte ich einen traurigen Ruf von der Vorderseite meines Mietwagens. Die Zikade von meiner Schulter oder eine andere schien in den Lüftungsschlitz gekrochen zu sein. Es summte schwach hinter dem Kühlergrill; die Geräusche wurden leiser, als ich in New York einfuhr.

Ein Großteil dieses Buches handelt von Fernreisen, Tausenden Kilometern über Ozeane, Flüsse hinauf, über Kontinente hinweg. Aber es gibt auch kurze Ausflüge, wie die der Zikaden, und sie sind wichtig. Als ich mein Studium an der University of Florida absolvierte, hielt der Mammologe John Eisenberg einen Vortrag über Faultiere.

»Ungefähr einmal in der Woche steigen sie auf den Waldboden, um ihre Notdurft zu verrichten«, erzählte er uns. Das ist eine große Sache für diese Blattfresser und eine langsame – aus menschlicher Sicht schmerzhaft langsame – einstündige Reise vom üppigen, sicheren Blätterdach zu einer Latrine im Waldboden. Am Boden hinterlassen schwanzlose Faultiere ihren Kot auf der Laubstreu; diejenigen mit Schwänzen stanzen Löcher in die Blätter, um ihren Kot zu deponieren.

Zusätzlich zu den üblichen blutsaugenden Fliegen, Zecken und Läusen beherbergen Faultiere eine große Gemeinschaft von Arthropoden, von denen viele für Faultiere spezifisch sind. Im Fell eines einzelnen Faultiers wurden fast 1000 Skarabäuskäfer gefunden, die sich um Ellbogen und Knie sammelten. Erwachsene Motten verbringen die meiste Zeit ihres Lebens im Faultierfell, verstecken sich vor Raubvögeln und ernähren sich von abgestorbenen Hautfetzen und den Algen, die auf den Haaren wachsen. Viele dieser Insekten verbringen einen Teil ihres Lebens auch im Faultierdung am Fuß von Bäumen. Käfer und Motten legen ihre Eier im Dung ab; die Larven ernähren sich ausschließlich vom Kot.

Die Motivation hinter der vertikalen Bewegung bei Faultieren bleibt ein Rätsel. Markieren sie ihr Revier? Das scheint unwahrscheinlich; Faultiere leben auf Bäumen, und ein nomadisches Faultier würde der Markierung wahrscheinlich nicht begegnen. Andere Forscher haben das gegenteilige Motiv vorgeschlagen – indem sie ihren Kot vergraben, versuchen sie, von Raubtieren unentdeckt zu bleiben. Tarnkacke. Oder düngten sie die Basis der Bäume, von denen sie abhängig waren, und ernährten so die Motten und Algen, die in ihrem Fell lebten? Vielleicht haben sie auf ihrer Reise zum Boden ein wenig Erde gefressen.

Jede Nacht verlassen Billionen Wasserorganismen – von winzigen Ruderfußkrebsen, von denen eine Million in eine Kaffeetasse passen würden, bis hin zu Sandaalen, ungefähr 20 Zentimeter langen Fischen, die sich im Meeresboden vergraben – die relative Sicherheit tieferer Gewässer und bewegen sich an die Oberfläche. Hier ernähren sich pflanzenfressende Zooplanktonarten wie Ruderfußkrebse und Krill vom Phytoplankton, und die Fleischfresser, Futterfische wie Sandaale und Hering ernähren sich vom Zooplankton. Diese tägliche vertikale Bewegung über 30 Meter oder mehr ist die größte Wanderung auf dem Planeten und stellt die der Blauwale und Gnus hinsichtlich ihrer bloßen Anzahl und Biomasse in den Schatten. Während sich diese Tiere fortbewegen, kacken sie und sterben, wie der Rest von uns. Sie fressen nachts an der Oberfläche und ruhen tagsüber in der tiefen aphotischen Zone.

Diese Wanderung verstärkt die biologische Pumpe und hat Auswirkungen auf den Kohlenstoffkreislauf: Je mehr Kot und Tod sich am Boden dieser täglichen Wanderung befindet, desto mehr Kohlenstoff kann in der Tiefsee gespeichert oder gebunden werden. Wanderfische können durch ihren Kot und ihre Wanderung jedes Jahr etwa eineinhalb Milliarden Tonnen Kohlenstoff von der Meeresoberfläche in die Tiefe befördern. (Die Luftfahrtindustrie stößt jedes Jahr etwa eine Milliarde Tonnen Kohlenstoff aus.) Nicht alles davon bleibt 100 Jahre lang in der Tiefsee – dem Goldstandard der Sequestrierung –, aber vielleicht bleibt das Kohlendioxid lange genug aus der Atmosphäre, damit wir Menschen gemeinsam handeln können. Vielleicht.

»Hängt mir ein Flügel aus dem Mund?«

»Das ist kein Flügel.« Bun Lai schüttelte gegenüber der CNN-Moderatorin den Kopf. »Das ist ein Bein.«

Brianna Keilar hielt inne, um das Bein aus ihren Zähnen zu ziehen. »Ich glaube nicht, dass mein Mann mich danach küssen wird.«

»Ich werde Ihren Mann küssen«, antwortete Bun, ohne zu zögern.

Für einen heißen Moment inmitten der Zikadenmanie fand sich Bun als *der* Chefkoch wieder. Die Fressfeinde der Insekten waren vielleicht satt geworden, aber die Medien waren immer noch hungrig nach Zikaden. Bun war die ganze Nacht unterwegs, um Zikaden für die *New York Times* zu kochen, stand früh auf, um bei CNN aufzutreten, und verbrachte einen Nachmittag im Studio für *Science Friday* im National Public Radio.

»Die Idee, Insekten zu essen, beruht auf Nachhaltigkeit. Wir müssen die Art und Weise ändern, wie wir Tiere essen«, sagte er und entfernte dabei ein Zikadenbein aus seinem Mundwinkel.

Am Ende meiner Zikadensafari in Maryland beschloss ich, bei Bun, einem meiner Lieblingsinsektenesser, zu einem kulinarischen Intermezzo vorbeizuschauen. Er hatte kürzlich das Sushi-Restaurant seiner Familie in New Haven geschlossen und arbeitete nun von zu Hause aus. Sein neues Unternehmen, Miya's in the Woods, war ein offener Raum, eher ein Lebensmittelbrutkasten als ein Bauernhof. Kollegen, Freunde und Praktikanten kamen und gingen.

»Ich bin ein schrecklicher Gärtner«, sagte er, als wir in seinen Garten gingen. Wir kamen an einer Girlande aus zederngeräucherten Zikaden vorbei, die auf der Terrasse hing, und bogen schnell nach links ab, nur ein paar zweibeinige Pflanzenfresser grasten auf seinem ungepflegten Gelände. Bun, in einem schwarzen T-Shirt und einer schwarzen Brille mit dickem Rand, probierte bittere Kresse. Wir kamen an etwas Grünkohl vorbei, der zufällig durch ein Drahtgeflecht wuchs. »Manchmal streue ich die Samen einfach so aus«, gab er zu.

Bun war mehr vom Gänsefuß und dem Ampferkraut angetan, wild wachsenden Pflanzen, die über den Zaun gedrungen waren und ein Stück des Gartens eingenommen hatten. »Das beste Essen gibt es nicht im Garten; es ist überall drum herum«, sagte er. Zusammen mit der bitteren Kresse und dem Grünkohl sammelten wir etwas Knoblauchsenf, Beifuß und Minze. »Die Suppe, die du essen wirst, besteht nur aus Unkraut.«

Als wir in seine vollgestopfte Küche zurückkehrten, die auch als Büro und Hörsaal diente, kochte Bun eine schnelle Mahlzeit aus Faröer-Lachs und Miso-Suppe, mit viel von dem Unkraut, das wir gerade geerntet hatten. Der Salat bestand aus geerntetem Grünzeug mit einem hohen Anteil bitterer Zutaten.

Er schenkte mir einen Schuss Bun's Flaming Cock Sake ein und reichte mir eine Flasche zum Mitnehmen. »Das sind Herbstoliven.« Die Ernte eines invasiven Baums. Wir haben das Essen genossen, aber ich wunderte mich über den Hauptgang.

»Was ist mit den Käfern?«, fragte ich.

»Fast hätte ich die Zikaden vergessen«, meinte Bun. Er heizte einen Wok auf seinem Herd auf. »Japaner verehren Insekten«, sagte er. Er hatte seine frühen Jahre in Kyushu in Japan verbracht. »Zikaden und Libellen repräsentieren den Sommer. Wir kletterten mit großen Netzen auf Bäume, fingen Zikaden und steckten sie in unsere Insektenkästen. Wir schauten sie einfach eine Weile an und ließen sie dann wieder los. In Japan treten sie trotz der gegenwärtigen Entwicklung immer noch zu Billionen auf.« Buns Arbeit – die vom Verzehr von Insekten bis zur Entwicklung eines neuen Sushi-Ansatzes reicht, bei dem Nachhaltigkeit und Gesundheit im Vordergrund stehen – tut einen kleinen Schritt, um die Menschen in die Kreisläufe einzubeziehen, die wir hier besprochen haben. Mehr Insekten, dafür weniger Massentierhaltung und schlecht bewirtschaftete Fischereien.

Obwohl Bun ein begeisterter Befürworter des Verzehrs von Insekten ist, räumte er ein, dass Zikaden, die alle 17 Jahre auftauchen, kein regelmäßiger Bestandteil des Speiseplans sein könnten. Er hatte die Zikaden vorgekocht und sie dann mit Salz und Olivenöl angebraten, inspiriert von der traditionellen Art, wie in Afrika Insekten gegessen werden. Es war wichtig, die Schalen dranzulassen, damit sie knusprig blieben. Er holte eine Müslischale voller gebratener Zikaden hervor, deren Flügel noch dran waren.

»Sind die gut?«, fragte ich.

»Sie sind köstlich«, sagte er und reichte mir die Schüssel.

Wir haben sie wie Popcorn aus der Schüssel gegessen. Popcorn mit sechs Beinen. Sie waren salzig, knusprig, ein wenig nussig –

köstlich auf eine ganz besondere Art. Die Rolle des Kochs besteht manchmal darin, dem Ekel Einhalt zu gebieten, indem er die Leute auf das Knackige und den Geschmack vorbereitet. Hat die Werbung für den Verzehr von Insekten funktioniert? Bun gab zu, dass die Reaktion in den Medien zu oft zu sensationsgierig war: »Wälzen wir sie in Reis!« Der Angstfaktor interessierte ihn nicht. »Für mich geht es darum, ein Gespräch über den Verzehr von Insekten zu beginnen«, sagte Bun. »Ich versuche nicht, Zikaden zu fetischisieren oder sie nachhaltig zu machen.«

Könnten Zikaden eine Einstiegsdroge sein?

***

»Heiß genug für dich?«

»Draußen ist es wie Erbsensuppe.«

»Es schüttet wie aus Kübeln.«

Jeder bemerkt das Wetter. Landwirte beobachten es, um ihren Ernteertrag zu ermitteln. Piloten beobachten es, um ihren Kurs zu bestimmen. Fast alle von uns schauen aus dem Fenster – oder auf unsere Smartphones –, um zu entscheiden, was wir anziehen wollen.

Anfang des Monats, etwa am 9. oder 10. Juni, erzählte mir Gruner, als wir unter dem singenden Baum standen, dass ein ungewöhnliches Objekt »an einem sehr heißen und feuchten Tag« auf dem Wetterradar über den Wäldern in Zentral-Maryland und im Loudon County, Virginia, nördlich von Washington, D.C., gesehen worden sei. »Die Wetterleute glauben, sie hätten das Signal der Zikaden gesehen«, fuhr Gruner fort. Es war kein Nebel oder eine umherziehende Gewitterwolke – es war käferartig.

Eine Masse an Tieren kann sich wie das Wetter verhalten und Nährstoffe und Samen transportieren, so wie Wolken Wasser mit sich führen. Nach dem Ausbruch des Krakatau-Vulkans im Jahr 1883 bauten Flughunde und Vögel die tropischen Wälder auf der Insel wieder auf, indem sie Samen von Feigen und mehr als 100 anderen Pflanzen über die Gewässer Indonesiens auf die karge Insel brachten. Sie ließen auch Nährstoffe in Form von Guano herabregnen.

Als ich, gefangen in der Zikadenmanie, durch einen Vorort von Maryland spazierte, dachte ich: *So sollte die Welt sein, mit Tieren, die so mächtig sind wie ein Gewitter – allumfassend, saisonal und nicht immer vorhersehbar.* Wenn wir in eine Zeit zurückreisen würden, in der es viele wilde Tiere gab und nicht nur das Stück Biomasse, das sie heute sind, wären sie eine alltägliche Kraft – ökologisch, kulturell und sozial –, genau wie das Wetter. Vielleicht könnte man es Meteorzoologie nennen.

»Die Luft war buchstäblich voller Tauben«, schrieb John James Audubon über einen großen Schwarm Wandertauben, den er am Ufer des Ohio River gesehen hatte. »Das Licht des Mittags wurde wie durch eine Sonnenfinsternis verdunkelt; der Dung fiel in Stücken herab, ähnlich wie schmelzende Schneeflocken.« Damals waren es drei bis fünf Milliarden Wandertauben, einer von vier einheimischen Vögeln, die in den Himmel Nordamerikas flogen. Aldo Leopold beschrieb die Wandertaube als »… kein bloßer Vogel; sie war ein biologischer Sturm. Sie war der Blitz, der dazwischenfuhr … das Fett des Landes und der Sauerstoff in der Luft.« Es war Taubenwetter mit der Wucht eines Hurrikans.

Vögel überqueren immer noch den Kontinent, wenn auch nicht in so großer Zahl. (Wandertauben waren nur allzu leicht zu jagen und verschwanden bald aufgrund der unerbittlichen kommerziellen Ausbeutung.) An dem Tag, als Birdcast aufrief – eine Website des Cornell Lab of Ornithology –, zogen 82 700 Vögel über die Gegend, in der ich lebte; Grasmücken, Fliegenschnäpper, Drosseln und Prachtmeisen, die aus ihren Winterquartieren zurückkehrten und etwa 600 Meter über dem Boden flogen. Es war Vogelwetter.

Nachdem die Kegelrobben Anfang der 2000er-Jahre nach Cape Cod zurückkehrten, tauchten auch die Haie wieder auf. Weiße Haie zogen nach Norden auf der Suche nach der Robben-Beute. Fast jedes Gespräch in den örtlichen Bars auf Cape Cod drehte sich irgendwann um die Haie; die Leute murrten über den Kauf von Swimmingpools für ihre Enkel, die Verschiebung ihrer Zeiten am Strand und dass sie Fische von ihren Angeln oder Netzen an die Robben verloren. Andere wiederum begrüßten die Kehrtwende mit »Cape Jaws«-T-Shirts und Aktionen am Strand wegen der Robben, die durch menschliche Aktivitäten verletzt wurden.

In Alaska kann es bärig werden, wenn Braunbären an die Küste ziehen, den Lachsläufen folgen oder in der Stadt nach menschlichem Abfall suchen. Wenn Sie Glück haben, finden Sie sich vielleicht in der »Walsuppe« wieder, einem heißen Ort in einem heißen Moment, mit so dichtem Walblas, der wie Nebel wirkt.

Ich blieb mit Gruner in Kontakt. Er erzählte mir, dass der Himmel bald nach meiner Abreise ein »absolutes Chaos« gewesen sei; seine Ohren klingelten stundenlang, während sich der Himmel mit Zikaden füllte. Als die Zikaden zum ersten Mal auftauchten, waren die Vögel im All-you-can-eat-Modus. Gruner hatte seinen Garten als Schlachtfeld betrachtet. Jetzt bemerkten die Vögel die Zikaden kaum noch. Das Buffet hatte seinen Reiz verloren. Aber die Leute redeten immer noch über sie. Mein Cousin schrieb aus Annapolis: »Für die Zikaden kommt der Tod.« So wie für uns alle. Billionen von Zikaden fielen zu Boden und verwesten auf dem Waldboden – ein enormer, aber seltener Ressourcenschub. »Diese Interaktionen finden ständig statt«, erzählte mir Louie Yang, »aber sie sind für uns normalerweise unsichtbar.«

Laut Gruner war die Reaktion der Medien auf die dicken, rotäugigen Käfer während des vorherigen Auftauchens der Zikaden ein »Hey, wann wird diese Plage enden?« gewesen. Aber die Arbeit von Köchen wie Bun Lai und Entomologen wie Mike Raup und Dan Gruner hatte dazu beigetragen, diesen Moment neu zu gestalten. Angst und Ekel wichen weitgehend der Wertschätzung.

»Dieses Jahr«, sagte Gruner wehmütig, »gab es jede Menge Liebe.« Dann wurde er still, und Stille erfüllte sein Büro. »Jetzt muss ich einen Weg finden, diese Lücke in meinem Leben für die nächsten 16 Jahre zu füllen.«

9

BEWÖLKT MIT AUSSICHT AUF MÜCKEN

Es war Sommer in Island, die Zeit, in der Billionen Mücken aus Seen, Bächen und Sümpfen aufstiegen und Touristen, Langstreckenradler, Wanderer und so ziemlich jeden nervten außer ortsansässige Spinnen, insektenfressende Fische und Vögel sowie ein paar Biologen.

Ich habe einige Wochen vor meiner Fahrt nach Surtsey mit einem dieser Wissenschaftler gesprochen. Claudio Gratton, Entomologe an der University of Wisconsin, war 2004 Assistenzprofessor, als ein Kollege an seine Tür klopfte, um einen in Island lebenden Freund vorzustellen. »Da kommt Árni Einarsson in mein Büro, klappt seinen Laptop auf und sagt: ›Ich arbeite an diesem See im Norden Islands namens Myvatn. Auf Isländisch bedeutet *my* Mücken und *vatn* bedeutet See. Er ist berühmt für diese massiven Insektenschwärme.‹«

Das erregte Grattons Aufmerksamkeit. Einarsson hatte das Auftauchen von Mücken und dessen Auswirkungen auf Raubtiere untersucht. Gratton fragte nach der Bewegung der Insektenbiomasse aus dem See auf das umliegende Land. »Und er sah mich auf seine typisch isländische Art an und sagte: ›Nein, ich habe keine Ahnung, was da vor sich geht. Es wird weniger spannend, wenn sie es ins Gras schaffen.‹«

Für Gratton begann die Aufregung genau in diesem Moment. »Es ist wahrscheinlich eines dieser Dinge, die man als Nachwuchsdozent niemals versuchen sollte«, sagte er, »ein brandneues Projekt zu einer ziemlich spekulativen Idee in einem fremden Land zu starten.« Aber das Aufkommen der Mücken schien weitreichende ökologische Folgen zu haben. Gratton hatte noch ein paar Dollar von seinem Startkapital übrig und beschloss, diese auf einer Reise nach Island zu riskieren.

Die meisten Tiere auf der Erde sind zahlen- und gewichtsmäßig Arthropoden – Insekten, Schalentiere und ihre Verwandten. Ökosysteme auf der ganzen Welt, von Gebirgsbächen in Ecuador bis hin zu Seen am Rande der Arktis, sind für den Abbau und die Verteilung von Nährstoffen auf Insekten angewiesen. Viele dieser Arthropoden sind nicht viel größer als Satzzeichen – einige haben die Größe eines Kommas, andere die Größe eines Ausrufezeichens.

!

Eine einzelne Mücke, die aus Myvatn auftauchte, nachdem sie mehrere Monate lang als Larve am Grund des Sees gefressen hatte, würde weder für die Landschaft noch für die Raubtiergemeinschaft einen großen Unterschied machen. »Aber es gibt einfach so viele Mücken, dass alle Raubtiere da draußen unmöglich genug davon fressen könnten«, sagte Gratton. Die überwiegende Mehrheit stirbt an Land rund um den See. »Wenn sie sterben, zersetzen sie sich.« Er wollte wissen, was mit den von Mücken gewonnenen Nährstoffen passierte: Wie beeinflussten sie die Pflanzengemeinschaften, Mikroben und Zersetzer? »Genau da beginnt die Magie«, meinte Gratton.

Gratton reiste 2006 zum ersten Mal nach Myvatn. Es war ein gutes Jahr für *Tanytarsus gracilentus*, die dominierende Mücke unter den etwa dreißig im See vorkommenden Arten. Auf Bildern läuft Gratton fröhlich mit seinem Kescher durch einen dichten Mückennebel. Einarsson hat ein Selfie gepostet, aufgenommen während der langen magischen Sommerstunde: ein Chuck-Close-Porträt in Mücken.

»Inmitten einem dieser Schwärme zu sein, die Mücken zu hören, zu riechen und einfach zu beobachten, wie sie sich im Gras bewegen, war etwas, was ich niemals zuvor gesehen habe«, erzählte mir Gratton. In den nächsten zwölf Jahren kehrte er jeden Sommer für ein paar Wochen zurück. »Für mich ist es, als würde man als Kunstliebhaber in ein Kunstmuseum gehen. Es ist mein Metropolitan Museum oder mein Louvre.«

Wenn ich an einen so unzugänglichen Ort wie Surtsey gelangen könnte, dachte ich, wäre es für mich relativ einfach, dieses Museum fantasievoller Mückensprünge zu besuchen. Aber von Anfang an war es voller Herausforderungen. Ich rief überall an, konnte aber keinen Mietwagen finden, und in Island nahm die Zahl der Corona-Infektionen stark zu. Alle waren im Urlaub oder hatten sich in ihren Landhäusern versteckt, und Árni Einarsson war schwer aufzuspüren; er hatte mich gewarnt, dass dies ein mückenarmes Jahr werden würde. Sogar das örtliche Forschungszentrum war im Lockdown. Für ein kleines Vermögen gelang es mir, den letzten Mietwagen in Reykjavík online zu leasen, eine Fließhecklimousine, die groß genug war, um darin zu schlafen. Also ein Roadtrip.

Auf Surtsey beschrieb Bjarni Sigurdsson Myvatn mit pantomimenartigen Bewegungen, was darauf hindeutete, dass ein Gang durch die Mückenschwärme einem Gang durch eine Reihe dicker Samtvorhänge ähnelte. Aber als ich ankam, gab es keine zweiflügeligen Vorhänge. Einarssons Prognose für ein Jahr mit niedrigem Mückenbefall war richtig gewesen. Ich fuhr um den See herum und wanderte entlang der Wege, die von der winzigen isländischen Birke gesäumt waren – wenn man sich hier in einem Birkenwald verirrt, heißt es, stehen Sie einfach auf – und hin und wieder von blühenden Butterblumen. Als ich mich aus dem Luftzug herauskniete, flogen ein paar Insekten dicht über dem Boden; es waren nur einzelne Tiere.

Ich drehte noch eine Runde um den See. Myvatn entstand durch einen Vulkanausbruch vor etwa 2300 Jahren. Am Rande des Sees befanden sich scharfkantige Basaltsäulen, und in der Ferne breiteten sich riesige Lavafelder aus. Der See ist ungefähr acht Kilometer lang und sehr flach, nur etwa viereinhalb Meter tief. Ich hielt an, um zu tanken. Es gab ein paar Raben, die im Müll herumstocherten, und für einen Moment war ein Wirbel aus Fliegen um die Tankstelle herum zu sehen. Aber keine Mücke war in Sicht. Da kam mir Peter Matthiessens *Schneeleopard* in den Sinn – ein ganzes Buch, in dem der Autor das namensgebende Tier nicht sieht. Und es gab nur ein paar Tausend dieser Wildkatzen auf dem Planeten. In Island gab es Billionen von Mücken, und dennoch sah ich meistens nur Regen.

Myvatn ist ein Hotspot für Mücken – aber ich war in einem kalten Moment dort.

Bjarni Sigurdsson schickte mir an diesem Abend eine E-Mail. »Du bist wahrscheinlich der einzige Mensch in Island, der traurig darüber ist, dass es nicht viele Mücken gibt.«

In einem guten Jahr verbringen Mückenlarven den Frühling damit, Algen und Ablagerungen vom Seegrund zu kratzen. Als Larven bauen sie kleine seidenartige Unterstände, in denen sie sich aufhalten, und kriechen gelegentlich heraus, um zu fressen. Zunächst abgestorbene Teile organischer Substanz, aber wenn sie größer werden, ernähren sie sich auch von Algen. »In diesen Unterständen leben sie, kacken und scheiden ihre Exkremente aus«, sagte Gratton, »und diese winzigen Zelte werden zu einem Ort, an dem Algen ziemlich schnell wachsen können.« Die Larven erschaffen einen nährstoffreichen Lebensraum, der den Seegrund verändert. Es klang ein bisschen nach Mückengartenarbeit oder Choreografie, so wie wir es bei Korallen, Papageifischen, Bisons und Walen gesehen haben. Die Mücken kommen aus ihrem Unterschlupf, kratzen die Algen ab, die an der Außenseite wachsen, und fressen sie. Die Larven kacken, häuten sich und durchlaufen eine Reihe von Stadien, in denen sie größer werden und noch mehr fressen.

Zu dieser Jahreszeit dominieren die Larven die Ökologie des Sees, wobei Mücken etwa zwei Drittel der Pflanzenfresser-Biomasse in Myvatn ausmachen. Fische und Vögel sind als Nahrung auf sie angewiesen. Dann, Ende Mai, durchbrechen die erwachsenen Tiere die Oberfläche und fliegen. »Sobald sie die Oberfläche des Sees erreichen, platzt die Schale auf, und die erwachsene Mücke wird so schnell wie möglich von dort wegfliegen«, sagte Gratton. »Sie tun dies sehr schnell, denn je länger sie auf dem Wasser sitzen, desto wahrscheinlicher ist es, dass sie von den Wellen aufgewirbelt oder von Enten oder anderen Vögeln aufgefressen werden.« Die Seeschwalben kommen herbei und schnappen sie von der Oberfläche weg.

Die Zahlen beginnen zu steigen, zunächst vielleicht langsam. Jedes aus Algen vom Gewässergrund bestehende Individuum erhebt sich in die Luft, ein Ausrufezeichen mit Antennenbüscheln als Kopf.

!

!!

!!!

Die erwachsenen Tiere ziehen über die umliegenden Heide- und Graslandschaften. Die Männchen bilden Paarungsschwärme, wahrscheinlich weil sie dann sichtbarer oder attraktiver sind. *Tanytarsus*, die dominierende Mücke des Midge Lake, bildet einen bodenbedeckenden Nebel, der wie eine über die Landschaft geworfene Wolldecke aussieht, wobei sich die Männchen über der Oberfläche auftürmen.

»Sie sind keine sehr starken Flieger«, meinte Gratton. Wenn der Wind nachlässt, bilden sie Schwärme. »Es erinnert mich an das Rauchmonster in *Lost*, das aus dem Gras aufsteigt und sich bewegt, wenn der Wind dreht. Es ist wirklich unheimlich und sehr beruhigend zugleich. Für einen Entomologen ist hier der richtige Ort.«

Die andere häufig vorkommende Art, *Chironomus islandicus*, bildet Paarungssäulen, die bis zu drei oder viereinhalb Meter in der Luft stehen. Die Säulen wirbeln herum, »wie Teufelszungen bei einem Lauffeuer und steigen spiralförmig in den Himmel«, sagte Gratton. »Sobald der Wind weht, bricht die ganze Säule zusammen, und sie alle lassen sich im Gras nieder, bis sich der Wind wieder beruhigt. Wenn sie wieder heraufkommen, hört man ihr Dröhnen. Aus der Ferne sieht es so aus, als hätte jemand einen Rasenmäher in Betrieb genommen, aber man weiß nicht genau, wo er ist.«

Sicher, es gibt jede Menge Insekten, aber wie ein Ökologe fragte: Gibt es genug, um sich im Sinne der Ökologie Sorgen zu machen? Gratton und Kollegen untersuchten Veränderungen in der Landschaft und den Tieren rund um den See, die mit dem Auftauchen von Mücken einhergehen. In Freilandexperimenten, die Grattons Team entworfen hatte, fraßen die Spinnen weniger Heuschrecken, ihre übliche Beute. Er bemerkte, dass es keine Rolle spielte, ob er 100 oder zehn Mücken einsetzte; allein ihre Anwesenheit reichte aus, um die Spinnen abzulenken. Sie verbrachten weniger Zeit damit, nach ihrer üblichen Beute zu suchen. Sie sahen:

!!!
!!!!!!!!!!!!!!!!!!!!!!!!!!!!!!!!!!!

– dasselbe Muster im Gras um den Myvatn. »Spinnen scheinen vom Geräusch der Mückenflügelschläge hypnotisiert zu werden«, sagte Gratton. Sobald die Spinnen es hörten, warteten sie auf ihre Mückenmahlzeit und ignorierten die ansässigen Landinsekten. Infolgedessen nahmen die Populationen von Springschwänzen, Milben und Blattläusen zu.

Auf Surtsey können Sie bei jedem Schritt erkennen, wo sich die Vögel auf dem Grasland befinden. Sie können ihre Abwesenheit spüren, wenn die Lava unter Ihren Füßen zerbröckelt. Die Mücken von Myvatn verändern ihre Umgebung auf ähnliche Weise. Die winzigen, im See gewachsenen Mücken werden immer mehr. Wenn die Kadaver zu verwesen beginnen, kann man es riechen; Gratton beschrieb es als eine Dose mit verrottendem Thunfisch. Er schätzte, dass in einem Jahr mit hohem Mückenbefall mehr als 120 Kilogramm Mücken auf jeden Hektar regnen, und zwar in einem Bereich, der sich etwa 100 Meter vom See entfernt am Ufer entlang erstreckt. Keine 200 Meter vom Seeufer entfernt ist es eher wie ein Nieselregen. Nur wenige Mücken schaffen es noch weiter, und der Unterschied ist groß, da das Grasland durch nährstoffarme Heidelandschaften abgelöst wird. Der Bereich außerhalb der Reichweite der Mücken fühlt sich karg und unproduktiv an. Egal zu welcher Jahreszeit, es ist klar, wo diese winzigen Insekten sind: Gräser gedeihen in Gebieten mit ihnen und verdorren in Gebieten ohne sie.

»Ich betrachte die verschiedenen Landschaftsgebiete als einen Wandteppich«, sagte Gratton. »Die Mücken bringen die Essenz des Sees auf das Land. Sie könnten sich eine Spinne schnappen und feststellen, dass sie aus Nährstoffen aus dem See besteht. Die Spinnen sind aus Material gewebt, das nicht das ist, aus dem sie abstammen. Myvatn hat mich gelehrt, dass wir nicht so eigenständig sind, wie wir dachten.«

Während der Mücken-Hochsaison fallen mehr als 110 Tonnen der winzigen Insekten rund um den See. Das ist das Gewicht von mehr als 500 000 Big Macs oder zwei Millionen Fleischbällchen, die am Seeufer herumrollen, je nach Rezept.

Gratton und seine Kollegen schätzten, dass diese Mücken etwa 22 Pfund Stickstoff pro Hektar und Jahr ablagern, etwa so viel wie die Robben auf Surtsey, aber nicht so viel wie die Zikaden in Kansas, nämlich 60 Pfund pro Hektar. Lachskadaver ergeben sogar 150 Pfund pro Hektar.

Gratton war von den Ergebnissen begeistert, und da Myvatn von Privatland umgeben war, darunter vielen Bauernhöfen, dachte er, er sollte mit den Bauern sprechen und ihnen erzählen, was die Mücken taten. Es stellte sich heraus, dass sie es bereits wussten. »Wir saßen am Küchentisch«, sagte Gratton, »und fragten sie, ob sie etwas über diese Mücken wüssten. Und mit ihrem gebrochenem Englisch und isländischen Übersetzungen sagten sie: ›Oh ja, wir haben dieses historische Wissen, das viele Generationen von Familie zu Familie zurückreicht. Wenn Ende Mai und Anfang Juni Mücken fliegen und es dann regnet, ist die Grasproduktion am größten. In diesen Jahren können wir viel mehr Heu ernten als in Jahren ohne Mücken. Wir nennen es *Mygras* oder Mückengras‹«, sagten sie zu Gratton. Das sind gute Jahre, meinten sie. Sie könnten ihren Schafen mehr Heu geben.

Nachdem er diese Geschichte gehört hatte, beschloss Gratton, die Auswirkungen dieser Kadaver zu testen, indem er einige gefrorene Mücken in einem nährstoffarmen Heidegebiet verteilte, wo die Vegetation spärlich war und kaum bis zu seinen Knöcheln reichte. Nach zwei Jahren war der Mückeneffekt offensichtlich. »Man konnte deutlich sehen, dass in den Gebieten, in denen es mehr Mücken gab, viel mehr Gras wuchs als in den Gebieten ohne Mücken«, sagte Gratton. »Dazu brauchte man keine Statistik.« (Obwohl sie natürlich die Messungen durchgeführt und die Daten analysiert haben.) Im vierten Jahr reichte ihnen das Gras fast bis zu den Knien. Stickstoff, Phosphor und Kohlenstoff in den Mücken stimulierten die Produktivität der Pflanzen.

Als er zurückkam und den Bauern einen Vortrag hielt, sagten sie: »Das haben wir uns gedacht.« Sie waren froh, dass die Wissenschaft ihre seit Generationen beobachteten Beobachtungen bestätigte. Es ist nicht verwunderlich, dass Landwirte diese Muster oft vor Wissenschaftlern erkennen. Das müssen sie auch. Vor nicht allzu langer Zeit, als Island isoliert und relativ arm war, »konnte man einige Tiere verlieren, wenn man im Winter nicht genug Heu für sie einlagerte«, sagte Gratton. Man konnte nicht auf den Markt gehen und mehr Heu kaufen. »In gewisser Weise trugen Mücken zum Überleben und zum Wohlbefinden der Menschen in den harten Wintermonaten bei«, meinte Gratton. »Sie waren wie eine Lebensader für die Menschen.«

BEISPIELE FÜR STICKSTOFFBEWEGUNGEN ODER RESSOURCENEINTRÄGE DURCH TIERE, EINSCHLIESSLICH DER MENSCHLICHEN LANDWIRTSCHAFT

HABITAT/ ÖRTLICHKEIT	BEWEGUNG	QUELLE	PFUND STICKSTOFF PRO HEKTAR
Surtsey, Grasland	Meer zur Insel	Seevögel	66,7
Surtsey, Küstenstreifen	Meer zur Insel	Robben	13,3
Florida, Strand	Meer zur Düne	Unechte Karrett-schildkröte	30,1
Alaska, Wälder	Meer zu Fluss und Wald	Lachs	78,3
Massai Mara	Grasland zum Fluss	Nilpferde	699
Massai Mara	Grasland zum Fluss	Gnus	329,2
Konventionelles Ackerland	Landwirtschaft durch Menschen	Industriedünger, Huhn- oder Kuhmist	111,9
Permanentes Grasland	Landwirtschaft durch Menschen	Industriedünger, Huhn – oder Kuhmist	27,9–55,8
Spazierwege	Menschliche Einbringung	Haushunde	123,2
Kansas	Vom Untergrund zur Oberfläche	Brood IV Zikaden	6,7
Myvatn	See zum Land	Mücken	12

Zu den Quellen gehören grobe Schätzungen für Ackerland und Grasland aus: Einarsson et al., 2021, Subalusky et al., 2019 sowie Verweise in früheren Kapiteln für Wildtiere. Die ursprünglichen Maße für Flusspferde und Gnus werden in Gramm pro Quadratmeter angegeben, daher sind Vergleiche etwas ungenau.

An meinem letzten Abend in Myvatn parkte ich am Seeufer. Ich war überrascht, das Heulen eines Seetauchers zu hören, ein Ruf, den ich mit langen Abenden in den Adirondacks verbinde. Ich sah zu, wie der Seetaucher mit seinem stiftähnlichen Schnabel vorbeischwamm. Eine Raubmöwe flog über uns hinweg. Die Spinnfäden des Altweibersommers zogen sich über die Vegetation und die Straße. Dann passierte es: Es bildete sich eine Mückensäule, ein Mikroschwarm, im Gegenlicht der Sonne um 21 Uhr. Die Sträucher leuchteten, und die Schwärme schienen die sanfte Brise einzuatmen, sich zusammenzuschließen und wieder auseinanderzufallen. Wie ein sanfter Nieselregen landeten die Insekten auf der Windschutzscheibe.

Wenn der Louvre geschlossen wäre, könnte ich zumindest Islands Nationale Mückengalerie besuchen.

Es gab zwei Arten von Mücken, die am Autofenster entlangkrabbelten: eine kleine, gedrungene mit fassförmigem Brustkorb; die andere war länger und zudem langbeinig, wie die Königsgarde im Buckingham Palace, aber mit einem großen Kopf aus durchsichtigen Fühlern anstelle der Bärenfellmütze. Ich sah zu, wie sie das Fenster hinaufrasten und dann in eine pointillistische Landschaft eintauchten.

Aus diesem Mikroausbruch habe ich versucht, einen Hurrikan heraufzubeschwören. Als ich aus dem Auto stieg, scharten die Fliegen sich um meine Augen und krochen in meine Ohren. Vereinzelte Wirbel bildeten einen Vorhang, als der Wind nachließ. Als ich zur Sonne blickte, befand sich ein Schwarm, vielleicht von Hunderttausenden, am Horizont.

Ich wurde traurig, als ich am nächsten Tag an der gut ausgestatteten Myvatn-Forschungsstation haltmachte. Mir wurde gesagt, dass es in einem typischen Jahr rund um den See etwa 30 Mückenarten gäbe, aber *Tanytarsus* – die Art, die ich dort sehen wollte – war in diesem Sommer auffallend selten. Das Auftreten von Mücken in Myvatn ist dynamisch und hängt davon ab, wie viel Nahrung im See verfügbar ist. Sie kommt nicht in vorhersehbaren Zyklen vor, wie beispielsweise in den 17 Jahren der Brood-X-Zikaden. Es war unklar, ob die neuen Tiefstände Teil eines beunruhigenden Trends waren oder eine normale Widerspiegelung der Schwankungen von Jahr zu Jahr, wie die Bauern von Myvatn sie seit Jahrhunderten beobachten.

Die gedrungenen und glänzenden Insekten, die ich gesehen hatte, waren Kriebelmücken, Stechmücken – winzige Hyänen, die über die Savanne des Autofensters liefen. »Das ist das klassische Verhalten von Kriebelmücken«, sagte Gratton, als wir uns später unterhielten. Ich hatte wahrscheinlich die Männchen beobachtet, die einfach lästig waren. »Sie krabbeln in deine Ohren und Augen«, sagte Gratton, »aber sie beißen nicht.« Nur Weibchen benötigen zur Fortpflanzung eine Blutmahlzeit, also ein kleines Stück aus der Haut. Es waren aber nicht die nicht beißenden Mücken, wegen denen ich gekommen war – zu Hause konnte ich jede Menge Kriebelmücken finden. »Sie machen einen kleinen Plopp, wenn man sie zerdrückt«, sagte Gratton. »Und es verursacht eine riesige Sauerei.«

Positiv zu vermerken ist, dass es sich bei den Schwärmen, die ich gesehen hatte, wahrscheinlich um *Chironomus islandicus* handelte. In Zeiten des Booms entfiel der größte Teil der Biomasse auf *Tanytarsus gracilentus*, die *Mys* von Myvatn, Grattons *Mona Lisa*. Aber in diesem Jahr ohne Mücken hatte ich das Glück, diese relativ kleinen, zwei Meter hohen Säulen zu beobachten, egal wie kurzlebig die Schwärme auch waren.

Als ich den See verließ, sah ich ein paar Mückenwolken. Wahrscheinlich mehr Kriebelmücken. *Tanytarsus*, eine der am häufigsten vorkommenden Insektenarten in Island, war mir entgangen. Wenn ich Schafzüchter im 19. Jahrhundert wäre, wäre ich vielleicht verhungert.

Os Schmitz stocherte mit einem großen weißen Kescher in der Hand um die Ränder eines alten Feldes in Burlington, Vermont. Der Hubbard Park, der an Wohnsiedlungen und Wälder grenzt, ist nicht so exotisch wie Myvatn oder Yellowstone, bietet aber die ganze Dramatik, wenn man weiß, wonach man suchen muss. Der Kampf wurde rund um die Triebe des Kentucky-Rispengrases und die langen grünen Stängel der Goldrute ausgetragen.

Schmitz und seine Laborkollegen waren auf der Suche nach einem lauernden Raubtier, *Pisaurina mira. Mira*, wie sie es nannten, ist eine langbeinige, schlanke Listspinne mit einem dunkelbraunen Racingstreifen, der sich über die gesamte Länge ihres Cephalothorax (Kopf und Hinterleib) erstreckt.

An einem Sommernachmittag hatten wir das Gebiet um dieses spezielle Untersuchungsgebiet, ein Vorstadtfeld mit Blick auf den Lake Champlain und die Adirondacks, durchkämmt, hatten aber nichts gefunden. »Sobald die Leute mähen«, sagte Schmitz, »verliert sich die Struktur, und es gibt keinen Ort, an dem sich die Tiere verstecken können. Das ist das Problem bei Rasenflächen in Vorstädten. Die Leute lassen sie abmähen, sodass sie die Insektenvielfalt verlieren.« Also untersuchten wir verlassene Grundstücke, Friedhöfe und einen kleinen Park unter der Einflugschneise des Burlington International Airport. *Pisaurina mira* ist in den Gräsern, hohem Unkraut und niedrigen Sträuchern im Osten Nordamerikas zu finden, war an diesem Tag aber ruhig und daher schwer zu bekommen.

Einer von Schmitz' Postdoktoranden scrollte durch die Website iNaturalist und suchte nach Fotos und Fundorten. »Das hat etwas Lotterieartiges«, sagte Schmitz, als wir die Felder auf der Suche nach Spinnen durchstreiften. Er war Professor an der Yale University und trug einen breitkrempigen Hut und ein hellblaues Langarmhemd. Er versprühte einen gewissen Charme. iNaturalist ist eine Initiative der California Academy of Sciences und von *National Geographic* und verfügt über 90 Millionen Bilder, die mit Orten und Daten versehen sind. Es handelt sich um eine App, die von Schulkindern, Hobby-Naturforschern und – nach dem Ort zu urteilen, an dem wir an diesem Tag im weißen Van des Teams gefahren sind – auch von weltbekannten Ökologen genutzt wird. Auf unseren Fahrten an diesem Nachmittag entdeckten wir einige Listspinnen.

Schmitz hat viel über Elefanten in afrikanischen Savannen, Brüllaffen im Amazonas und Moschusochsen in der arktischen Tundra geschrieben. Aber heutzutage ist er vor allem für die Landschaft der Angst bekannt, die er auf den verwilderten Feldern Neuenglands geschaffen hat – Spinnenphobie unter den Heuschrecken. Verglichen mit Studien zur Tierökologie, die in scheinbar unzugänglichen Landschaften wie Surtsey und Bristol Bay angesiedelt sind, wirken Schmitz' Arbeiten über gewöhnliche Heuschrecken, Spinnen und Pflanzen, die viele als Unkraut abtun würden, geradezu fußgängerfreundlich. Die Schaffung dieser Miniaturökosysteme, in denen Tiere problemlos hinzugefügt und entfernt werden können, bietet jedoch Vorteile. Es stellt sich heraus, dass Top-down-Kontrollen und Nährstoffkaskaden an den Rändern vorstädtischer Rasenflächen genauso wichtig sind wie in Gebieten wie Yellowstone und der Masai Mara.

Nach mehreren Tagen der Suche fanden Schmitz und seine Kollegen genügend Spinnen, um ein *Pisaurina*-Paradies zu schaffen – mehrere Mesokosmen, wie sie diese experimentellen Ökosysteme nennen, aus Maschendraht und dünnen Maschen, etwa einen Meter hoch, zusammengehalten durch rostige schwarze Klammern. Sie standen auf dem Feld wie isländische Basaltsäulen in Miniaturformat – aber hier umgaben sie Kentucky-Rispengras, Labkraut und Goldrute, die gerade in voller Blüte standen, als ich zu Besuch war. Die Gehäuse waren für die Unterbringung rotbeiniger Heuschrecken, eines kurzhörnigen Generalisten und zweier Spitzenfleischfresser konzipiert: *Pisaurina mira*, Räuber, die den ganzen Tag auf der Lauer liegen, wie die Pumas der Spinnentierwelt, sowie *Phidippus clarus*, eine wandernde Springspinne.

Die Springspinnen wirkten auf Heuschrecken in der bekannten Weise: Sie töteten und fraßen die Pflanzenfresser, sodass die Pflanzen eine Pause bekamen. Ökologen bezeichnen dies als *Top-down-*

Verfahren; der Einfluss, den Raubtiere auf ihre Beute haben, kann sich durch konsumtive Interaktionen auf das gesamte Nahrungsnetz auswirken, wie wir bei Wölfen gesehen haben. Diese Nahrungskaskaden sind weitverbreitet, und wir werden bald auf eine der bekanntesten Wechselwirkungen im Ozean eingehen, aber diese Wechselwirkungen können auch vielfältig sein.

Anders verhielt es sich bei den Listspinnen. Zunächst war Schmitz überrascht, dass die Heuschrecken die Goldruten fraßen, die ihnen Schutz vor Räubern boten, die sie jagten. *Das ist doch dumm*, hatte er gedacht. *Warum fressen sie ihren Zufluchtsort?* Dann wurde ihm klar: Egal, ob man sechs oder zwei Beine hat – Angst kurbelt den Stoffwechsel an. *Pisaurina mira* ist ruhig und still, aber auch tödlich. Unter dem stetigen achtäugigen Blick der lauernden Räuber begannen die Heuschrecken, stressbedingt die kohlenstoffreiche Goldrute zu fressen, Kräuter, die ihre Eingeweide schneller füllten. »Immer wenn wir gestresst sind«, sagte Schmitz, »sehnen wir uns nach Kohlenhydraten« – unabhängig von den Folgen.

Schmitz hatte eine Landschaft der Angst geschaffen, eine »nichtkonsumtive Interaktion«, wie er es nennt, in der Raubtiere das Verhalten und die Physiologie der Beute verändern. Sogar Spinnen mit zusammengeklebten Mundwerkzeugen und ohne die Fähigkeit zu töten – Schmitz nennt sie Risikospinnen – hatten einen enormen Einfluss auf die Heuschrecken und veränderten ihr Verhalten im Laufe des Tages und ihr Leben lang. Als die Heuschrecken mehr Goldruten fraßen – mit mehr Kohlenhydraten und weniger verdaulichem Stickstoff –, veränderte sich ihre Chemie. Ihr Kot veränderte sich, und ihre Kadaver veränderten sich ebenfalls.

Um zu sehen, ob diese kleinen Veränderungen eine große Wirkung haben könnten, begruben Schmitz und seine Kollegen einige gestresste Heuschrecken neben denen, die ein relativ entspanntes Leben ohne Raubtiere geführt hatten. Die Körper der gestressten Heuschrecken wiesen mehr Kohlenhydrate auf und damit mehr Kohlenstoff und weniger Nährstoffe wie Stickstoff. Es stellt sich heraus, dass diese Landschaft der Angst im Ökosystem fortbesteht. In »Fear of Predation Slows Plant-Litter Decomposition« (zu Deutsch: Angst vor Raubtieren verlangsamt die Zersetzung von Pflanzenmaterial) zeigte Schmitz, dass Veränderungen im Kohlenstoff-Stickstoff-Verhältnis die Heuschrecken und Gräser veränderten. Auch ohne den Verzehr ihrer Beute spielten Raubtiere eine Rolle im Kohlenstoffkreislauf.

Der Boden um die gestressten Heuschreckenkadaver hatte einen geringeren Stickstoffgehalt als der Boden in Bereichen, in denen die entspannteren Insekten begraben waren. Der Mangel an Nährstoffen hatte tiefgreifende Auswirkungen auf die Ökologie des Feldes und verlangsamte die Sukzession – die Veränderungen in den Pflanzengemeinschaften – auf ein Minimum. Nach einer Besiedelung von Spinnen und ihrer Heuschreckenbeute kann es 15 bis 20 Jahre dauern, bis ein Wald Wurzeln schlägt. Ohne die Spinnen würde es möglicherweise nur sechs oder sieben Jahre dauern, bis auf einem alten Feld ein früher Sukzessionswald wächst.

Auch hier war ein größeres Muster im Spiel. Mit Spinnen stieg die Kohlenstoffspeicherung in der Pflanzenbiomasse um etwa 40 Prozent, hauptsächlich weil mehr Kohlenstoff im Gras und in unterirdischen Wurzelsystemen gespeichert war. Diese Veränderungen in der Kohlenstoffaufnahme, -verteilung und -speicherung waren größtenteils auf Angst zurückzuführen. »Diese winzig kleinen Lebewesen, die man nicht wirklich sieht, wenn man nicht vorsichtig durch die Vegetation geht«, sagte Schmitz, »haben dramatische Auswirkungen auf Ökosysteme.«

Schmitz und seine Kollegen prägten später den Begriff *Zoogeochemie*, das Konzept, das das Herzstück dieses Buches bildet. »Die vorherrschende Meinung in der Biogeochemie ist, dass es sich um die Wechselwirkungen zwischen Pflanzen und Bodenmikroben handelt, weil diese die dominierenden Akteure auf diesem Gebiet sind«, sagte Schmitz. Aber auch die Tiere spielen eine entscheidende Rolle. Mit weitreichenden Multiplikatoreffekten haben Tiere, vom Wal bis zur Spinne, einen tiefgreifenden Einfluss auf die Biogeochemie von Pflanzen, Böden und Ozeanen. »Deshalb betonen wir dieses Konzept der Zoogeochemie«, sagte Schmitz, »um die Aufmerksamkeit der Geochemiker auf Tiere zu lenken.«

Das hat natürlich die Aufmerksamkeit der Ökologen geweckt. Als klassische lauernde Raubtiere interagieren Pumas mit anderen Arten auf 100 verschiedene Weisen. Durch das Töten von Elchen und anderen Beutetieren in ihren bevorzugten Jagdgebieten erzeugen diese Großkatzen nährstoffreiche Hotspots aus Stickstoff und Kohlenstoff, die durch die Kadaver ihrer Beute sowie durch den Kot und Urin der Katzen und örtlichen Aasfresser freigesetzt werden. Diese Jagdgründe oder »Tötungsgärten« sind am Ende voll mit stickstoffreichen Pflanzen, die wiederum mehr Pflanzenfresser anlocken, die dann in der Gegend fressen, kacken und möglicherweise sterben, wodurch der Kreislauf fortgesetzt wird. Pumas verhalten sich wie Bauern und schaffen Hotspots, die mehr Elche und Hirsche anlocken. Auch größere Raubtiere beeinflussen die Landschaft.

Tiere sind mehr als nur Zahlen und Vektoren. Ihre Persönlichkeitsmerkmale, Vorlieben und Traditionen haben unterschiedliche Auswirkungen auf Ökosysteme. Das gilt für Schimpansen und Delfine ebenso wie für Heuschrecken und Krebse. Während meines Gesprächs in der Masai Mara mit Amanda Subalusky erzählte sie mir, dass das Experiment eines Kollegen gezeigt habe, wie das Verhalten von Flusskrebsen die Funktion des Ökosystems beeinflusst. Aggressive Krebse lebten in trüben Becken, weil sie das Sediment aufwirbelten. Passive Krebse derselben Art lebten in klaren Becken. »Das macht dich verrückt«, sagte sie. Chris Dutton, ihr Ehemann, fuhr fort: »Im Camp haben wir diesen kleinen Zwergmangusten, der dort seit einem Jahrzehnt lebt. Wir wissen, dass es derselbe ist, weil ihm der Schwanz fehlt, wahrscheinlich weil er mit jemand anderem gekämpft hat. Er spielt im Camp eine große Rolle, denn er sammelt den Müll, den jemand fallen lässt, sofort auf – das hält die Ameisen größtenteils fern … Aber wie begreift man diesen einen kleinen wichtigen Akteur, der einen großen Einfluss hat?«

Eine Möglichkeit besteht darin, die Persönlichkeit in einige Merkmale zu zerlegen, wie zum Beispiel Kühnheit, Aggressivität und Neigung zum Erforschen (die gefällt mir am besten). Einzelne Tiere, von aggressiven Mäusen bis zu Seevögeln, die Pionierarbeit leisten, prägen Ökosysteme durch Traditionen oder durch das Eingehen von Risiken. Einige Wölfe, Pumas und Dachse haben eine Vorliebe für Biber, was ihnen eine übergroße Wirkung verleiht, wenn sie diese Ökosystemingenieure töten. Eine mutige Maus hebt vielleicht eine große Eichel weit weg von der Muttereiche, um sie zu verstauen, aber der Weg kann riskant und voller Raubtiere sein. Ein schüchternes Eichhörnchen könnte länger überleben und Nüsse in der Nähe seines Zuhauses verstecken. Eine der ganz wenigen Möglichkeiten, wie sich Baumbestände entwickeln können, besteht in der Mithilfe von Tieren. Ein Wald mit mutigen und scheuen Nagetieren ist ein Wald, der sich an Klimaveränderungen anpassen kann. Seine Zukunft könnte in der Arbeit dieser Samen verteilenden Nagetiere liegen.

Emotionale Zustände oder Ähnliches wurden bei vielen Tieren beobachtet, und sie können sich durch entsprechende Erfahrung ändern. Eine Honigbiene, die durchgeschüttelt wird, kann dadurch eine Art Pessimismus entwickeln und zukünftig von den schlimmsten neuen Erfahrungen ausgehen. Erhalten Hummeln eine unerwartete Belohnung, werden sie optimistischer. »Gute Laune zeigt sich auch bei Fischen«, bemerkte der Philosoph Peter Godfrey-Smith in *Metazoa*.

Wenn wir eine Billion Tiere betrachten, die im Ozean auf und ab schwimmen, scheint es, als würden sie zu einer einzigen Einheit verschmelzen. Aber jedes einzelne ist durch sein eigenes Maß an Hunger und Risikotoleranz motiviert, genauso wie wir bei unseren Haustieren sowie bei unseren Freunden und Familienmitgliedern Unterschiede im Mut und im Appetit beobachten. Nicht jedes Tier bewegt sich. »Der Angstfaktor spielt bei der täglichen vertikalen Migration eine Rolle«, erzählte mir Schmitz über die größte Wanderung von Tieren auf dem Planeten, von der Meeresoberfläche bei Nacht bis in die Sicherheit der tiefen Dunkelheit bei Tag. Manche Tiere verzichten ganz auf das tägliche Pendeln, vielleicht weil sie nicht hungrig genug sind, um die Wanderung anzutreten, und es daher das Risiko nicht lohnt, an der Meeresoberfläche bei lebendigem Leib gefressen zu werden.

Dieser Angstfaktor betrifft auch den Menschen. Wenn Sie sich selbst als Fleisch sehen, verändern sich die Dinge. Wenn Sie mit Haien schwimmen oder in der Gegenwart von Braunbären wandern, schärft sich Ihr Bewusstsein. *Das passiert jetzt nicht wirklich*, dachte die australische Ökofeministin und Philosophin Val Plumwood, nachdem sie im Northern Territory von einem Krokodil angegriffen wurde. »Nur wenige von denen, die die Todesrolle des Krokodils erlebt haben, haben das überlebt und können es beschreiben«, schrieb sie später. »Es ist im Wesentlichen eine Erfahrung, die man nicht in Worte fassen kann, eine Erfahrung des totalen Schreckens. Die Atmung und der Herzstoffwechsel des Krokodils sind nicht für einen längeren Kampf geeignet, daher ist die Rolle ein intensiver Kraftstoß, der darauf abzielt, den Widerstand des Opfers schnell zu überwinden.« Plumwood überlebte nicht nur, sondern entwickelte auch neue Ideen über den Tod und die ökologische Ordnung. »Ich habe jenseits meiner eigenen Grenzen eine erschreckend gleichgültige Welt der Zwangsläufigkeit erblickt, in der ich nicht mehr Bedeutung hatte als jedes andere essbare Wesen.«

»Willkommen in meiner Welt«, sagte die Heuschrecke zur Philosophin.

Schmitz stellte fest, dass einzelne Heuschrecken in seinen Studien unterschiedlich auf Spinnen reagierten. Genau wie Seevögel, Grizzlybären, Wale und Wissenschaftler haben Heuschrecken unterschiedliche Persönlichkeiten: Einige sind mutig, andere schüchtern; manche sind Entdecker, andere Einzelgänger. Wenn eine Spinne in der Nähe ist, gehen manche ihrem Geschäft beiläufig nach und ignorieren den Tod. Manche ducken sich und bewegen sich selten aus ihrer Deckung. Viele bleiben vorsichtig; egal, ob die Spinne in Sicht ist oder nicht.

»Posttraumatische Belastungsstörung passt sich an, wenn man in Gefahr ist«, sagte Schmitz, »und ein Raubtier ist immer in der Nähe.«

»Hey, Bär!«

10

DER OTTER UND DIE H-BOMBE

Schon bevor die Luke der Lockheed C-130 Hercules geschlossen wurde, begann die Ladung zu stinken. Der Laderaum des Transporters war als luftgestützte Notaufnahme konzipiert und bot Platz für fast 100 medizinische Tragbahren. Jetzt beförderte es 52 Seeotter, die aus den Aleuten-Seetangwäldern Alaskas eingeflogen worden waren, alle aufgereiht in badewannengroßen Zwingern. Ihr üppiges braunes Fell – »weiches Gold«, einst das wertvollste Fell auf der Erde – war glitschig vom Kot.

Das Flugzeug flog Richtung Osten nach Sitka, Alaska. Obwohl die Stadt im späten 18. und frühen 19. Jahrhundert auf den Fellen von Seeottern erbaut war, hatte man seit 50 Jahren keinen einzigen Otter mehr im Sitka Sound gesichtet. Tatsächlich wurden Otter an Tausenden Kilometern entlang der Küste gejagt, von Südost-Alaska bis British Columbia, Oregon und Washington. 99 von 100 Ottern waren getötet worden. Als 1911 ein internationaler Vertrag zur Einstellung der kommerziellen Jagd unterzeichnet wurde, hatten nur wenige Hundert Otter in isolierten Populationen in Kalifornien, Alaska, Russland und Japan überlebt. In den späten 1960er-Jahren bereitete die US-Atomenergiekommission die größte unterirdische Atomexplosion in der amerikanischen Geschichte vor, die das ändern sollte.

Mehr als 200 Jahre vor der Otter-Luftbrücke hatte Peter der Große davon geträumt, eine russische Expedition auszusenden, um das Gebiet zwischen Asien und Nordamerika zu erkunden. Er hatte beobachtet, wie andere europäische Mächte Amerika kolonisierten, von dem er glaubte, dass es mit der Ostküste Russlands in Verbindung stand. Im Jahr 1724, dem Tode nahe, beauftragte der Zar den dänischen Kommandanten Vitus Bering mit der Leitung der ersten Kamtschatka-Expedition nach Amerika. Sie schlug fehl. Die Landbrücke, der Bering nach Nordamerika folgen wollte, war am Ende des Pleistozäns, etwa 10 000 Jahre zuvor, von den kalten Gewässern des Nordpazifiks überflutet worden.

Bering versuchte es 1739 erneut. Auf dieser Expedition beschrieb Georg Steller, ein junger deutscher Naturforscher, der sich der Mission anschließen sollte, mehrere Tierarten, die für die westliche Wissenschaft neu waren, darunter Seeadler, Eiderenten und Eichelhäher (*Cyanocitta stelleri*), die schließlich seinen Namen tragen sollten. Während einer Auszeit in Kamtschatka gab er die wissenschaftlichen Namen von fünf häufig vorkommenden Nordpazifik-Lachsen bekannt: *Oncorhynchus tshawytscha* (Chinook, Königslachs), *O. keta* (Ketalachs), *O. gorbuscha* (Buckellachs), *O. kisutch* (Silberlachs) und *O. Nerka* (unser geliebter Rotlachs).

Die Expedition, die als erstes europäisches Schiff das kontinentale Alaska erreichte, berichtete auch von den vielen Meeressäugetiere in der Region, darunter Wale, Robben und die später sogenannte Steller-Seekuh, eine zehn Meter lange Verwandte der Seekuh, die so lang und dick war, dass sie nicht tauchen konnte. Steller war teils Naturforscher, teils Verkäufer – im 18. Jahrhundert keine ungewöhnliche Kombination. Für russische Investoren waren sein größter Fund die in der Region reichlich vorhandenen Seeotter. »Diese Tiere sind sehr schön«, schrieb er, »und aufgrund ihrer Schönheit sind sie sehr wertvoll.« Die Haare seien »sehr weich, sehr dicht angesetzt, tiefschwarz und glänzend«. Im Gegensatz zu anderen Meeressäugetieren haben Seeotter keine dicke Speckschicht; ihr dichtes Fell mit etwa 130 000 Haaren pro Quadratzentimeter sorgt für Wärme und Auftrieb. Das ist etwa achtmal dichter als ein typischer menschlicher Haarschopf. In Alaska wurde mir ein Seeotterfell gereicht; etwas Derartiges habe ich noch nie gespürt, so luxuriös, dass ich mich noch an die Berührung dieses Fells an meinen Fingerspitzen erinnern kann.

Bering starb auf der Rückreise und wurde zusammen mit anderen Seeleuten in flachen Gräbern begraben, die bald von Polarfüchsen überfallen wurden. Das riesige Gebiet, das er durchquerte, wurde später nach ihm benannt: die Beringstraße. In den 1760er-Jahren, ein paar Jahrzehnte nach der Expedition, gelangten die wunderschönen Seeotterfelle in die Aristokratie in Kanton, China, und lösten dort Begeisterung aus. Ein Seeotterfell wurde so wertvoll wie zehn Biberfelle, die damalige Säule des Pelzhandels in Nordamerika. Hunderttausende Seeotter wurden getötet und von russischen Unternehmen mit enormem Gewinn verkauft. Viele der Felle gelangten durch Sitka im Südosten Alaskas, der Heimat der Tlingit, das zu dieser Zeit von Russland besetzt war. Im Laufe der Zeit nahm die amerikanische Präsenz in Alaska zu; kleine Schiffe verließen Neu-England und hielten sich im pazifischen Nordwesten auf, wo sie mit den Tlingit, Nootka und Haida mit Pelzen handelten. Anschließend fuhren die Schiffe nach Kanton, dem heutigen Guangzhou, um die Felle abzuladen.

Während des Höhepunkts des Pelzhandels wurden mehr als eine Million Seeotter von europäischen und einheimischen Jägern getötet. In den 1840er-Jahren waren sie im größten Teil ihres Verbreitungsgebiets ausgerottet, und nach Jahren der Kriege und Krankheiten unter den indigenen Völkern im pazifischen Nordwesten war auch die Zahl der Jäger zurückgegangen. Weil der Ertrag der Pelzjagd zurückging, sah Russland in seinem Überseegebiet kaum noch einen Wert. Amerikanische Jäger rotteten die letzten Otter aus, also machten die Vereinigten Staaten Russland ein Angebot für das Land. Laut Jan Straley, einem Meeresmammologen in Alaska, »sind Seeotter der Grund, warum wir nicht an Kanada verkauft wurden«.

»Niemand auf dem Planeten Erde konnte den Mächtigen gegenüber so ehrlich sprechen wie John Vania«, erzählte mir Jerry Deppa, als wir uns im Backdoor Café trafen, das versteckt hinter einem Buchladen in Sitka liegt. Deppa arbeitete in den 1960ern und 1970ern für Vania als Feldbiologe im Auftrag des Bundesstaates Alaska. »Die Atomenergiekommission AEC wurde aus Nevada rausgeschmissen, von einer Bande aus Politikern und organisiertem Verbrechen, nicht ungewöhnlich«, sagte Deppa. Ein Botaniker witzelte, dass die Suche nach einem neuen abgelegenen Atomtestgelände »unter anderem deshalb veranlasst wurde, weil verhindert werden sollte, dass die Spieltische in Las Vegas wackeln«. Amerikas Wasserstoffbomben waren so groß geworden, dass sie auf dem Kontinent nicht mehr sicher gezündet werden konnten.

»Sie dachten, in Alaska würde niemand deswegen meckern«, erzählte mir Deppa. Nachdem Lyndon Johnsons Berater dem Präsidenten versichert hatten, dass es keine PR-Probleme geben würde, genehmigte der 1965 den Beginn einer neuen Reihe von Atomtests. Zunächst schien es, als hätten seine Berater recht gehabt. »Der Gouverneur: keine Einwände«, sagte Deppa. »Kongressdelegation: kein Einspruch. Kommissar für Fisch und Wild: keine Einwände. Niemand wagte es, der Atomenergiekommission die Stirn zu bieten und zu sagen: ›Sie sind hier nicht willkommen.‹ Stattdessen streckten sie alle viere von sich wie ein Haufen dressierter Welpen.«

Laut Deppa lud sich der Biologe des Bundesstaates Alaska, John Vania, selbst zu einem Treffen der Atomenergiekommission mit Vertretern des Bundesstaates Alaska in Anchorage ein. Die Kommission besprach ihre Pläne, auf der Insel Amchitka am Westrand der Aleuten drei Bomben zu testen, von denen jede größer sein sollte als die vorige. Vania erzählte den Vertretern der AEC von einer Auswirkung des Tests, an die sie noch nicht einmal gedacht hatten: die entzückenden Seeotter von Amchitka, die sogar Werkzeuge benutzten und kürzlich in einer Fernsehdokumentation gefeiert wurden. »Jeder Otter, der unter Wasser ist, wenn die Druckwelle anrollt, wird verbluten und einen schrecklichen Tod erleiden«, sagte er der Kommission. »Das werden viele Leute miterleben. Das sind also die schlechten Nachrichten. Die gute Nachricht ist, dass wir einen Ort haben, der diese Otter braucht, und wir haben einen Plan, sie umzusiedeln. Wir werden die Otter für Sie evakuieren. Wir brauchen nur noch die Finanzierung.«

Zu dieser Zeit gab es in Amchitka die größte Seeotterpopulation der Welt. Der Biologe des U.S. Fish and Wildlife Service, Karl Kenyon, der mehr über Otter wusste als fast jeder andere Mensch, hatte sich dafür eingesetzt, Amchitka-Otter nach Südost-Alaska umzusiedeln, um das katastrophale Erbe des maritimen Pelzhandels rückgängig zu machen. Ein paar Versuche wurden durchgeführt, aber sie waren sporadisch, unterfinanziert und weitgehend erfolglos. (All das spielte sich ab, bevor in Alaska Öl entdeckt wurde, als der Staat noch relativ arm und unentwickelt war.)

Das AEC hatte bereits mit der Arbeit auf Amchitka begonnen, bevor Vania sich zum ersten Mal mit dieser Organisation zusammensetzte. Die Insel hatte einen Tiefseehafen, eine Landebahn aus dem Zweiten Weltkrieg und viele Wellblechhütten. (Sie wurde als Flugplatz der US-Armee genutzt, um japanische Streitkräfte von den Aleuten aus anzugreifen.) Eine erste Explosion im Jahr 1965 bereitete die Bühne für die 1971 geplante Cannikin-Detonation, die zu einer der größten der Welt werden sollte. Vor dieser Explosion ordnete die AEC eine gründliche Untersuchung der geologischen und der Naturgeschichte der Insel an. Eine Gemeinschaft von Wissenschaftlern versammelte sich: ein abgelegenes Manhattan-Projekt mit ungefähr 800 Menschen, darunter Ozeanografen, Binnengewässerspezialisten, Botaniker, Ornithologen und Fischkundler. Es gab leitende Forscher, Studenten und Hilfspersonal. »Wir waren eine ziemlich eingeschworene Gemeinschaft«, erinnert sich der Ökologe Jim Estes, der damals noch Doktorand war.

Aber außerhalb von Amchitka änderten sich die Dinge. Vanias Worte sollten sich später als vorausschauend erweisen. Die weitverbreiteten Proteste gegen den zweiten und dritten Atomtest überraschten die AEC und die Bundesregierung. Eine aufstrebende Umweltorganisation mit Sitz in Vancouver, damals bekannt als »Don't Make a Wave Committee«, hatte ebenfalls ein Auge auf die Insel geworfen. Die jungen Aktivisten planten, die Detonation zu verhindern, indem sie die US-Regierung von einem 24 Meter langen Heilbuttwadenfänger aus konfrontierten, den sie für die Fahrt in *Greenpeace* umbenannt hatten.

Tausende blutige Otterleichen würden der Sache der Atomenergiekommission nicht nützen. Der Gouverneur von Alaska, Walter Hickel, schrieb an die AEC und wiederholte Vanias Bitte, die Amchitka-Otter vor den Tests in andere Gebiete Alaskas umzusiedeln, auch um ihre wertvollen Pelze zu retten.

Alaskas kleines Department of Fish and Game, die Behörde für Fisch und Wild, sah sich bald einem Blankoscheck von einer der mächtigsten Agenturen der Welt gegenüber. »Es war ein Eldorado für das Seeotterprogramm«, erzählte mir Vanias Freund und Kollege Skip Wallen. »Um die Otter von Amchitka nach Südost-Alaska zu bringen, brauchten wir ein Flugzeug.« Die AEC bot sofort an, ihnen eine C-130 Hercules zur Verfügung zu stellen, ein Flugzeug, das mehr als 50 Otter in einem einzigen Flug transportieren konnte. Hätte man Flüge mit kleineren Flugzeugen durchgeführt, hätte das eine ganze Feldsaison lang gedauert.

Auch wenn es damals noch niemand wusste, sollte die Seeotter-Luftbrücke einen der ersten – und erfolgreichsten – Fälle von Wiederverwilderung auf dem Planeten darstellen. Die Rückkehr dieser Raubtiere sollte uns zeigen, was Tiere tun können, um wilde Meereslandschaften wiederherzustellen.

Im Sommer 1968, nachdem die Finanzierung gesichert war, bauten John Vania und seine Kollegen Stellnetze – monofile Netze, die normalerweise zum Fangen von Fischen verwendet werden – über den Tangwäldern von Amchitka auf. Otter verbringen viel Zeit damit, sich an der Wasseroberfläche zu putzen, und wenn sie auf die Netze stoßen, reagieren sie oft mit einer Drehung ihres Körpers und verstricken sich so in der Falle. Sobald sie aus dem Wasser gezogen waren, wurden die Otter von den Schnüren gelöst und in zwei großen oberirdischen Schwimmbecken gehalten, bis sie in den Frachtdecks der Hercules-Flugzeuge nach Osten evakuiert wurden.

Als die Seeotter in Sitka ankamen, verstaute Deppa sie in einer Grumman Goose, was im Grunde ein Boot mit Flügeln ist, also letztlich ein Wasserflugzeug. Es war ein praktisches Transportmittel in Alaska, wo es nur wenige Fernstraßen gab. Als das Flugzeug im Sitka Sound landete, hatte Deppa das Privileg, die Türen des Zwingers zu öffnen. Mehr als 40 Jahre später erzählte Deppa, mit einem grünen australischen Buschhut auf dem Kopf, einer dicken schwarzen Brille im Gesicht und gestützt auf einen Spazierstock, den er aus Roterle geschnitzt hatte, die Geschichte, als wäre sie gerade erst passiert: »Sie waren gerade durch die Hölle gegangen«, sagte er. »Sie waren nahe dran, in einer atomaren Apokalypse zu sterben.« Die Otter waren gestresst, ihr einst so schönes Fell war mit Kot bedeckt. Vor der Freilassung befürchteten einige Wissenschaftler, dass sie versuchen könnten, zu ihren einheimischen Aleuten zurückzukehren.

Sobald sie das Wasser erreichten, bezweifelte Deppa jedoch, dass sie nach einem Zuhause suchen würden. »Sie machten große Augen, so groß wie Untertassen«, sagte er, »denn während sie ihr Fell putzten, erblickten sie einen Teppich aus riesigen roten und violetten Seeigeln. Und im nächsten Moment hatten sie schon einen großen Seeigel auf der Brust. Sie waren gerade im Paradies angekommen.«

Zwischen 1965 und 1972 siedelte das Department of Fish and Game 710 Otter von Amchitka und den benachbarten Inseln nach

Südost-Alaska, Washington und Oregon um. Mit Unterstützung des Fisheries Research Board of Canada und des British Columbia Fish and Wildlife Department wurden 43 Amchitka-Otter auf Vancouver Island freigelassen. In den folgenden Jahrzehnten haben sich diese Otter und ihre Nachkommen Hunderte Kilometer von den ursprünglichen Stellen entfernt ausgebreitet, an denen sie ausgesetzt worden waren.

Greg Streveler, ein Wissenschaftler im Glacier-Bay-Nationalpark, befand sich 1968 mit an Bord einer Grumman Goose, die in Dicks Arm, einer Bucht nördlich von Sitka, 25 Otter freiließ. »Damals hatte niemand die geringste Ahnung«, sagte Streveler, »von der Revolution, die sie mit sich bringen sollten.«

Am 6. November 1971, nach fünf Jahren der Vorbereitung und der Evakuierung einer großen Anzahl von Ottern, wurde der Cannikin-Sprengkopf 1600 Meter unter der Oberfläche von Amchitka gezündet. Die Explosion war die größte unterirdische Atomexplosion der Vereinigten Staaten und 250-mal stärker als die Bombe, die über der Stadt Hiroshima abgeworfen worden war. Der Wert betrug 7,0 auf der Richterskala und sprengte einen Krater mit einer Breite von mehr als eineinhalb Kilometern und einer Tiefe von 18 Metern.

James Schlesinger, der Vorsitzende der AEC, brachte seine Frau und seine beiden Töchter auf die Insel, um die Sicherheit des Tests zu verdeutlichen. In einem Blockhaus, fast 40 Kilometer von der Explosionsstelle entfernt, sagte seine neunjährige Tochter, die Schockwellen hätten sich »wie eine Zugfahrt« angefühlt.

Die Bewohner der umliegenden Gewässer waren nicht so geschützt. Fast 40 000 Quadratmeter Schmutz und Felsen erstickten das Leben in der Meeresregion. Große Mengen an Schollen, Pazifischem Kabeljau und Drachenfisch wurden durch die Druckwelle getötet. Nach der Evakuierung waren noch etwa 3000 Otter auf Amchitka zurückgeblieben … Als Jim Estes die Insel einige Monate nach der Explosion besuchte, zählte er ganze 155 Exemplare. »Die Explosion hat viele Otter getötet«, sagte er. Die am Strand verstreuten Kadaver zeigten, dass die Otter durch Druckwellen getötet worden waren. Ihre Schädel waren durch die Wucht der Explosion gebrochen, ihre Augäpfel ins Innere der zerstörten Schädel gedrückt. Viele Otter sind einfach verschwunden. Nur etwa jeder Zehnte überlebte.

In einer Welt, die vor lauter nuklearen Erfindungen geradezu strahlt, ist die Geschichte »eine Probe für ihre eigene Auslöschung«, schrieb Cormac McCarthy. Im *Bulletin of the Atomic Scientists* steht die Weltuntergangsuhr derzeit bei 90 Sekunden vor Mitternacht. Doch von den vielen Hinterlassenschaften des Atomzeitalters – dem Manhattan-Projekt, den Bomben auf Hiroshima und Nagasaki und dem nuklearen Wettrüsten – muss die Rückkehr der Seeotter in ihr historisches Verbreitungsgebiet als eine der erfreulichsten Taten gelten.

Amchitka hatte auch großen Einfluss auf die Ökologie. Jim Estes war zu dieser Zeit Doktorand an der Washington State University. Ein statistischer Ökologe am AEC beauftragte ihn mit der Überwachung der Seeotter vor und nach der Cannikin-Explosion. An manchen Tagen zählte er die Otter vom Ufer aus; an anderen führte er Luftaufnahmen mit einem Militärhubschrauber durch, der etwa 50 Meter über dem Meer flog. Die schwierigste Aufgabe für Estes war es, die Meeressäugetiere zu fangen und sie mit einem Sender zu versehen – auch für die Otter war es schwierig, aber zumindest mussten die sich keine Sorgen um ihre Finger machen. 50 Jahre später hat Estes immer noch Narben an Händen. Er zählte und verfolgte die Otter, war aber auch damit beschäftigt, während seines Aufenthalts auf Amchitka ein Promotionsprojekt zu suchen. »Die Herausforderung bestand darin, genau herauszufinden, was zu tun ist«, schrieb er später. »Damals wusste ich fast nichts über das Meer und sehr wenig über Ökologie.«

Als Estes vor der Detonation auf der Insel arbeitete, hatte er über ein Projekt nachgedacht, das den Einfluss des Lebensraums auf Seeotter untersuchen sollte. Rund um Amchitka war die Tang-Produktivität hoch, was den Seeigeln half. Dass die Lieblingsnahrung der Otter reichlich vorhanden war, könnte eine Erklärung für die Häufigkeit des Meeressäugetiers sein. Eine klassische Bottom-up-Studie – mehr Seetang entspricht mehr Seeigeln, was mehr Otter bedeutet. Doch als Bob Paine, Professor an der University of Washington, Amchitka besuchte, schlug er einen völlig anderen Ansatz vor. Paine hatte Artikel über die Rolle von Seesternen veröffentlicht, die diese bei der Verhinderung von Monopolen von Muscheln und anderen Beutetieren spielen; die vielbeinigen Raubtiere steigern die Vielfalt, indem sie Raum für andere Organismen wie Algen und Käferschnecken öffnen. »Anstatt sich zu fragen, wie sich die Seetangwälder auf die Otter ausgewirkt haben (eine Ansicht, die Bob als längst bekannt und uninteressant empfand), sollte man eher den umgekehrten Effekt untersuchen: Wie haben sich die Otter auf die Seetangwälder ausgewirkt?«, erinnerte Estes sich 45 Jahre später.

Also folgte Estes Anfang der 1970er-Jahre Paines Rat, bereiste die Aleuten und erkundete die Unterschiede zwischen Inseln mit vielen Ottern wie Amchitka und otterlosen Inseln. Er bemerkte, dass die Landschaften äußerlich ähnlich waren – steile Klippen, schwarzer Sand, Grasland –, aber unter der Meeresoberfläche waren die Dinge auffallend anders. Auf den Otterinseln gab es ausgedehnte Tangwälder, größtenteils unbeweidete Flächen mit Braunalgen, mit spärlichen Populationen von Seeigeln, Seepocken und Muscheln. Die otterlosen Inseln waren fast tangfrei; anstelle von Algen gab es riesige Muschelbänke, Käferschnecken, Seepocken und jede Menge Seeigel.

Was ging da vor? Estes vermutete, dass die Otter die küstennahen Gemeinschaften durch einen Prozess strukturierten, der als Trophische Kaskade bekannt wurde; wo es keine Otter gab, stieg die Menge an Seeigeln. (Wir haben diesen Prozess für Wölfe und Spinnen weiter oben in diesem Buch besprochen. Estes' frühe Arbeit, veröffentlicht in *Science*, war Grundlage für diese späteren Studien.) Seeigel fressen Seetangwedel, die vom Seetang abfallen und auf dem Meeresboden landen, aber wo es keine Raubtiere gibt, tauchen die Seeigel aus dem Schutz der Ritzen und Spalten des Meeresbodens auf und ernähren sich direkt vom lebenden Seetang, wobei sie die Haftorgane fressen, die die Algen am Meeresboden festhalten. Sobald der Seetang losgeschnitten ist, stirbt er jedoch ab. So schaffen sich die Seeigel Brachen fast ohne Seetang, aber dafür mit einer Überpopulation ihrer eigenen Art.

Indem sie die Seeigel fressen, reduzieren Otter den Verzehr der Makroalgen, wodurch die Tangwälder gedeihen können. Auf den Otterinseln ragte riesiger Seetang mehrere Hundert Meter über dem Meeresboden empor und war die Kinderstube und Heimat für Hunderte von Fisch- und Wirbellosenarten, ein Regenwald des Meeres. Die Anwesenheit der Otter veränderte alles.

Estes' Arbeit an diesem ikonischen Meeressäugetier wäre ohne Amchitka nie zustande gekommen. Seine Forschung war vor der Explosion von der Atomenergiekommission finanziert worden, und die Otterpopulation erholte sich nach der Explosion. »Die AEC hat viele Dinge getan, die das Verständnis um die Zusammenhänge und den Naturschutz vorangebracht haben«, sagte er. »Sie haben es nicht aus reiner Herzensgüte getan. Sie taten es, weil es politisch und gesellschaftlich gefordert wurde.« Die Cannikin-Explosion beschleunigte seine Karriere, ähnlich wie Surtsey es für Erling und Borgthór auf der anderen Seite der Welt getan hatte. Die Umsiedlungen – die eine gefährdete Population vor dem grausamen Atomtod bewahren sollten – gaben letztlich Aufschluss darüber, wie die Wiederherstellung einer einzelnen Art zu einer ökologischen Transformation führen kann. Jemand anders könnte die Otter studiert und diese Entdeckungen gemacht haben, überlegte Estes, oder vielleicht auch nicht. »Wer weiß, wie sich das gesamte Gebiet der Nahrungsökologie entwickelt hätte?«

Für die Meeresökologen des pazifischen Nordwestens hätte es sicherlich anders ausgesehen. Es scheint, als ob jeden zweiten Monat in einer führenden Fachzeitschrift ein Artikel über Seeotter erscheint, sei es über ihre Rolle als Klimaingenieure (*Science*), die Rolle, die sie beim Aussterben der Seekühe spielen (*Proceedings of the National Academy of Sciences*) oder ihre aphrodisierende Wirkung auf das Fortpflanzungsverhalten von Seegräsern (ebenfalls *Science*).

Ein weitverbreitetes Säugetier in einem kleinen Teil der Welt, das fast bis zur Ausrottung gejagt wurde, wurde zu einem Symbol dafür, wie Tiere die Welt prägen.

Zwei Seeotter, die so groß wie Traktorreifen waren, starrten mich an, während ich darauf wartete, die Straße in Sitka zu überqueren.

Ihre bezaubernden Gesichter schmückten die Seite eines vorbeifahrenden Busses, der auf dem Weg zu einem Kreuzfahrtschiff war; ein Aufreißer für ein örtliches Reiseunternehmen. Mehr als 200 Jahre nachdem Sitka das Zentrum des Pelzhandels gewesen war, sind Otter immer noch Geld wert.

Es gab mehrere kleine Boote, die zweistündige Touren anboten, um die Otter, Papageientaucher und Wale im Sitka Sound zu beobachten. In der hiesigen Stadt, die einst durch das Töten von Otter überlebt hatte, waren nun viele Menschen damit beschäftigt, Touristen hinauszufahren, die Otter beobachten oder Lachs, Heilbutt und Kabeljau fangen wollten. Ich fuhr mit einem dieser Boote hinaus auf den Sitka Sound. Nachdem wir ein paar Papageitaucher und Buckelwale gesehen hatten, ging es schließlich zu Black Rock, dem eigentlichen Ziel, einer Kinderstube für Seeotterweibchen und ihre Jungen. Wie die meisten charismatischen Tiere, einschließlich vieler geliebter Haustiere, sind Seeotter natürliche Charmeure – sie haben diesen riesigen, braunäugigen Blick, große Schnurrbärte mit weißen Schnurrhaaren, schwarze dreieckige Schnauzen und eine große Neugier –, und sie verbringen viel Zeit damit, sich an der Meeresoberfläche zu putzen.

Als wir am Felsen ankamen, rief eine Ottermutter.

»›Wo ist der Junior?‹«, übersetzte unser Reiseleiter.

Sie schwebte auf dem Rücken, den Kopf erhoben und die hinteren paddelartigen Füße in der Luft, wie ein dunkles Segel, das knapp über der Wasseroberfläche ausgebreitet war. Sie war von Seetang umgeben, als ob für unsere Ankunft die Lehrbuchlektion einer Trophischen Kaskade vorbereitet worden wäre.

Die Mutter schrie. Und dann antwortete der Welpe mit einem hohen, möwenähnlichen *Ich bin hier, ich bin hier, ich bin hier.* In meinen Ohren klang das alles ein wenig panisch, aber diese Rufe mochten in der Otterwelt die normale Babysprache sein.

Die beiden kamen wieder zusammen, der Welpe schwamm auf Mamas Schoß.

Alles ließ sich auf dem Felsen nieder. Es war Zeit für die Pflege. Das Leben eines Otters besteht aus Fressen, Ausruhen und Pflegen. Sie putzen sich mehr als zwei Stunden am Tag, schlagen Purzelbäume und reiben und falten ihr Fell. Sie fressen etwa acht Stunden am Tag. Seeotter sind die kleinsten Meeressäugetiere, die normalerweise etwa 30 Kilogramm wiegen und so groß wie ein Labrador sind. Sie haben keinen Speck und verlassen sich daher auf ihr dickes Fell und ihren hohen Stoffwechsel – sie haben eine Kerntemperatur von 38,3 Grad Celsius –, um in den kalten Gewässern des Nordpazifiks zu überleben. Ein Hund frisst möglicherweise 2,5 Prozent seines Körpergewichts pro Tag; Otter sind Fressmaschinen und fressen täglich das Zehnfache, also mehr als ein Viertel ihres Körpergewichts. (Ich bin mir sicher, dass unser Labrador dieser Herausforderung gewachsen wäre, wenn wir einfach die Tür zur Speisekammer öffnen würden.) Otter sind auf ATP angewiesen (wieder dieses Phosphat) wegen der Energie, wie wir alle, aber ihre Mitochondrien, die zellulären Arbeitspferde, sind undichter als die meisten anderen Zellen. Otter nutzen diese verschüttete Energie, um ihren Körper zu erwärmen. Wir können das auch tun, wenn auch in geringerem Maße – denken Sie daran, wie Sport Sie im Winter aufwärmt.

In diesem Buch wird viel gekackt und gestorben, wie es bei jeder Untersuchung über den Einfluss von Tieren auf Ökosysteme der Fall sein sollte, aber Fressen ist genauso wichtig, da es ganze Ökosysteme zerstört, wie das bei Seeottern der Fall ist. Wenn der Tod, wie der Dalai Lama einmal bemerkte, so ist, als würde man seine Kleidung wechseln, wenn sie abgenutzt und alt wird, dann ist Essen eine Möglichkeit, die Garderobe so lange wie möglich zu erhalten.

Aber tragen wir eigentlich alle die gleiche Garderobe? Als ich die Otter von Black Rock beobachtete, allesamt Kinder der Bombe, Nachkommen der Otter, die Goose und Hercules in den Sechziger- und Siebzigerjahren hierhertransportiert hatten, dachte ich an meine eigene Herkunft: Entstanden in New York City, aufgewachsen auf Long Island. Egal wohin ich gehe, es ist schwer, nicht das Gefühl zu haben, dass es da einen physischen Anteil gibt, etwas Tiefgründiges, das mich mit meiner Heimatstadt verbindet. Wie viele meiner in New York gebauten Knochen und Organe befanden sich auf diesem Boot, das da draußen auf dem Sitka Sound schwamm? 90 Prozent? 50 Prozent?

Wie sich herausstellte, lag dieser Prozentsatz wahrscheinlich viel eher nahe null. Unsere Skelette werden etwa einmal im Jahrzehnt ausgetauscht (technisch gesehen beträgt die Veränderung zehn Prozent pro Jahr). Fettzellen halten etwa acht Jahre. Unsere Magenschleimhaut wird etwa einmal pro Woche erneuert. Wir nehmen ständig Elemente und Mineralien auf und geben sie wieder in die Atmosphäre, in die Wasserwege und in die Böden der Lithosphäre ab. Als Chimären unseres Lebens sind wir entsprechend unseren Bewegungen und unserer Ernährung konstruiert und zusammengefügt. Als ich den Allah Creek in Alaska entlangspazierte, hatte ich miterlebt, wie aus den Lachsen das Leben entwich. Als ich die Kadaver an Daniel Schindler und George Pess weitergab, um die Ohrsteinchen zu extrahieren, war es manchmal schwer zu erkennen, auf welcher Seite des Lebens oder Todes sich die einzelnen Fische befanden, da ihre Körper unmittelbar vor dem Tod fast zusammenbrachen.

Wir neigen dazu, den Tod als ein Ende zu betrachten, aber Ihr Körper ersetzt ständig Zellen. Die Neuronen im Zentralnervensystem – Gehirn und Rückenmark – bleiben jedoch ein Leben lang gleich.

»Das ist es, was ich an diesen Körperzellen liebe«, sagte das Neuron zur Synapse. »Ich werde älter, sie bleiben immer gleich alt.«

In den Jahrzehnten, seit Deppa und seine Kollegen 517 Seeotter im Südosten Alaskas freigelassen haben, ist die Otterpopulation im Nordpazifik auf etwa 125 000 Tiere angewachsen, und sie sind zu den Ingenieuren einer ganzen Küstenlinie geworden. Estes' frühe Beobachtungen der ökologischen Auswirkungen von Seeottern auf den Aleuten spielten sich nun in Echtzeit und in viel größeren Regionen ab. Einst erstreckte sich das Seeigel-Brachland über weite Gebiete, von Alaska bis zum Bundesstaat Washington. Nach der Luftbrücke der Aleuten verwandelten sich viele dieser Ödlandbereiche in dichte Baldachine aus Seetang. Zwischen 1988 und 2003 erlegten Otter 99 von 100 Seeigeln im Sitka Sound. Die Tangwälder nahmen in der Region um mehr als 99 Prozent zu. Diese Wälder bieten Nahrung und Schutz für mehr als 800 Arten, darunter Seelöwen, Seehunde, Lengdorsche, Meergrundeln, Muränen, Kraken, Krabben, Seeanemonen und Schlangensterne. Hummer, Otter, Seesterne und alle Arten von Tieren scheiden Stickstoff in die umliegenden Gewässer aus. Der Seetang kann diese sowie die vom Menschen abgegebenen Nährstoffe aufnehmen. Das passiert nicht in einem unfruchtbaren Seeigel-Ödland.

Es gab auch viele Überraschungen, Dinge, die selbst Estes nicht hatte vorhersagen können. Als sich das Verbreitungsgebiet der Otter entlang der Küste ausdehnte, kam es in denselben Regionen zu einem größeren Fischreichtum, was Weißkopfseeadler in die neuen Tangwälder lockte. Nachdem die Otter nach Pleasant Island in der Glacier Bay zurückgekehrt waren, tauchten Wölfe auf. Die Hirschpopulation auf der Insel brach ein, doch anstatt daraufhin die Insel zu verlassen, wechselten die Wölfe nun ihre Beute und nahmen sich die Otter vor, was es ihnen ermöglichte, auf der Insel zu bleiben, obwohl es keine Hirsche mehr gab – eine weitere Beihilfe durch das Meer.

Leider ist es für Seeotter und Seetang zu spät, eine alte Beziehung wiederherzustellen, die kurz nach der Reise von Bering und Steller durch die Aleuten zerbrochen ist. Die Seekuh, die Steller beschrieb, starb 1768 aus, nur 27 Jahre nachdem er sie gesehen hatte. Die Steller-Seekuh wurde nie kommerziell gejagt, aber die Seeleute töteten sie, um sie zu essen, während sie auf Otterjagd waren. Es war das erste dokumentierte Aussterben eines Meerestiers. Im Jahr 2016 zeigten Estes und seine Kollegen, dass es nicht nur Harpunen gewesen waren, die die Seekühe getötet hatten: Nachdem die Otter verjagt worden waren, hatte die Zahl der Seeigel zugenommen, und der Seetang war zurückgegangen. Die schwimmende pflanzenfressende Seekuh war an der Oberfläche zurückgelassen worden und dort verhungert, weil ihre Nahrung verschwunden war. Steller war vielleicht der einzige europäische Naturforscher, der jemals eine lebende Seekuh im Nordpazifik gesehen hat – und er hat ihren Untergang herbeigeführt.

Als die Aleuten-Otter zum ersten Mal nach Südost-Alaska gebracht wurden, ernährten sie sich fast ausschließlich von Seeigeln. Doch als die Seeigel-Brachflächen zurückgingen, richteten die Otter ihre Aufmerksamkeit auf Gummistiefel-Käferschnecken (*chiton stelleri*), Krabben, Seeohren und Königsmuscheln. Königsmuscheln gehören mit einem Gewicht von mehr als zwei Pfund pro Stück zu den wertvollsten wirbellosen Arten, die kommerziell in der Region gefischt werden. Otter tauchen wie Menschen bis zu einer Tiefe von etwa 20 Metern nach Muscheln. In den 1990ern wurden die Fischer rund um Sitka nervös. »Diese verdammten Seeotter werden die Meerenge hier noch mal übernehmen«, sagte ein Anwohner, als er zum ersten Mal einen Otter sah. »Bevor man es merkt, sind sie in der

Stadt, im Hafen, vor dem Haus. Sie werden kilometerweit jede Muschel und alle Seeohren fressen.«

Mike Miller, mit kurz geschnittenen silbernen Haaren und grauen Augen, ein Mitglied des Sitka-Stammes, wurde geboren, kurz bevor Deppa die Otter in Sitka freiließ. Als er aufwuchs, sah er nur selten Otter, aber als er in den 1990er-Jahren auf einem Schlepper arbeitete und sein Boot den nördlichen Sitka entlangsteuerte, bemerkte er – so seine Erinnerung – etwas Ungewöhnliches: »An einem windstillen Tag sahen wir diese großen Dinge auf dem Radar, die eigentlich nicht da sein sollten«, erzählte er mir, als wir in Jan Straleys Meeressäugetierlabor an der University of Alaska saßen, nicht weit entfernt vom Hafen von Sitka. Er hielt Ausschau nach Felsen und anderen Gefahren, aber das unbekannte schwimmende Objekt entpuppte sich als eine Schar männlicher Otter. »Ich war schockiert über die Anzahl.«

Als sich die Otter in den 1990er-Jahren vermehrten, »sagten die Leute: ›Die Welt geht unter‹«, erinnerte sich Miller. »Viele Leute in der Schalentierindustrie entschieden sich aus beruflichen Gründen, Sitka zu verlassen.« Aber einige andere dachten, dass die Otterjagd eine Lösung sein könnte. In den Vereinigten Staaten ist es gemäß dem Marine Mammal Protection Act von 1972 illegal, Seeotter oder andere Meeressäugetiere zu jagen, doch die Indigenen Alaskas haben das Recht zur Jagd auf Otter, Wale und Robben im Rahmen einer gemeinsamen Bewirtschaftungsvereinbarung zwischen den Stämmen und der Bundesregierung behalten. Ursprünglich konzentrierten sich die Otterjagden der Indigenen auf die Wiederansiedlung lokaler Wirbelloser wie Krabben und Muscheln.

»In den späten 1990ern und frühen 2000ern suchten wir nach Möglichkeiten, die wirtschaftliche Entwicklung zu fördern und gleichzeitig sicherzustellen, dass sie nicht einfach als Freischein zum Abschlachten von Ottern missbraucht wurde«, sagte Miller. Die Finanzierung wurde verfügbar, als der Holzabbau im Südosten

Alaskas zurückging und lokale Fischfabriken geschlossen wurden. Es wurden Kurse zur Herstellung von Seeotter-Kunsthandwerk eröffnet – Indigene dürfen unbehandelte Otterfelle nicht außerhalb des Stammes verkaufen –, und eine Gerberei für Otterfelle wurde eröffnet.

In den folgenden Jahren begannen Mitglieder des Sitka-Stammes, mehr Otter zu jagen. Die Fellpreise waren hoch, etwa 250 Dollar pro Stück, und das Interesse an traditionellem Kunsthandwerk wuchs. Als die Otterpopulation zurückging, wurden die einheimischen Wirbellosen immer häufiger. »Wir glauben, dass die verstärkte Otterjagd, die pro Jahr bis zu 40 bis 50 Prozent der Population betraf, einen direkten Einfluss auf das Wiederaufleben wichtiger wirbelloser Subsistenztiere hatte«, wie Taschenkrebse und Königsmuscheln. Man muss die Otter nicht ausrotten, um eine ökologische Antwort zu erhalten, aber der Jagddruck hat eindeutig einen Unterschied gemacht. »Wir schreiben die Geschichte neu«, meinte Miller.

Ich hatte die Sitka-Otter schon einmal während einer Forschungsreise im Jahr 2014 besucht. Es gab Otterflöße – was für eine schöne Metapher – von mehr als 20 Junggesellenmännchen, die in den bierbraunen Algen schwammen. Sie behielten unser Boot im Auge, scheinbar völlig unbekümmert. Sie schienen sich wie im Stile der BBC-Earth-Doku *Unser blauer Planet* zu präsentieren und fühlten sich in ihren eigenen Pelzen wohl, während wir sie durch ein Fernglas beobachteten oder Bilder durch Teleobjektive machten.

Die wenigen Männchen, die ich acht Jahre später auf meiner Rückreise sah, entfernten sich von unserem kleinen fahrenden Boot und hüpften auf der Wasseroberfläche, bevor sie lange Tauchgänge machten. Sie erinnerten mich an die Braunbären in Nerka, die bei unserer Annäherung auf die Berge oder in den Wald rannten. Es ist verständlich, dass man bei einem Streifzug durch die Natur Tiere aus einem ungünstigen Winkel beobachten muss – vor allem, wenn sie es gewohnt sind, gejagt zu werden. Laut Miller meiden Otter die kleinen offenen Boote, die von Jägern benutzt werden, und sind dafür entspannter in der Nähe der größeren Touristenboote, die anhalten, um Fotos zu machen. »Es ist erstaunlich, wie schlau sie sind«, sagte er.

Aus meiner Sicht bindet Millers Idee, die er Sitka-Effekt nennt, den Menschen in das Ökosystem ein, anstatt uns als äußere Störung zu betrachten. Wenn man es auf verantwortungsvolle Weise angeht – so, dass es in einigen Gebieten reichlich Seeotter gibt, in anderen dagegen eine gezielte Jagd möglich ist –, klingt es sehr nach dem traditionellen Ansatz der Indigenen. »Viele Menschen haben keine Verwendung für Otter«, sagte Miller. »Das ist schade, denn wenn sie die Vorteile von Tangwäldern und die Rolle der Otter bei der Schaffung von Fischkindergärten verstehen würden, würden sie wohl ihre Meinung ändern.«

Eindeutig bringt die Rückkehr der Tierwelt Vorteile mit sich. Im nahe gelegenen British Columbia löste die Cannikin-Luftbrücke eine neue Otterwirtschaft aus, die weiterhin wächst. Forscher der University of British Columbia haben den Nutzen, den eine vollständige Erholung der Otter auf Vancouver Island erbringen würde, auf 40 Millionen Dollar pro Jahr geschätzt. In der Schätzung sind Tourismusgelder enthalten – die Menschen würden etwa 31 Millionen pro Jahr bezahlen, um Otter zu sehen. Die Meeressäugetiere würden die Fischerei von Lengdorsch und anderen Arten, die Tangwälder als Kinderstube nutzen, um etwa sieben Millionen Dollar pro Jahr steigern. Sie könnten sogar eine wichtige Rolle im Kohlenstoffkreislauf spielen: Tangwälder nutzen Kohlendioxid zum Wachsen. Wenn Seetang stirbt, wird ein Teil davon gefressen und der Kohlenstoff wieder in die Atmosphäre freigesetzt. Ein Teil davon wird aber auch in die Tiefsee geleitet, wo Kohlenstoff für Jahrzehnte gebunden werden kann. Das geschieht in einem Seeigel-Ödland nicht. Der Wert der Kohlenstoffbindung durch von Otter geförderte Tangwälder wird auf mehr als 1,6 Millionen US-Dollar pro Jahr geschätzt. Aber es würde auch Verluste geben. Der Rückgang der Fischerei in Bezug auf Taschenkrebse, Muscheln, Königsmuscheln und andere am Boden lebende Wirbellose würde die Fischer auf Vancouver Island jährlich etwa 5,5 Millionen US-Dollar an entgangenen Fängen kosten.

In Sitka hat die Otterjagd der Gemeinde Felle zum Verkauf gebracht und gleichzeitig die Zahl der Seeohren, Gummistiefel-Chitons und Seeigel erhöht. Es hat sogar Menschen zum Sitka-Stamm hingezogen. »Es gibt jüngere Leute, die gerne Otter jagen oder Otterfelle besitzen würden«, sagte Miller. Es gibt Diskussionen über die Vergrößerung des Stammes durch die Auflockerung der Viertelblutspiegel-Regel – einen Tlingit-Großelternteil zu haben ist der aktuelle Standard – hin zu etwas Inklusiverem. Miller ist stolz auf den Sitka-Effekt – der beschreibt das Gleichgewicht zwischen der Jagd auf Otter, der Rückkehr am Meeresboden lebender Wirbelloser und dem Respekt vor den Meeressäugetieren, die als wesentlich für die Kultur und das Erbe der Tlingit anerkannt werden. Aber er war auch vorsichtig mit seiner Einschätzung und durchaus besorgt, dass eine Ausweitung der Otterjagd zu einem allzu starken Rückgang der Tierpopulation und damit zu Protesten gegen die Meeresmanager führen könnte.

»Es ist, als würde man mit einem Boot anlegen«, sagte Miller. »Man kann 10 000-mal sicher andocken, aber wenn man zum ersten Mal einen Pfahl dabei zerbricht, ist das für alle Beteiligten eine unliebsame Sache.«

1953 schrieb Eugene Odum in seinem Klassiker *Prinzipien der Ökologie*, dass seine Biologenkollegen dazu in der Lage sein sollten, zu zeigen, dass es genauso viel Spaß macht, die Biosphäre in Ordnung zu bringen wie ein Radio oder das Familienauto zu reparieren. Haben diese Analogien völlig ihre Bedeutung verloren? Heutzutage werfen wir kaputte Radios weg (falls wir jemals welche hatten) und bringen das computergesteuerte Auto in die Werkstatt. Was ist mit einem Planeten, der dringend einer Reparatur bedarf? Wir müssen so schnell und fair wie möglich einen Netto-CO_2-Ausstoß von null erreichen. Aber selbst das wird den Klimawandel nicht stoppen. Viele Geoingenieure sagen, dass es eine schreckliche Idee sei, an der Erde – insbesondere am Kohlenstoffkreislauf – herumzubasteln. Aber andere meinen, dass die Vorstellung, nichts zu tun und die Ozeane versauern und das Land überhitzen zu lassen, noch schlimmer sei.

Die Wiederherstellung der Wildtierpopulationen könnte eines der besten naturbasierten Instrumente sein, die uns zur Bewältigung der Klimakrise zur Verfügung stehen. Wilde Tiere können durch ihre Wanderungen und Verhaltensweisen – ihr Fressen, Kacken und Sterben – dazu beitragen, Ökosysteme wieder aufzubauen, Nährstoffe zu recyceln und neu zu verteilen, den Planeten etwas kühler zu halten und die Biodiversitätskrise zu stoppen. Bis zu einer Million Tier- und Pflanzenarten sind vom Aussterben bedroht, darunter jeder zehnte Vogel, jedes vierte Säugetier sowie jeder dritte Hai und Rochen. Während eines Großteils der Zeit, in der unsere Spezies auf der Erde lebt, ging es beim menschlichen Einfluss auf Wildtiere um eine Verringerung: in Bezug auf Anzahl, Körpergröße, Verbreitungsgebiet und Migrationsmuster. Dieses allgemeine Muster trifft bis auf wenige Ausnahmen größtenteils immer noch zu.

Seit der Mitte des 20. Jahrhunderts gab es mehrere nationale und internationale Bemühungen, das Aussterben der Tierwelt zu verhindern. Viele dieser Richtlinien, einschließlich des Endangered Species Act und Verträgen zur Reduzierung des Wildtierhandels, verfolgen das lobenswerte und dringend nötige Ziel, das Aussterben zu verhindern. Manchmal haben diese Bemühungen mehr getan, als nur das Töten zu stoppen; sie haben riskante Erholungsbemühungen gefördert, wie etwa die der kalifornischen Kondore: Man hat sie zunächst eingefangen und in Gefangenschaft aufgezogen, indem man die Küken mit Handpuppen umsorgt hat, die erwachsenen Tieren ähnelten. Als die Tiere dann groß und gestärkt waren und sich vermehrt hatten, wurden sie wieder in ihren heimischen Gebieten ausgewildert, wo sie nun endlich allein zurechtkommen konnten. Doch oft gehen diese Gesetze nicht weit genug. Wenn wir den Planeten wiederbeleben, wenn wir seinen tierischen Herzschlag wiederherstellen wollen, brauchen wir blühende Populationen wilder Säugetiere, Vögel, Amphibien, Reptilien, Fische, Insekten, Krebstiere und anderer Wirbelloser.

Was ist ein vernünftiges, wenn auch hohes Ziel? In *Die Hälfte der Erde* schlug E. O. Wilson vor, 50 Prozent der Erdoberfläche als Naturschutzgebiet auszuweisen. Können wir uns eine Welt vorstellen, in der die Hälfte oder sogar zwei Drittel der Säugetiere und Vögel des Planeten wild sind? Das ist ein langer Weg, vor allem wenn die Menschen immer noch Fleisch mit Knochen essen und die Bevölkerung von acht Milliarden auf neun oder zehn Milliarden ansteigt. So schnell wie die Zahl der Menschen wächst – die Anzahl der Rinder, Hühner und Schafe nimmt noch schneller zu.

Wie kehren wir in ein Land der Riesen zurück? Der einfachste Weg, damit anzufangen, besteht darin, die Wildnis, die wir haben, zu schützen, Orte wie Surtsey, das Hawaiian Islands Humpback Whale National Marine Sanctuary, den Yellowstone-Nationalpark, die Masai Mara und noch viele weitere Parks und Schutzhütten rund um die Bristol Bay in Alaska. Als wir am Pick Creek saßen, bemerkte Schindler: »Einige der wichtigen Lebensräume sind winzig – in manchen Fällen nicht größer als ein Quadratmeter; bis hinauf zu den Flusstälern, die Hunderte Quadratkilometer groß sind. Vom Standpunkt des Naturschutzes aus konzentrieren wir uns normalerweise auf die großen Dinge, aber die Wirkungen, die wir erzielen, sind meist eher in den kleinen Dingen zu verzeichnen.« Das Problem ist, dass wir nicht messen, wie wichtig ein kleiner Bach für eine ganze Lachs- oder Bärenpopulation sein könnte. Jedes Stückchen Land, jeder Fluss, jedes Korallenstück zählt.

Die Wiederansiedlung von Wildtieren, sodass sie den Großteil der Säugetierbiomasse ausmachen, würde die Krise der Artenvielfalt mitbekämpfen, naturbasierte Klimalösungen unterstützen und den Transport von Stickstoff und Phosphor auf der ganzen Welt wiederbeleben.

Die Ausweitung der Schutzbemühungen auf Gebiete, die derzeit nicht geschützt sind, kann den Verlust der biologischen Vielfalt umkehren und das Klima stabilisieren. Der Naturwissenschaftler und Naturschützer Eric Dinerstein und seine Kollegen haben ein »globales Sicherheitsnetz« vorgeschlagen, das auf den Schutz der biologischen Vielfalt, die Verbesserung der Kohlenstoffspeicherung und die Wiederherstellung der Tierwanderungen durch Wildtier- und Klimakorridore abzielt. Dieses Sicherheitsnetz basiert auf der Ausweitung der Schutzgebiete von derzeit etwa 15 Prozent auf 46 Prozent, was in etwa Wilsons Vorstellungen entspricht. Große intakte Wildnisgebiete und Regionen, die die letzten Populationen gefährdeter Arten schützen, haben hohe Priorität. Auch Wiederherstellungsprogramme können dem Tierschutz und der Reduktion von Kohlenstoff zugutekommen; Gemeindeforstprogramme in Nepal für große, stark zerstörte Wälder in mittleren Höhenlagen haben die Waldfläche in 24 Jahren verdoppelt und etwa 270 Millionen Tonnen Kohlenstoff gespeichert.

Man sieht also: Es führt kein Weg daran vorbei. Wir haben über die Vorteile des Essens gesprochen – unter anderem von Bisons, Spinnen und Seeottern –, aber wir müssen weniger und besser konsumieren, wenn wir die Welt wieder wild machen wollen. Ein koordinierter Rückzug ist der einzig vernünftige Ansatz. Erinnern Sie sich, wie der Verlust von Mammuts dazu beitrug, eine Eiszeit auszulösen? Mehr als 15 Prozent der Treibhausgase unseres Planeten stammen aus der Fleischwirtschaft, die weitaus mehr Energie und Land erfordert als die Verarbeitung von Obst und Gemüse. Durch die Reduzierung unseres Tierkonsums und damit der riesigen Weideflächen und Ackerflächen, die für den Anbau von Nahrungsmitteln für Rinder, Schweine, Schafe, Hühner und andere domestizierte Tiere vorgesehen sind, könnten wir den CO_2-Ausstoß senken und den für ihr Futter wichtigen Einsatz künstlicher Düngemittel reduzieren. Leah Garcés von Mercy for Animals und andere fordern eine Abkehr von Massentierhaltungen. Ihr Projekt TransFARMation hat mehrere Nutzpflanzen untersucht, die in umgebauten Hühnerställen angebaut werden können, darunter Gurken, Erdbeeren, Tomaten und Pilze. Andere sehen in der Präzisionsfermentation – einem Prozess, bei dem gentechnisch veränderte Mikroben zur Herstellung von Fleisch und Milchprodukten eingesetzt werden – die Zukunft tierischer Proteine.

Einige Wildtiermanager und Viehzüchter schlagen eine ganzheitlichere Art der Beweidung vor, bei der Rinder einen kleineren Kohlenstoff-Hufabdruck haben und Wildtiere sich die Weiden teilen. Dies wird manchmal als Land-Sharing-Ansatz bezeichnet. Wenn wir Ranches und Farmen tierfreundlicher gestalten, haben wilde Tiere mehr Platz zum Umherstreifen und können ökologische Funktionen erfüllen, wie zum Beispiel die Umverteilung von Nährstoffen in Landschaften. Andere Fachleute meinen, es sei besser, die Nahrungsmittelproduktion zu intensivieren und gleichzeitig mehr Land für Wildtiere und einheimische Pflanzen bereitzustellen – eine Strategie zur Landeinsparung.

»Sollen wir uns zusammenziehen oder ausbreiten?«, fragte Andrew Balmford, ein Naturschutzwissenschaftler an der University of Cambridge, während einer Zoom-Sitzung. Seine Arbeit zeigt, dass eine ertragreiche Landwirtschaft mehr Nahrung für die Menschen liefert und mehr Raum für die Tierwelt eröffnet. Anstatt zu versuchen, wildtierfreundliche Farmen mit geringeren Erträgen zu schaffen, so gut sich das auch anfühlt, ist er der Meinung, dass es produktiver sei, einige Ackerflächen intensiv zu nutzen, während andere landwirtschaftliche Flächen aus der Produktion genommen werden, um dort Grasland und Wälder wiederherzustellen. Dieser Ansatz wird Land-Sparing genannt. Balmfords Arbeit zeigt, dass Maßnahmen zum Land-Sparing, einschließlich der Wiederherstellung von Lebensräumen, für den Steuerzahler kostengünstiger sind. Dieser Ansatz steigert den Ertrag auf landwirtschaftlichen Betrieben und erreicht Biodiversitäts- und Kohlenstoffziele.

Balmford stellt sogar die heilige Kuh vieler Umweltschützer in Frage: den ökologischen Landbau. Hecken und bienenfreundliche Blumen klingen toll, sind aber nicht besonders effektiv für den Artenschutz. Er stellte fest, dass Bio-Bauernhöfe in der Regel schlechtere Erträge erzielen, was zum Teil daran liegt, dass sie auf organische Nährstoffquellen wie Gründüngung aus Hülsenfrüchten angewiesen sind und den Einsatz von Herbiziden und Antibiotika einschränken. Sie sind auch teuer. »An der konventionellen Hochertragslandwirtschaft muss viel geändert werden«, sagte er zu mir. »Aber wir können den Planeten nicht mit Bio-Lebensmitteln ernähren.«

Es ist schwer, die Intensivlandwirtschaft mit ihren eingesperrten Tieren, dem Hauch von Ammoniak, Antibiotika und Tierschutzproblemen zu lieben, besonders wenn man sie beispielsweise mit den idyllischen Farmen von Vermont vergleicht, wo die Fragmentierung der Landschaft oft als etwas Schönes angesehen wird: die Weide, die Heuballen, das Wäldchen auf dem Hügel, das teilweise gerodet ist und ansonsten im Herbst leuchtende Farben annimmt. Viele meiner Kollegen wehren sich aus gesundheitlichen und ästhetischen Gründen sowie aus Sorge um den Tierschutz gegen das Land-Sparing. »Naturschützer, die die Sparing-Idee in der Landwirtschaft aus guten Gründen verabscheuen, was ich verstehen kann«, sagte Balmford lachend, »haben keine Probleme damit, dass genau dieses Konzept bei Touristen angewendet wird«, indem man bestimmte Teile von Parks zugänglich macht und andere dafür gänzlich der Wildnis überlässt. Dies sind alles berechtigte Argumente, obwohl in weiten Teilen der Vereinigten Staaten und Europas stillgelegte Agrarflächen komplett wiedererschlossen und nicht aufgeteilt werden. Aber wenn wir diesen Übergang zu einer effizienteren Landwirtschaft jetzt nicht schaffen, dann wird es schwierig werden, Land zurückzugewinnen.

Wir haben die planetaren Grenzen für den Verlust von Stickstoff, Phosphor, Kohlenstoff und Artenvielfalt überschritten. An manchen Stellen haben wir zu viele dieser Nährstoffe, wo sie von Bauernhöfen und Grasflächen abfließen und schädliche Algenblüten hervorrufen, und an anderen Stellen ist zu wenig davon vorhanden, was die Produktivität verringert. Können Tiere da helfen? Um die Welt so wiederherzustellen, dass Tiere wirklich eine Rolle spielen – als Ökosystemingenieure, Quellen von Nährstoffeinbringungen und Verursacher täglicher Wunder wie das Wetter –, brauchen wir *Tierlandschaften* – Gebiete, die von zahlreichen und frei lebenden Tieren geschaffen wurden und nicht von Menschen. Dieser Ansatz erfordert sowohl Land-Sparing als auch Land-Sharing.

Einer der Gründe dafür, dass die Wiederverwilderung funktioniert: Sie macht sich zunutze, wie Tiere fressen, kacken und sterben und sich fortpflanzen. All das nimmt aufgrund der Natur biologischer Prozesse wie dem Wachstum und der Expansion von Populationen zu. Kürzlich habe ich mit Chris Doughty, der die Idee zum tierischen Kreislaufsystem hatte, und seinem Postdoc Roo Abraham zusammengearbeitet, um zu berechnen, wie die Wiederverwilderung den Phosphorkreislauf wiederbeleben könnte. Wenn Wale und andere Meeressäugetiere in der Tiefe fressen und sich an der Oberfläche erleichtern, transportieren sie Nährstoffe vertikal in ihrem Kot und Urin. Seevögel transportieren Nährstoffe von der Küste auf Inseln und auf andere Küstengebiete, wie wir in Surtsey gesehen haben. Lachse und andere Fische bringen Meeresnährstoffe durch Kadaver, Kot und Urin flussaufwärts. Raubbären, Aasfresser und Insekten transportieren diese Nährstoffe weiter. Im Verlauf der Jahreszeiten verteilen wandernde Bisons und andere große Tiere Nährstoffe, während sie im Grasland fressen und die grüne Welle choreografieren. Schließlich gibt es noch eine Welt voller Insekten, globaler Kapillaren, die Nährstoffe durch die Landschaft transportieren.

Wie können wir diese Tiereinbringungen wiederherstellen? Steuerabgaben auf abgebautes Phosphat oder freiwillige Kompensationen wie bei CO_2-Zertifikaten könnten Biodiversitätsprojekte finanzieren, die die Lebenswege von Tieren wiederherstellen würden. Im Amazonasgebiet beispielsweise könnte die Wiederansiedlung von großen Pflanzenfressern wie Tapiren, Nabelschweinen und Brüllaffen jedes Jahr Phosphor im Wert von etwa 900 Millionen US-Dollar transportieren. Weltweit könnte die Wiederverwilderung den Phosphortransport verzehnfachen. Und obwohl sich unsere Studie nur mit Wirbeltieren befasst hat, können wir mit Sicherheit sagen, dass Insekten und andere kleine Säugetiere die ermittelten Zahlen zur Bewegung lebenswichtigen Phosphors noch steigern würden.

Indem wir Wildtiere als Teil unserer Nutztiere betrachten, können wir die Debatte über Land-Sharing und Land-Sparing überwinden. Wenn die Moderne damit begann, dass wir den Bauernhof verließen, wie der englische Schriftsteller John Berger schrieb, dann ist es vielleicht der Beginn der Postmoderne oder der postindustriellen Ökologie, wenn wir Tiere mehr für die von ihnen erbrachten Leistungen schätzen – CO_2-Minderung, Nährstoffeinbringungen, Wiederherstellung von Ökosystemen, all die wundersamen Dinge des tierischen Kreislaufs – als für die Produkte, die wir von ihnen erhalten, wie Fleisch, Milch und Fell.

Wir brauchen Sharing. Und wir brauchen Sparing. Wir brauchen Verbindungen zwischen beiden Konzepten. Amanda Subalusky merkte an, dass die Bewahrung von Schutzgebieten, die Festungen gleichen würden, in denen keine Störung durch den Menschen stattfindet, an einem Ort wie der Masai Mara nicht unbedingt funktionieren würde, dass aber ein neuer Ansatz entstehen könnte, der auf dem frühen Widerstand des Massai-Volkes gegen die koloniale Entwicklung aufbaut. »Die Massai waren jahrhundertelang in dieses Ökosystem integriert«, meinte sie, und sie widersetzten sich der kolonialen Entwicklung in der Region. Indigene Gruppen auf der ganzen Welt – von den Great Plains über die afrikanische Savanne bis zum Amazonas – haben seit Hunderten von Generationen Tiere und deren Wanderungen im Blick. Die Zukunft des Artenschutzes könnte diese Beziehung über die Grenzen indigener Gebiete hinaus erweitern.

Um die natürliche Wanderung der Tiere wiederherzustellen, müssen wir uns mit den Störungen der Migration durch Zäune, Straßen, Dämme und Städte befassen. Nach der Abschlachtung von vielen Millionen Bisons in Nordamerika beispielsweise waren schlicht zu wenig Tiere übrig, um größere Wanderungen durchzuführen. Doch heute, da es sie wieder zahlreicher gibt, könnten sie auch nicht weit umherziehen, selbst wenn sie es wollten. Denn riesige, undurchdringliche Barrieren schränken ihre Bewegungsfreiheit ein.

»Der Weg besteht darin, Wildtierkorridore mit detaillierten Karten und GPS-Bewegungsinformationen aufzuzeichnen«, meinte

Matt Kauffman, nachdem wir seine Arbeit über Bisons und Wölfe im Yellowstone besprochen hatten. »Wir könnten diese Informationen nutzen, um zu bestimmen, wo wir Straßen, Eisenbahnstrecken und Zäune bauen und wo wir Löcher schlagen: Unter- und Überführungen.« Ich stelle mir diese Infrastruktur als gemeinsame Nutzung von Straßen durch eine bessere Bauweise vor. Wir brauchen aber auch mehr straßenfreie Gebiete, die wir schützen und vergrößern, indem wir sie für die menschliche Entwicklung unzugänglich machen. Technologische Lösungen, die GPS und Drohnen nutzen, können dazu beitragen, Landschaften offen zu halten, wenn wir wissen, wohin die Tiere müssen. »Diese Arbeit findet bereits statt«, sagte Kauffman, »aber wir brauchen noch viel mehr davon.«

Ein Beispiel dieser Arbeit zielt darauf ab, ein Netzwerk von staatlichen Gebieten im amerikanischen Westen zu schaffen, um zwei ikonische Arten wiederherzustellen und den Hufabdruck einer anderen zu verringern. Das Western Rewilding Network konzentriert sich auf die Wiederansiedlung von Bibern und Wölfen auf 500 000 Quadratkilometern zusammenhängendem Land. Der amerikanische Biber, vielleicht der renommierteste Ökosystemingenieur, trägt zum Schutz von Wassereinzugsgebieten und umliegenden Arealen bei, indem er den Wasserfluss verlangsamt und das Wasser hinter Dämmen speichert. Jeden Herbst sammeln Biber Flussufervegetation für den Winter, sammeln Stöcke und Steine, um die Wände ihrer Baue zu verstärken. Dabei verändern sie Fluss- und Bachsysteme. Ungefähr 200 Millionen dieser Wassernager lebten einst in dem Gebiet, das heute das US-Festland ausmacht. Von Bibern geschaffene Feuchtgebiete dürften zehn Prozent der gesamten Landfläche bedeckt haben. Nach der Kolonisierung des Westens durch die Europäer wurden neun von zehn Bibern gejagt, gefangen oder vertrieben.

Wo Biber in freier Wildbahn vorkommen, verbessern sie die Wasserqualität, verringern das Risiko von Sturzfluten unterhalb ihrer Dämme und schaffen Lebensräume für Wildtiere und Fische. Biberdämme können den Abfluss von Stickstoff und Phosphor in Seen und Flussmündungen begrenzen und so schädliche Algenblüten sowie Nährstoffverluste eindämmen. Das Holz und die Sedimente, die sich in den feuchten Wiesen hinter Dämmen ansammeln, können über Hunderte von Jahren CO_2 binden. (Aber wie die Seeotter sind auch Biber nicht immer perfekte Nachbarn: Ihre Dämme können auch Felder, Straßen und Baumplantagen überschwemmen, die die Menschen lieber trocken halten würden.) Um ihre Populationen zu erhöhen, müssten wir wahrscheinlich an vielen Wassereinzugsgebieten Biber mithilfe von Lastwagen, Booten oder Fallschirmen wieder ansiedeln, da sie sich nicht weit fortbewegen. Aber sobald sie sich festsetzen, müsste nur noch wenig getan werden. Biber sind wie Seeotter zäh – wenn der Mensch sie nicht überjagt.

Wie wir im Yellowstone-Nationalpark gesehen haben, sind graue Wölfe nach jahrzehntelanger Abwesenheit im Zuge von Wiederansiedlungsbemühungen und dem Schutz gefährdeter Arten in den Westen zurückgekehrt. Aber sie kommen immer noch nur in 14 Prozent ihres historischen Verbreitungsgebiets vor, mit einer Gesamtpopulation von etwa 3500, einem Bruchteil der Hunderttausende, die sie in der Vergangenheit einmal zählten. Montana verabschiedet weiterhin ein Anti-Wolf-Gesetz und fordert die Tötung von 450 Wölfen mit der klaren Absicht, die Zahl der wild lebenden Tiere im Bundesstaat zu verringern. Aber es gibt hoffnungsvolle Zeichen: Im Jahr 2020 verabschiedeten die Wähler in Colorado den Volksentscheid 114 zur Wiederansiedlung von Wölfen westlich der Kontinentalen Wasserscheide. Die Pläne sehen vor, etwa 30 bis 50 der wilden Tiere aus Montana und anderen westlichen Bundesstaaten umzusiedeln.

Der Aufbau von Biber- und Wolfspopulationen ist relativ einfach. Viel anspruchsvoller ist die Reduzierung eines anderen ikonischen Tieres des Westens – der Rinder. Die Beweidung von Rindern kann die Landschaft verändern, zur Verschlechterung von Bächen und Feuchtgebieten führen, Bedingungen schaffen, die Feuer und Brände begünstigen, das Wachstum von Holzarten wie Weiden einschränken und Uferzonen verschlechtern. Auf öffentlichem Land im Westen umfassen Weideparzellen mehr als 600 000 Quadratkilometer, eine Fläche größer als Kalifornien – aber sie produzieren nur etwa zwei Prozent des US-amerikanischen Rindfleischs. 44 Arten, die nach dem Artenschutzgesetz geschützt sind, sind durch die Beweidung von Nutztieren bedroht. Das Wildtiernetzwerk ist ein Land-Sparing-Ansatz. Wenn 30 Prozent der Weideflächen stillgelegt würden, würden viele Arten davon profitieren, was ein Schritt in Richtung ökologischer Heilung wäre.

Öffnen wir die Tore. Man weiß nie, was passieren wird, wenn man die Zäune niederreißt – egal, ob sie aus Stacheldraht oder aus Intoleranz der Menschen bestehen –, legen Sie Ihre Waffen nieder und lassen Sie die Tiere das Sagen haben. Restaurierung und Wiederaufbau können voller Überraschungen sein.

In Simbabwe wurden Breitmaulnashörner, die Rasenmäher der Savanne, jahrzehntelang verfolgt, um die Schlafkrankheit einzudämmen. Die parasitäre Krankheit – übertragen durch den Biss einer infizierten Tsetsefliege – kann Müdigkeit und Kopfschmerzen verursachen; unbehandelt kann dies zu geistigem Verfall und Tod führen. Wenn man der Tsetsefliege die Blutmahlzeit entzieht, so dachte man, wird man die Krankheit ausrotten. Nashörner, Wasserbüffel, Ducker und andere Pflanzenfresser wurden erschossen, obwohl sich gezeigt hatte, dass Insektizide bei der Bekämpfung der Fliegen und der Krankheit weitaus wirksamer waren. (Der weitverbreitete Einsatz von Pestiziden könnte natürlich negative Auswirkungen auf andere Wirbellose haben, die als nützlich angesehen werden.) Der Verlust dieser Pflanzenfresser veränderte die Feuerökologie der Savanne. Die Grasnarben wuchsen hoch, und die Gräser verwilderten. Ein typisches Feuer brannte mehr als 500 Hektar nieder, ein Vielfaches größer als bei Bränden in der Vergangenheit.

Nachdem die Keulungen in den 1970er-Jahren aufhörten, kehrten Nashörner und andere Pflanzenfresser zurück. Sie hielten das Gras kurz. Durch das Fehlen von brennbarem Material reduzierte sich die Größe eines typischen Savannenfeuers um das 50-Fache auf weniger als zehn Hektar. Je mehr Dung die Forscher zählten – eine Möglichkeit, die Anzahl der Nashörner zu messen, ohne ihnen zu nahe zu kommen –, desto weniger Brände. Nashörner, Elefanten und Büffel boten einen weiteren Vorteil gegen Brände: Die Wege, die sie durch die Vegetation trampelten, bildeten natürliche Feuerschneisen. Außerdem verbreitete ihr Kot Nährstoffe und Samen im Grasland. Und das Fleisch und die Knochen toter Pflanzenfresser waren wahre Nährstoff-Hotspots.

Projekte zur Wiederverwilderung können überall stattfinden, von kleinen, eingezäunten Grasflächen bis hin zu großen Landschaften wie Yellowstone. Im Norden Dänemarks ließ eine Koalition von Wiederverwilderungsgruppen sieben Europäische Bisons in einem 4000 Hektar großen Gehege aus Wiesen und alten landwirtschaftlichen Feldern frei. Von dieser Schlüsselart wird erwartet, dass sie die Vielfalt von Pflanzen und Tieren durch Verbiss, Beweidung, Samenausbreitung und Nährstofftransport steigert. In den schottischen Highlands ließen Wissenschaftler Wildschweine in mehreren Gehegen frei, die zwischen einem halben und mehreren Hundert Hektar groß waren, um die Auswirkungen des Wurzelverhaltens auf Wälder und Farngemeinschaften zu untersuchen.

Reißen wir also die Zäune nieder und lassen die Tiere wieder durch das Grasland, die Wälder, die Gewässer und den Himmel ziehen. Wiederverwilderung zielt auf einen minimalen menschlichen Eingriff ab. An Orten wie dem Schweizerischen Nationalpark gibt es keine Jagd, keine Bewirtschaftung, keine Landwirtschaft. Zum ersten Mal seit einem Jahrhundert wurden dort kürzlich Braunbären und Wölfe gesichtet. Es gab auch einige Wiederansiedlungen; Steinböcke wurden im frühen 20. Jahrhundert und Bartgeier in den 1990er-Jahren eingeführt. Die Jagd ist außerhalb des Parks erlaubt, um Konflikte zwischen Hirschen und benachbarten Landbesitzern zu verringern, die sich Sorgen um Ernten und Bäume machen.

Die am besten untersuchten Systeme mit starker Auswirkung sind häufig Inseln, die über eigene natürliche Barrieren verfügen. Beispielsweise führte der Verlust der Riesenschildkröten auf den Galapagosinseln nach der Ankunft des Menschen zum Aussterben mehrerer Pflanzen, da die von den Schildkröten geschaffenen Feuchtgebiete verschwanden. Nachdem Riesenschildkröten wieder auf den Galapagosinseln und anderen kleinen Inseln angesiedelt worden waren, verteilten sie große Samen und schufen Suhlen, die neue Feuchtgebiete erschlossen.

Viele Naturschützer stimmen den Bemühungen zur Wiederansiedlung von Tieren zu, doch wenn die Wiederverwilderung mit ökologischem Ersatz stattfinden soll – also durch die Einführung einer neuen Art, die eine ähnliche Rolle wie eine ausgestorbene Art spielen würde –, wird es schwieriger. Können eurasische Pferde dabei helfen, alte Ökosystemprozesse in Nordamerika wiederherzustellen, die einst voll von einheimischen Pferde-Verwandten waren, oder sind sie nur eine weitere invasive Art, die die einheimischen Lebensräume belastet? Hier spielt Zeit eine Rolle. Die Unterstützung für eine Wiederverwilderung ist unter Ökologen in der Regel eher gering, wenn eine Art oder ein naher Verwandter seit etwa 5000 Jahren nicht mehr existiert. Seeotter wurden im Südosten Alaskas weniger als ein Jahrhundert lang gejagt, bevor sie umgesiedelt wurden. Ihre Wiederansiedlung war zumindest unter Naturschützern nicht umstritten. Das Gleiche gilt für Wanderfalken, Grauwölfe und viele andere kürzlich ausgestorbene Arten.

Dennoch kann die Rückkehr längst verschollener Tiere die Fantasie beflügeln. Elefanten verschwanden vor etwa 30 000 Jahren aus Europa, und es ist unwahrscheinlich, dass sie in großen Mengen außerhalb stark eingezäunter Versuchsflächen wieder eingeführt werden. Morten Lindhard, Biologe bei der dänischen Naturbehörde, wollte genau dies versuchen, aber der Kopenhagener Zoo weigerte sich, ihm seine Elefanten zu leihen. Also wandte er sich einem Wanderzirkus zu. Im Jahr 2008 wurden drei Elefanten, die ihre Auftritte hinter sich hatten, für drei Tage in einem kontrollierten Gebiet mit hoher Birken- und Wacholderdichte westlich von Kopenhagen freigelassen. Viele Experimente konnte Lindhard nicht durchführen, aber er sah Hinweise darauf, dass die Elefanten Störungen im Lebensraum verursacht hatten – eine gute Sache für die Artenvielfalt, wie wir erfahren haben –, und fügte hinzu: »Die Tiere schienen eine tolle Zeit zu haben.«

Die Auswirkungen des Atomzeitalters dauern bis heute an. Es gibt etwa 50 000 Nachkommen der Seeotter, die aus Amchitka und den umliegenden Inseln evakuiert wurden. Das ist etwa jeder dritte Otter im gesamten Nordpazifik. Die Umsiedlung rettete Hunderte von Ottern vor der Explosion, löste eine der erfolgreichsten Wiederverwilderungsmaßnahmen auf dem Planeten aus, stellte riesige Tangwälder wieder her und war der Anstoß für eines der entscheidenden Konzepte der Ökologie.

Amchitka ist heute ein Naturschutzgebiet. Tierlandschaften müssen nicht makellos sein. Viele abgelegene Inseln in dem pazifischen Testgelände, auf denen die Vereinigten Staaten mehr als 20 Atombomben getestet haben, sind heute Schutzgebiete mit einer blühenden Tierwelt, obwohl die Krater der Detonationen an Orten wie dem Bikini-Atoll noch immer vom Weltraum aus zu sehen sind. Und noch mindestens eine weitere Atomkatastrophe scheint den Wildtierpopulationen zugutegekommen zu sein. Nach dem Unfall von Tschernobyl im April 1986, der schlimmsten Atomkatastrophe der Geschichte, wurde an der Grenze zwischen der Ukraine und Belarus die Sperrzone von Tschernobyl eingerichtet. Obwohl ein Großteil des verlassenen Landes stark mit radioaktivem Material kontaminiert war, ist Tschernobyl zu einem Zufluchtsort für Wölfe, Luchse und Braunbären sowie zu einem Wiederansiedlungsort für Europäische Bisons und das vom Aussterben bedrohte Przewalski-Pferd geworden. Wie die Cannikin-Explosion schuf auch die Katastrophe von Tschernobyl eine ungeahnte Gelegenheit, und das

Gebiet ist seither ein ikonisches Naturexperiment – ein mehr als 5000 Quadratkilometer großes zaunfreies Grundstück im Herzen Mitteleuropas. (Es scheint, dass Menschen für viele Tiere schlimmer sind als Strahlung.) Können wir eine weitreichende Wiederverwilderung ohne die großen Geldbeutel einer Militärbehörde oder eine Atomkatastrophe in Gang setzen? Nun, es gibt diese Klimakrise, die potenziell weitaus explosiver ist als jede Atombombe.

Ersetzen wir also unseren CO_2-Fußabdruck durch die Spuren wilder Tiere.

Der Schutz und die Wiederherstellung der Tierwelt können die Kohlenstoffabscheidung und -speicherung in Prärien, Savannen, Tangwäldern, Korallenriffen, Wäldern und Ozeanen durch die Nahrung, den Tod und den Kot der Tiere verbessern. Os Schmitz, der Heuschreckenforscher und Zoogeochemiker und seine Kollegen haben geschätzt, dass der Schutz und die Wiederansiedlung von Tieren – was den Kohlenstoffkreislauf belebt – zu einer zusätzlichen Aufnahme von 5,8 Milliarden Tonnen Kohlendioxid pro Jahr führen könnten. Das ist etwa ein Sechstel der heutigen jährlichen globalen Emissionen.

Auf See stehen der Schutz und die Rückkehr von Fischen, Walen, Seeottern, Haien, Seevögeln und anderen Tieren im Mittelpunkt naturbasierter Lösungen zur Bekämpfung des Klimawandels: Sie speichern Kohlenstoff in ihren Körpern und binden ihn, wenn sie in tiefen Gewässern sterben, schützen dadurch Tangwälder und fördern das Wachstum von Phytoplankton. An Land könnte die Wiederansiedlung großer Weidetiere drei enorme Auswirkungen auf den Klimakreislauf haben: eine Reduzierung des Materials für Brände; eine Erhöhung der Rückstrahlung beziehungsweise Reflexion des Lichts zurück in den Weltraum durch die Reduzierung der Menge dunkler Blätter; und die Verbesserung der Kohlenstoffspeicherung im Boden. Die Rückkehr grasender Gnus in die Serengeti verwandelte das Savannengrasland in eine Kohlenstoffsenke, indem der Brennstoff für Brände reduziert wurde – eine Veränderung, die groß genug war, um sämtliche jährliche Emissionen fossiler Brennstoffe in Ostafrika auszugleichen. Die Wiederansiedlung von Bisons in den Great Plains könnte die Aufnahme von Kohlendioxid um 600 Millionen Tonnen pro Jahr erhöhen. Es wird Methan geben. Viele wild lebende Pflanzenfresser wie Bisons, Elche und Hirsche stoßen das Gas aus, wenn sie ihre Nahrung verdauen, aber wir können dies durch eine geringfügige Reduzierung des Viehbestands ausgleichen; Kühe und andere Schlachttiere stoßen fast zehnmal mehr Methan aus als wilde Pflanzenfresser. Die Wiederherstellung der Fährten für Tiere und damit eine stärkere Produktion des Kots wilder Tiere ist eine natürliche Klimalösung zur Eindämmung der Erderwärmung.

Wir können Tiere so mächtig und einflussreich machen wie das Wetter, mit der Vorhersehbarkeit des Frühlings und der Dramatik und den Überraschungseffekten eines Gewitters. An einem stürmischen Aprilmorgen ging ich in den Garten. Drei Eichhörnchen gruben im Rasen. Zweifellos würden sie ein paar Eicheln vermissen, die sie im Herbst vergraben hatten. Vielleicht überlebt eine Eiche außerhalb des gepflegten Rasensaums. Eine Meise, die in einem Zuckerahorn saß, ließ einen kleinen weißen Spritzer auf meinen Jackenkragen fallen. Zwei Raben flogen über mich hinweg – fröhliche Kadaverfresser – und hinterließen eine musikalische Spur am Himmel.

Werden Hähnchenschenkel und gebrochene Schlüsselbeine unser Vermächtnis sein? Oder werden wir Wale, Seevögel, Lachse, Bisons, Zikaden und Gartenvögel hinterlassen und mit ihnen zeigen, wer wir wirklich sind?

DANK

Die Idee zu diesem Buch entstand während eines Arktisforschungsstipendiums der Fulbright/National Science Foundation an der University of Iceland. Das Gund Institute for Environment an der University of Vermont ist seit Jahren meine intellektuelle Heimat und hat mir Unterstützung und Inspiration geboten, während das Projekt sich von der Idee zum Manuskript entwickelte. Ich habe das Buch während eines Stipendiums am Radcliffe Institute for Advanced Study in Harvard fertiggestellt, wo ich abgesehen von der überwältigenden kreativen und intellektuellen Anregung meiner anderen Stipendiaten kaum Ablenkungen hatte. Ich möchte den Mitarbeitern und großartigen Kollegen dieser Institutionen meinen tiefsten Dank aussprechen. Vielen Dank, dass Sie Ihre Ideen, Freude und Begeisterung während der Monate der Feldforschung, Recherche und des Schreibens mit mir geteilt haben.

Für die unschätzbare Hilfe vor Ort danke ich Borgthór Magnússon, Bjarni Sigurdsson und dem Rest der wunderbaren Crew in Surtsey; Brian und Ruth Bowen, Mark Hixon sowie Chris Gabriele und Paul Berry in Hawaii; Daniel Schindler und dem Alaska Salmon Program und Jan Straley in Sitka, Alaska; Dan Gruner in Maryland; Jeremy Kiszka und Alvaro Pereira in Florida; sowie Lauren McGarvey und Rick McIntyre in Yellowstone. Als alle Hoffnung, nach Surtsey zu gelangen, verloren schien, unterbrach die isländische Küstenwache ihre Fischereiuntersuchungen, um uns zur Insel zu bringen. *Takk fyrir.*

Für wichtige Gespräche, die im Buch auftauchen, Dank an Andrew Balmford, Karen Bjorndal, Julia Cavicchi, Charlie Crisafulli,

Jerry Deppa, Chris Doughty, Jim Estes, Nick Graham, Claudio Gratton, Jim Helfield, Gordon Holtgrieve, David Hu, Matt Kauffman, Bun Lai, Kristin Laidre, Gary Lamberti, Leroy Little Bear, Mike Miller, Kim Nace, Bob Naiman, Erling Olafsson, George Pess, Jeff Pierce, Tom Quinn, Os Schmitz, Tatiana Schreiber, Victor Smetacek, Craig Smith, Amanda Subalusky, Jens Svenning, Rob Toonen, Rick Wallen, Pat Walsh, Kawika Winter, Louie Yang und Patricia Yang.

Für wesentliche Hintergrundinformationen und Diskussionen danke ich Roo Abraham, Lars Bejder, Rahul Bhatia, Jamie Botsch, Jenny Boylan, Corey Bronstein, Joseph Bump, Scott Collins, Chris Dutton, Brodie Fischer, Brendan Fisher, Amy Gulick, Jesse Hale und Philip Hamilton, Amy Knowlton, Jamie und Sue McCarthy, Kevin Miller, Dan Monson, Sarah Morley, Taylor Ricketts, Mark Rifkin, Marie Roman, Jenny Stern, Greg Streveler, Freydís Vigfúsdóttir, Nacho Villar, Skip Wallen, Jane Watson und Taylor Weiß. Für Hilfe und Gastfreundschaft vor Ort danke ich Chris Boatright, Ray Hilborn, Kieko Matteson, Steph Matti, Diane Sweeney und Frank Zelko.

Carolyn Savarese hat in einer turbulenten Zeit eine schöne Heimat für dieses Buch gefunden. Vielen Dank, dass du dich vom ersten Tag an um mich gekümmert hast. Ian Straus hat dieses Manuskript vom Anfang bis zum Schlusskapitel mitgestaltet. Tracy Behar brachte das Buch mit Begeisterung über die Ziellinie. Vielen Dank an beide sowie an Karen Landry und das fantastische Team von Little, Brown. Vielen Dank an Alex Boersma für die schönen Illustrationen. Tracy Roe, die Serena Williams des Lektorats, hat das Buch von der ersten bis zur letzten Seite verbessert.

Emma MacKenzie, meine Forschungspartnerin bei Radcliffe, war kreativ, enthusiastisch und offen und bewahrte mich vor mehreren Fehlern. Emma Wetsel von der University of Vermont hat mir bei diesem Buch und verwandten Walforschungsprojekten geholfen. Für das Lesen von Entwürfen und Kapiteln danke ich Mark Hixon,

David Hu, Borgthór Magnússon, Bill Patrick, Heidi Pearson, George Press, Nate Sanders und Amanda Subalusky. Für die frühe Inspiration und Betreuung Dank an John Eisenberg, Elizabeth Kolbert, Jim McCarthy, Kathy Robbins, Ellen Scordato und Dave Wiley. Vielen Dank an Debora Greger für ihre tausend großartigen Ideen und für die Zusendung von Ausschnitten, Links und Büchern, die ihren Weg auf diese Seiten gefunden haben. Ich schätze die Freundschafts- und Forschungsgeschenke von Paul und Lynn Lattanzio sowie von Win und Alli Pescosolido. Dieses Buch war eine Gemeinschaftsleistung. Unterwegs begegnete ich wunderbaren Tieren, und zu Hause leistete meine Familie emotionale, intellektuelle und logistische Unterstützung. Laura Farrell las mehrere Kapitel immer wieder. Nian Farrell-Roman half bei Titeln und Illustrationen. Flo Roman sorgte für Liebe und Neugier. Zoey zerrte mich an den kältesten Morgen und an den heißesten Nachmittagen nach draußen und erinnerte mich daran, dass jeder Tag schwanzwedelnde Freude wert ist und dass unsere Grundbedürfnisse und lokalen Abenteuer den Rhythmus des Lebens bestimmen. Meinen Dank und meine Liebe an alle.

QUELLEN

1 ANFÄNGE

Croft, Betty, et al. »Contribution of Arctic Seabird-Colony Ammonia to Atmospheric Particles and Cloud-Albedo Radiative Effect.« *Nature Commu- nications* 7 (2016): S. 1–10.

Devred, Emmanuel, Andrea Hilborn und Cornelia den Heyer. »Enhanced Chlorophyll-a Concentration in the Wake of Sable Island, Eastern Canada, Revealed by Two Decades of Satellite Observations: A Response to Grey Seal Population Dynamics?« *Biogeosciences* 18 (2021): S. 6115–32.

Fridriksson, Sturla. *Surtsey: Ecosystems Formed.* Reykjavík: University of Iceland, 2005.

Graham, Nicholas A. J., et al. »Seabirds Enhance Coral Reef Productivity and Functioning in the Absence of Invasive Rats.« *Nature* 559 (2018): S. 250–53.

Magnússon, Borgthór, Sigurdur Magnússon, and Sturla Fridriksson. »Developments in Plant Colonization and Succession on Surtsey During 1999–2008.« *Surtsey Research* 12 (2009): S. 57–76.

Magnússon, Borgthór, et al. »Plant Colonization, Succession and Ecosystem Development on Surtsey with Reference to Neighbouring Islands.« *Biogeo- sciences* 11 (2014): S. 5521–37.

Magnússon, Borgthór, et al. »Seabirds and Seals as Drivers of Plant Succes- sion on Surtsey.« *Surtsey Research* 14 (2020): S. 115–30.

Thórarinsson, Sigurdur. *Surtsey: The New Island in the North Atlantic.* New York: Viking, 1964.

2 TIEFSEE-KACKE

Clements, Christopher F., et al. »Body Size Shifts and Early Warning Signals Precede the Historic Collapse of Whale Stocks.« *Nature Ecology and Evolution* 1 (2017): S. 1–6.

Hutchinson, G. Evelyn. »The Biogeochemistry of Vertebrate Excretion.« *Bulletin of the American Museum of Natural History* 96 (1950): S. 1–554.

Lane, Nick. *Transformer: The Deep Chemistry of Life and Death.* New York: W. Norton, 2022.

Lavery, Trish J., et al. »Iron Defecation by Sperm Whales Stimulates Carbon Export in the Southern Ocean.« *Proceedings of the Royal Society B* 277 (2010): S. 3527–31.
Pearson, Heidi C., et al. »Whales in the Carbon Cycle: Can Recovery Remove Carbon Dioxide?« *Trends in Ecology and Evolution* 38 (2023): S. 238–49.
Pitman, Robert L., et al. »Skin in the Game: Epidermal Molt as a Driver of Long-Distance Migration in Whales.« *Marine Mammal Science* 36 (2019): S. 565–94.
Quaggiotto, Martina, et al. »Past, Present and Future of the Ecosystem Services Provided by Cetacean Carcasses.« *Ecosystem Services* 54 (2022): S. 101 406.
Roman, Joe. *Listed: Dispatches from America's Endangered Species Act.* Cambridge, MA: Harvard University Press, 2011. (Kurze Abschnitte aus »Tiefsee-Kacke« und »Herzland« wurden aus *Listed, Whale,* und aus »Deep Doo-Doo: You Can Learn a Lot About a Whale from Its Feces,« *New Scientist,* 23. Dezember 2006 übernommen.)
Ders. *Whale.* London: Reaktion, 2006.
Roman, Joe, et al. »Whales as Marine Ecosystem Engineers.« *Frontiers in Ecology and the Environment* 12 (2014): S. 377–85.
Schmitz, Oswald J., et al. »Animals and the Zoogeochemistry of the Carbon Cycle.« *Science* 362 (2018): eaar3213.
Smith, Craig R., et al. »Whale Fall Ecosystems: Recent Insights into Ecology, Paleoecology, and Evolution.« *Annual Review of Marine Science* 7 (2015): S. 571–96.

3 FRESSEN, LAICHEN, STERBEN

Bouchard, Sarah S. und Karen A. Bjorndal. »Sea Turtles as Biological Trans- porters of Nutrients and Energy from Marine to Terrestrial Ecosystems.« *Ecology* 81 (2000): S. 2305–13.
Helfield, James M. und Robert J. Naiman. »Effects of Salmon-Derived Ni- trogen on Riparian Forest Growth and Implications for Stream Productivity.« *Ecology* 82 (2001): S. 2403–9.
Dies. »Keystone Interactions: Salmon and Bear in Riparian Forests of Alaska.« *Ecosystems* 9 (2006): S. 167–80.
Hilderbrand, Grant V., et al. »Role of Brown Bears (*Ursus arctos*) in the Flow of Marine Nitrogen into a Terrestrial Ecosystem.« *Oecologia* 121 (1999): S. 546–50.
Holtgrieve, Gordon W. und Daniel E. Schindler. »Marine-Derived Nutrients, Bioturbation, and Ecosystem Metabolism: Reconsidering the Role of Salmon in Streams.« *Ecology* 92 (2011): S. 373–85.
McLennan, Darryl, et al. »Simulating Nutrient Release from Parental Carcasses Increases the Growth, Biomass, and Genetic Diversity of Juvenile Atlantic Salmon.« *Journal of Applied Ecology* 56 (2019): S. 1937–47.
Merz, Joseph E. und Peter B. Moyle. »Salmon, Wildlife, and Wine: Marine-Derived

Nutrients in Human-Dominated Ecosystems of Central Califor nia.« *Ecological Applications* 16 (2006): S. 999–1009.
Naiman, Robert J., et al. »Pacific Salmon, Marine-Derived Nutrients, and the Characteristics of Aquatic and Riparian Ecosystems.« *American Fisheries Society Symposium* 69 (2009): S. 395–425.
Quinn, Thomas P., et al. »A Multidecade Experiment Shows That Fertiliza- tion by Salmon Carcasses Enhanced Tree Growth in the Riparian Zone.« *Ecology* 99 (2018): S. 2433–41.
Quinn, Thomas P., et al. »Transportation of Pacific Salmon Carcasses from Streams to Riparian Forests by Bears.« *Canadian Journal of Zoology* 87 (2009): S. 195–203.
Schindler, Daniel E., et al. »Pacific Salmon and the Ecology of Coastal Eco- systems.« *Frontiers in Ecology and the Environment* 1 (2003): S. 31–37.
Tiegs, Scott D., et al. »Ecological Effects of Live Salmon Exceed Those of Carcasses During an Annual Spawning Migration.« *Ecosystems* 14 (2011): S. 598–614.
Tonra, Christopher M., et al. »The Rapid Return of Marine-Derived Nutrients to a Freshwater Food Web Following Dam Removal.« *Biological Con servation* 192 (2015): S. 130–34.

4 HERZLAND

Alerstam, Thomas, and Johan Bäckman. »Ecology of Animal Migration.« *Current Biology* 28 (2018): R968–72.
Geremia, Chris, et al. »Migrating Bison Engineer the Green Wave.« *Proceed ings of the National Academy of Sciences* 116 (2019): S. 25 707–13.
Heinrich, Bernd. *Life Everlasting: The Animal Way of Death.* New York: Mar iner, 2013.
Lott, Dale F. *American Bison: A Natural History.* Berkeley: University of Cali fornia Press, 2002.
Mueller, Natalie G., et al. »Bison, Anthropogenic Fire, and the Origins of Agriculture in Eastern North America.« *Anthropocene Review* 8 (2021): S. 141–58.
Punke, Michael. *Last Stand: George Bird Grinnell, the Battle to Save the Buffalo, and the Birth of the New West.* New York: HarperCollins, 2009.
Ratajczak, Zak, et al. »Reintroducing Bison Results in Long-Running and Resilient Increases in Grassland Diversity.« *Proceedings of the National Acad emy of Sciences* 119 (2022): e2 210 433 119.
Subalusky, Amanda L., et al. »Annual Mass Drownings of the Serengeti Wildebeest Migration Influence Nutrient Cycling and Storage in the Mara River.« *Proceedings of the National Academy of Sciences* 114 (2017): S. 7647–52.
Subalusky, Amanda L., et al. »The Hippopotamus Conveyor Belt: Vectors of Carbon and Nutrients from Terrestrial Grasslands to Aquatic Systems in Sub-Saharan Africa.« *Freshwater Biology* 60 (2015): S. 512–25.

Subalusky, Amanda L., and David M. Post. »Context Dependency of Animal Resource Subsidies.« *Biological Reviews* 94 (2019): S. 517–38.

Wenger, Seth J., Amanda L. Subalusky, and Mary C. Freeman. »The Missing Dead: The Lost Role of Animal Remains in Nutrient Cycling in North American Rivers.« *Food Webs* 18 (2019): e00106.

5 HÜHNER-PLANET

Bar-On, Yinon, Rob Phillips und Ron Milo. »The Biomass Distribution on Earth.« *Proceedings of the National Academy of Sciences* 115 (2–18): s: 6506–11.

Bennett, Carys E., et al. »The Broiler Chicken as a Signal of a Human Recon-figured Biosphere.« *Royal Society Open Science* 5 (2018): s: 180325.

Cushman, Gregory T. *Guano and the Opening of the Pacific World: A Global Ecological History.* Cambridge: Cambridge University Press, 2013.

Doughty, Christopher E., Adam Wolf und Yadvinder Malhi. »The Legacy of the Pleistocene Megafauna Extinctions on Nutrient Availability in Amazonia.« *Nature Geoscience* 6 (2013): S. 761–64.

Erisman, Jan W., et al. »How a Century of Ammonia Synthesis Changed the World.« *Nature Geoscience* 1 (2008): S. 636–39.

Flojgaard, Camilla, et al. »Exploring a Natural Baseline for Large-Herbi- vore Biomass in Ecological Restoration.« *Journal of Applied Ecology* 59 (2022): S. 18–24.

Otero, Xosé L., et al. »Seabird Colonies as Important Global Drivers in the Nitrogen and Phosphorus Cycles.« *Nature Communications* 9 (2018): S. 246.

Sandom, Christopher, et al. »Global Late Quaternary Megafauna Extinctions Linked to Humans, Not Climate Change.« *Proceedings of the Royal Society B* 281 (2014): S. 20133254.

Smith, Felisa A., Scott M. Elliott und Kathleen S. Lyons. »Methane Emis- sions from Extinct Megafauna.« *Nature Geoscience* 3 (2010): S. 374–75.

Smith, Felisa A., et al. »Body Size Downgrading of Mammals over the Late Quaternary.« *Science* 360 (2018): S. 310–13.

Storey, Alice A., et al. »Radiocarbon and DNA Evidence for a Pre-Columbian Introduction of Polynesian Chickens to Chile.« *Proceedings of the National Academy of Sciences* 104 (2007): S. 10335–39.

Worster, Donald. *Nature's Economy: A History of Ecological Ideas.* 2. Auflage, Cam bridge: Cambridge University Press, 1994.

Wulf, Andrea. *The Invention of Nature: Alexander von Humboldt's New World.* New York: Knopf, 2015.

6 JEDER KACKT – UND STIRBT

Berendes, David M., et al. »Estimation of Global Recoverable Human and Animal Faecal Biomass.« *Nature Sustainability* 1 (2018): S. 679–85.

De Frenne, Pieter, et al. »Nutrient Fertilization by Dogs in Peri-Urban Ecosystems.« *Ecological Solutions and Evidence* 3 (2022): e12 128.

Doughty, Caitlin. »If You Want to Give Something Back to Nature, Give Your Body.« *New York Times*, 5. Dezember 2022.

Rosen, Julia. »Humanity Is Flushing Away One of Life's Essential Elements.« *Atlantic*, 8. Februar 2021.

Wald, Chelsea. »The Urine Revolution: How Recycling Pee Could Help to Save the World.« *Nature* 602 (2022): S. 202–6.

Yang, Patricia J., et al. »Duration of Urination Does Not Change with Body Size.« *Proceedings of the National Academy of Sciences* 111 (2014): S. 11 932–37.

Yang, Patricia J., et al. »Hydrodynamics of Defecation.« *Soft Matter* 13 (2017): S. 4960–70.

7 STRANDLEKTÜRE

Bahr, Keisha D., Paul L. Jokiel und Robert J. Toonen. »The Unnatural History of Kāne'ohe Bay: Coral Reef Resilience in the Face of Centuries of Anthropogenic Impacts.« *PeerJ* 3 (2015): e950.

Grupstra, Carsten G. B., et al. »Fish Predation on Corals Promotes the Dispersal of Coral Symbionts.« *Animal Microbiome* 3 (2021): S. 1–12.

Roman, Joe, et al. »Lifting Baselines to Address the Consequences of Conservation Success.« *Trends in Ecology and Evolution* 30 (2015): S. 299–302.

8 DER SINGENDE BAUM

Kaup, Maya, Sam Trull und Erik F. Y. Hom. »On the Move: Sloths and Their Epibionts as Model Mobile Ecosystems.« *Biological Reviews* 96 (2021): S. 2638–60.

Yang, Louie H. »Periodical Cicadas as Resource Pulses in North American Forests.« *Science* 306 (2004): S. 1565–67.

9 BEWÖLKT MIT AUSSICHT AUF MÜCKEN

Dreyer, Jamin, et al. »Quantifying Aquatic Insect Deposition from Lake to Land.« *Ecology* 96 (2015): S. 499–509.

Einarsson, Rasmus, et al. »Crop Production and Nitrogen Use in European Cropland and Grassland 1961–2019.« *Scientific Data* 8 (2021): S. 288.

Godfrey-Smith, Peter. *Metazoa: Animal Life and the Birth of the Mind.* New York: Farrar, Straus and Giroux, 2020.

Gratton, Claudio, Jack Donaldson, and M. Jake Vander Zanden. »Ecosystem Linkages Between Lakes and the Surrounding Terrestrial Landscape in Northeast Iceland.« *Ecosystems* 11 (2008): S. 764–74.

LaBarge, Laura R., et al. »Pumas *Puma concolor* as Ecological Brokers: A Review of Their Biotic Relationships.« *Mammal Review* 52 (2022): S. 360–76.

Schmitz, Oswald J. »Effects of Predator Hunting Mode on Grassland Ecosystem Function.« *Science* 319 (2008): S. 952–54.

10 DER OTTER UND DIE H-BOMBE

Abraham, Andrew J., Joe Roman und Christopher E. Doughty. »The Sixth R: Revitalizing the Natural Phosphorus Pump.« *Science of the Total Envi ronment* 832 (2022): S. 155 023.

Balmford, Andrew. »Concentrating vs. Spreading Our Footprint: How to Meet Humanity's Needs at Least Cost to Nature.« *Journal of Zoology* 315 (2021): S. 79–109.

Bown, Stephen R. *Island of the Blue Foxes: Disaster and Triumph on the World's Greatest Scientific Expedition.* New York: Da Capo Press, 2017.

Collas, Lydia, et al. »The Costs of Delivering Environmental Outcomes with Land Sharing and Land Sparing.« *People and Nature* 5 (2023): S. 228–40.

Dinerstein, Eric, et al. »A ›Global Safety Net‹ to Reverse Biodiversity Loss and Stabilize Earth's Climate.« *Science Advances* 6 (2020): eabb2824.

Estes, James A. *Serendipity: An Ecologist's Quest to Understand Nature.* Berke ley: University of California Press, 2016.

Estes, James A. und John F. Palmisano. »Sea Otters: Their Role in Structur ing Nearshore Communities.« *Science* 185 (1974): S. 1058–60.

Estes, James A., et al. »Trophic Downgrading of Planet Earth.« *Science* 333 (2011): S. 301–6.

Gorra, Torrey R., et al. »Southeast Alaskan Kelp Forests: Inferences of Process from Large-Scale Patterns of Variation in Space and Time.« *Proceedings of the Royal Society B* 289 (2022): S. 20 211 697.

Gregr, Edward J., et al. »Cascading Social-Ecological Costs and Benefits Triggered by a Recovering Keystone Predator.« *Science* 368 (2020): S. 1243–47.

Jones, Ryan Tucker. *Empire of Extinction: Russians and the North Pacific's Strange Beasts of the Sea, 1741–1867.* New York: Oxford University Press, 2014.
Kinney, Donald J. »The Otters of Amchitka: Alaskan Nuclear Testing and the Birth of the Environmental Movement.« *Polar Journal* 2 (2012): S. 291–311.
Kristensen, Jeppe A., et al. »Can Large Herbivores Enhance Ecosystem Carbon Persistence?« *Trends in Ecology and Evolution* 37 (2022): S. 117–28.
Malhi, Yadvinder, et al. »The Role of Large Wild Animals in Climate Change Mitigation and Adaptation.« *Current Biology* 32 (2022): R181–96.
Perino, Andrea, et al. »Rewilding Complex Ecosystems.« *Science* 364 (2019): eaav5570.
Ripple, William J., et al. »Rewilding the American West.« *BioScience* 72 (2022): S. 931–35.
Schmitz, Oswald J., et al. »Trophic Rewilding Can Expand Natural Cli mate Solutions.« *Nature Climate Change* (2023). doi.org/101038/s41558-023-01631-6.
Shin, Yunne-Jai, et al. »Actions to Halt Biodiversity Loss Generally Benefit the Climate.« *Global Change Biology* 28 (2022): S. 2846–74.
Svenning, Jens-Christian, et al. »Science for a Wilder Anthropocene: Synthe sis and Future Directions for Trophic Rewilding Research.« *Proceedings of the National Academy of Sciences* 113 (2016): S. 898–906.